规模化长时储能技术原理与应用
Principle and Application of Large-scale and Long-term Energy Storage Technology

许世森　等编著

东南大学出版社
SOUTHEAST UNIVERSITY PRESS
·南京·

内容提要

为实现"3060"双碳目标,风电、光伏装机快速增加,新能源发电量的比例也持续增大,原有能源结构中供给端的可控性将持续下降,电力系统不稳定的风险也不断增加,对可靠电力支撑的时长需求不断提升。因此新能源发电侧的大型储能配备将呈现加速增长的趋势,大型储能中的长时(4小时及以上时长)储能的新增需求也将更快增长。长时储能可凭借长周期、大容量特性,在更长时间维度上调节新能源发电波动,在清洁能源过剩时避免电网拥堵,在负荷高峰时增加清洁能源供应。本书对研究以新能源为主体的新型电力系统中的新型规模化长时储能具有重要作用。

本书侧重介绍了几种典型的大容量、长周期储能技术的原理、系统特点、材料装置、工程应用以及发展趋势等。全书共分为8章,分别为长时储能原理与技术概述,抽水蓄能技术,电化学储能技术,储热储能技术,压缩空气储能,制氢及储氢储能,机械重物储能,储能经济性和商业模式分析。

本书内容新颖,系统全面,可为能源系统和电力行业相关专业人员提供学习参考。

图书在版编目(CIP)数据

规模化长时储能技术原理与应用 /许世森等编著
. -- 南京 : 东南大学出版社,2022.12
ISBN 978 - 7 - 5766 - 0509 - 9

Ⅰ. ①规… Ⅱ. ①许… Ⅲ. ①储能-研究 Ⅳ.
①TK02

中国版本图书馆 CIP 数据核字(2022)第 241781 号

责任编辑:弓 佩   责任校对:韩小亮
封面设计:余武莉   责任印制:周荣虎

规模化长时储能技术原理与应用
Guimohua Changshi Chuneng Jishu Yuanli Yu Yingyong

编　著:许世森 等
出版发行:东南大学出版社
社　　址:南京市四牌楼 2 号　邮编:210096　电话:025-83793330
网　　址:http://www. seupress. com
电子邮箱:press@seupress. com
经　　销:全国各地新华书店
印　　刷:南京凯德印刷有限公司
开　　本:787 mm×1092 mm　1/16
印　　张:14.5
字　　数:335 千
版　　次:2022 年 12 月第 1 版
印　　次:2022 年 12 月第 1 次印刷
书　　号:ISBN 978-7-5766-0509-9
定　　价:58.00 元

前　言

随着我国经济发展,能源消费成为碳排放的最主要来源,2020 年能源电力 CO_2 排放量约为 51 亿吨。按照双碳目标,基于中国能源禀赋,未来我国可再生能源发电量占比将逐步提高,预计到 2060 年中国的非化石能源消费比重将达到 83%,电能消费比重达到 70%,当全社会用电量超过 16 万亿 kWh 时,新能源发电装机将达到 50 亿 kW,新能源发电量占比将由目前的 8% 提高到 60% 以上。

实现双碳目标的主要途径是建立新能源加储能的新型电力系统。随着间歇性、波动性新能源发电比例不断增加,未来以新能源为主的电力系统将面临可靠容量、电力系统转动惯量、长周期调节能力不足等问题,如果新能源装机超 10 亿千瓦,每年将有 30 天以上出力低于装机容量的 10%。需要大容量、长时储能支撑新型电力系统的安全稳定运行。

本书从电负荷和电源的时空特性方面分析了长时储能的重要作用,主要阐述了抽水蓄能技术(常规抽水蓄能、海水抽水蓄能、矿坑抽水蓄能以及水电蓄能化改造),电化学储能技术(锂电池、钠基电池、液流电池),储热储能技术(显热、潜热、热化学储能、深冷储能),压缩空气储能技术(补燃式、绝热蓄热、等温压缩、水压缩储能),氢储能技术(气态、液态、金属合金储氢),机械重物储能技术(山地重物储能、构筑物重物储能、竖井重物储能)的原理、应用和发展趋势,并对储能技术的经济性和商业模式进行了探讨。

本书具体编著工作分工如下:前言部分由许世森编写,第 1 章由宁泽宇编写,第 2 章由赵思奕、宁泽宇编写,第 3 章由许世森、田仲伟编写,第 4 章由许世森、郑建涛编写,第 5 章由郑建涛、李晴编写,第 6 章由郑建涛、赵思奕编写,第 7 章由赵思奕、田仲伟编写,第 8 章由宁泽宇编写。全部章节由许世森、郑建涛修改校核,全书由许世森审定。

本书在编写过程中,参考了国内外不少专家的相关专著和论文等,在此对给予编著工作支持和所引用文献资料的作者一并表示衷心感谢。

由于编者的能力和水平有限,书中难免还有谬误和不妥之处,恳请读者与同行专家批评指正。

目　录

第 1 章

长时储能原理与技术概述

广义的储能泛指存储一切能量的介质、装置、方法与系统等构成的技术体系,狭义的储能主要指的是存储电能的技术。人类通过利用风力、太阳能、水能、化石能源等获取的电能与能量在使用时经常会出现时空不匹配的现象,需要通过储能的手段使能量的供应与利用实现"供需时空匹配",从而提高能源的利用率,确保电力的按需供应,这就是储能的意义与价值。

从储能放电时长这一属性参数进行分类,可以将储能技术分为长时储能和非长时储能两大类,其中长时储能指的是持续放电时间不低于某一下限值的储能技术。储能技术的充放电时间直接决定了某一储能系统参与调节能量供需差的时长。由于电能供需不匹配的长期存在,特别是近年来随着风电、光伏等新能源技术的快速发展和新能源并网,电力用户侧不确定性的增强,发展长时储能技术成为增强电力系统调节性能、确保电力系统安全稳定运行的核心关键技术。

为了便于读者了解长时储能的基本原理与技术,本章首先从储能的必要性出发,论述了用电负荷和不同电源的时空特性,在此基础上阐述了长时储能的意义和其遵循的基本原理,包括能量守恒定律和时空平衡关系,最后概述了当前主要的长时储能技术,对比分析了不同技术的主要技术参数、技术成熟度、优缺点和主要应用场景,为后续分章节详述各长时储能技术奠定了基础。

1.1 负荷和电源的时空特性

1.1.1 用电负荷的时空特性

(1) 电力消费构成

19 世纪末,伴随第二次工业革命的兴起,电力成为人类生产生活中最重要的二次能源,但由于城市、人口、工业等时空分布的差异性,用电负荷也随时间和空间呈差异性分布。时间维度上,某地区的用电负荷因人类的生产生活而随时间动态变化,主要以日变化、周变化和年变化的规律呈现;空间维度上,同时刻不同地区的用电负荷主要与不同区域的发展水平相关,一般人口聚集的城市、工业分布密集的地区,其用电负荷也相对更高。

用电负荷主要与人类的生产分布、生活水平、生活习惯密切相关,且用电负荷是随时间持续变化和随空间不均匀分布的。因此,用电负荷的变化过程也充满不确定性。为分析用电负荷的时空特性,我们需要首先对用电负荷的组成进行剖析,用电负荷的组成也被称为电力消费构成。电力消费构成按照产业一般可划分为:

① 第一产业用电,即农、林、渔、牧等为主的农业用电;

② 第二产业用电,主要包括制造业、建筑业等工业用电;

③ 第三产业用电,主要包括餐饮、商业等服务业用电;

④ 城市居民生活用电。

如图 1.1 展示了我国近年来电力消费构成的变化趋势,从图中可见,第二产业工业用电占比最大,第三产业和城市居民生活用电基本水平相当,第一产业用电相对较少。可以说,某一时空电力消费构成的变化规律直接反映了该区域的生产生活水平,同时也直接决定了该时空域用电负荷的时空特性。

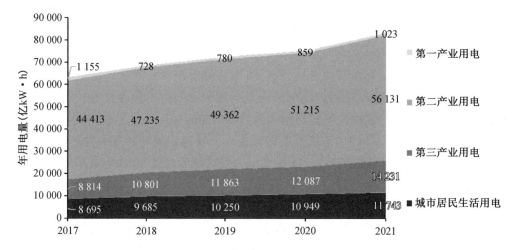

图 1.1 中国 2017—2021 年全社会用电量结构统计图

(数据来源于国家能源局)

(2) 用电负荷的时间特性

以下以居民生活用电为例,从日变化、周变化、年变化三个维度分析用电负荷的时间特性:

1) 用电负荷的日时间特性

以某个个体的生活习惯为例,其用电时间轨迹线包括:

① 早上 8 点—晚上 5 点,上班时间,主要用电负荷为电脑或工器具生产耗电;

② 晚上 6 点—晚上 11 点,做饭休闲,主要用电负荷为家用照明和电器耗电;

③ 晚上 12 点—早上 7 点,休息时间,除冰箱等长期供电家电外的基本电耗。

当然,实际生活中,某区域电网的生活用电负荷是该区域所有人口用电负荷时变特性的叠加,因不同人的作息、工作和生活习惯的差异,区域总生活用电负荷曲线既有日共性波动规律的存在,也有个体差异性波动的存在。

2) 用电负荷的周时间特性

同理,我们将时间尺度进一步放大,从周的视角考虑用电负荷的时间特性,用电负荷又呈现新的变化规律特性。同样以生活用电为例,一般工作日的用电负荷规律随日呈现周期性波动,但周末的用电负荷与工作日存在显著差异,周末的用电负荷以居家休闲用电为主,且因不同个体休闲方式的不同而不同,因此周用电负荷规律总体可分为两段:①工作日用电;②周末用电。

某区域生活周用电负荷主要呈现"5+2"分段变化规律,当然,因不同个体的工作休闲周期不同,周用电负荷曲线的形状也会发生变化。不同周之间的用电负荷则以周为单位呈周期性循环变化。

3)用电负荷的年时间特性

进一步将时间尺度放大至年,由于春夏秋冬不同季节的用电需求不同,因此用电负荷也随季节呈现一定的变化规律,如夏季一般制冷用电多,而冬季制热用电多,春秋季用电较少。

年用电负荷总体随季节呈现共性波动规律,而年与年之间用电负荷则主要随该共性波动规律周期性循环变化,当然,不同区域的年用电负荷变化规律也不尽相同,如北方因为多有暖气而冬季制热用电与主要用电供暖的南方有较大差异。

图 1.2、图 1.3 展示了我国部分城市的典型用电负荷曲线。

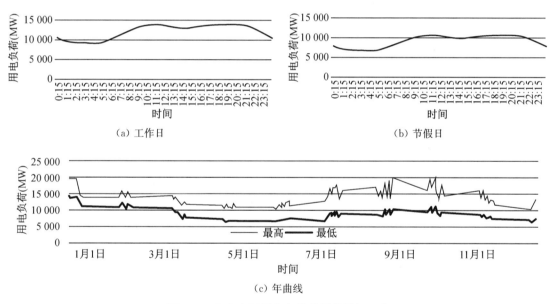

（a）工作日 （b）节假日

（c）年曲线

图 1.2　北京市日用电负荷典型曲线(MW)

(图片来源于国家发展改革委、国家能源局)

(3)用电负荷的空间特性

1)我国用电负荷的空间分布

不同空间区域的用电负荷与各区域的经济发展水平密切相关,一般来说,经济越发达的区域,其用电负荷一般也就越大。我国用电负荷的高峰主要分布在东南沿海和大型内陆城市及其附近,而西南、西北、东北等区域其用电负荷则相对较小。为了满足不同区域差异化的用电需求,解决本地电源对本地用电负荷供应不充足或过量等不匹配问题,国家通过远距离输电,开展了西电东送等计划,通过电网的调度来满足各地的用电需求,从而实现按需供电。

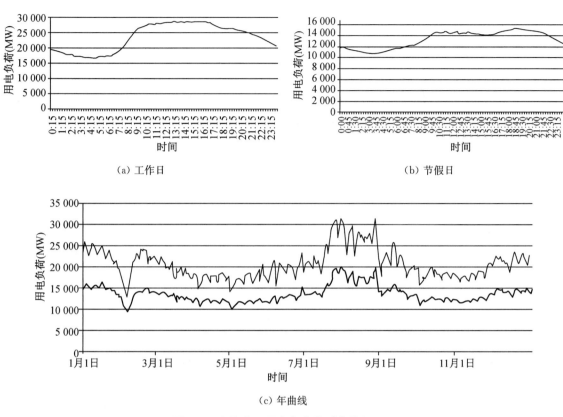

（a）工作日 （b）节假日

（c）年曲线

图 1.3　上海市日用电负荷典型曲线（MW）

（图片来源于国家发展改革委、国家能源局）

图 1.4 展示了我国用电量的空间分布图，以 2022 年前半年为例，东部地区用电量占比达到 47%，中部、西部和东北地区分别为 19%、29%、5%。

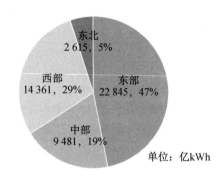

单位：亿kWh

图 1.4　中国 2022 年 1—7 月全社会各地区用电量结构占比图

（数据来源于中国电力企业联合会）

2）西电东送计划

我国的风电、水电和光伏能源等主要分布在西部地区，而用电负荷的高峰区域则主要集中在东南沿海的经济发达区域，为平抑用电负荷和能源在空间上分布的不均衡性，国家实施了西电东送计划,西电东送就是要把西部丰富的能源输送到电力紧缺的东部沿海地区。截至 2022 年底,已基本形成了北中南三条送电通道(表 1.1)。

表 1.1　西电东送通道

通道	起源地	目的地
北	黄河上中游水电;山西、内蒙古坑口火电	京津唐地区
中	三峡与金沙江干支流水电	华东地区
南	乌江、澜沧江、南盘江、北盘江和红水河的水电;云南、贵州两省坑口火电	广东

1.1.2　不同电源的时空特性

不同电源由于其发电能量的来源不同,受限于能量来源的地理分布和时变规律,相应的电源也随时空动态变化。如水电站的空间分布主要受限于河流和地势落差,而水电站的发电量还受到当地天气水情时变的影响。而风电、光伏等新能源则依赖于风、光资源分布的密集程度,其时空演化具有显著的不确定性、随机性和不可预测性,这些能量来源的时空分布特性就造就了不同电源固有的时空特性。

(1) 水电的时空特性

1) 水电能源简介

利用天然水流的重力势能或动能进行发电称为水电,水电能源具有清洁、可再生、稳定和可调节等特性。水电的开发形式一般是通过建设挡水建筑物来抬高水位,利用水轮发电机进行发电。水轮发电机依据其基本特性可分为反击式和冲击式两种主要型式,其中反击式水轮机又包括混流式、轴流式、斜流式和贯流式,冲击式水轮机又分为水斗式、斜击式和双击式。水轮发电机的出力(P)与水头(H)和流量(Q)有关,一般可按照以下公式计算:

$$P = 9.81\eta QH$$

式中,η 是效率,一般小于 1。

2) 水电的时空特性

由此可知,水资源是水力发电出力的主要影响因素。由于水力发电的来水主要取决于其库区范围内的降雨和径流等,因此,来水情况是水电时空特性的决定性因素。如图 1.5 所示,时间维度上,河流一年按雨季的变化主要可划分为三个阶段:

① 平水期,一般对应于春季和秋季,此时段水量处于平均水平;
② 丰水期,一般对应于夏季,此时段水量充沛,水力发电量也达到峰值;
③ 枯水期,一般对应于冬季,此时段水量稀少,水力发电量也达到谷值。

进一步,通过对河流当年来水情况和历史情况进行对比,从年度的维度也将河流的来水情况分为丰水年、枯水年和平水年。如 2022 年 7 月四川省内出现停电现象,其中很重要的一个因素就是因为以水电供应为主的四川省遇到了大旱天气,导致四川省内各河流水量不足,虽然处于当年的丰水期,但实际来水相比于历年来水偏少,因此实际上是处于枯水年的丰水期。

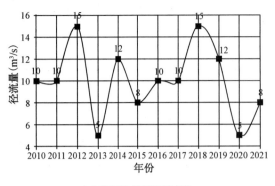

（a）某河流年径流量变化

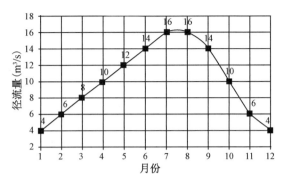

（b）某河流月径流量变化

图 1.5　河流水量分期

除受来水的时变影响之外,水电能源分布也具有显著的空间特性。水电资源一般依河流分布,河流一般依高山峡谷分布。以我国水电开发为例,1949 年中华人民共和国成立时,全国水电装机仅 36.3 万 kW。原电力工业部根据 1980 年前完成的全国水力资源普查结果,提出了集中建设十大水电基地的设想;在此基础上,1989 年新增了东北及黄河北干流两个水电基地,提出了十二大水电基地;2003 年,怒江水电规划审查后,提出了包含怒江水电基地在内的十三大水电基地。

3）水电开发现状

我国水电的开发进程大体可以分为四个阶段:

① 1949—1978:新中国成立初期,我国水电装机仅 36 万 kW,在此期间我国建设了一大批水电工程,掌握了百米级高坝和百万千瓦机组建设关键技术,典型工程包括新安江、刘家峡水电站等,截至 1978 年,我国水电装机容量达到 1 727 万 kW。

② 1979—2000:改革开放以后,水电开发进行了体制改革,我国水电技术得到进一步提升,这一阶段的典型工程包括二滩、小浪底、漫湾、隔河岩水电站及广州抽水蓄能电站等。1994 年,世界上最大规模的综合水利枢纽工程——三峡水电站也开工建设。截至 2000 年底,我国水电装机容量达到 7 935 万 kW(含抽水蓄能 559 万 kW),居世界第二位。

③ 2001—2012:国家实施西部大开发战略,规划了十三大水电基地建设,推进西南水电流域梯级开发,实施西电东送计划。三峡水电站于 2003 年开始蓄水发电,其他具有代表性的水电站包括葛洲坝、向家坝、水布垭、糯扎渡、小湾水电站等,我国开始逐步掌握 300 米级高混凝土拱坝的建设技术。截至 2012 年底,我国水电装机达到 2.48 亿 kW(含抽水蓄能 2 033 万 kW)。

④ 2013 年以后:水电发展进入了高质量自主创新和走出去的新阶段,除常规水电外,为满足风电、光伏等新能源并网的需求,抽水蓄能迎来了新的发展机遇。白鹤滩、乌东德、两河口、锦屏一级水电站等一大批大型水电工程和丰宁、惠州、阳江、长龙山等大型高水头抽水蓄能电站建成投产,截至 2021 年底,全国水电装机容量达 3.9 亿 kW(含抽水蓄能 0.36 亿 kW)。

（2）风电的时空特性

1）风电能源简介

风电时间特性主要受风资源的时间特性影响,一般来说,影响风的主要因素通常包括太阳辐射随纬度的变化、地转偏向力、地势地形和下垫面的影响等。描述风特性的主要参数包括风速、风向等。

不同类型的风具有不同的成因,同时也具有不同的时空特性。如:

① 阵风:风速时大时小,描述的就是风速随时间的变化特性。

② 山谷风与海陆风:在山区,白天风沿山坡、山谷往上吹,夜间风则沿山坡、山谷往下吹,随昼夜交替而转换风向。同样呈现昼夜交替规律的还有海陆风,在近海岸地区,白天风从海上吹向陆上,夜间风又从陆上吹向海上。这些现象本质上都是风时空特性的表现。

③ 季风:部分区域的风呈现随季节交替变化的规律。如:冬季,空气从高压的陆上流向低压的海上,为冬季风;夏季,风从海上吹向陆上,为夏季风。我国是季风显著的国家,冬季多偏北风,夏季多偏南风。这也是我国冬干夏湿季风气候特色的主要成因,本质上也是风的时间特性。

2)风电的时空特性

正是风成因的复杂性和随时空的多变性导致了风能资源的随机性、不确定性和难预测性等特性。从时间维度来看,气压的差异形成风,风形成后又会进一步改变气压梯度,气压始终处在动态变化中。因此,如何基于气压的监测对风能资源进行短期、中长期和长期精准预测,是开发风能资源的重要前提。

从空间维度来看,由于风的形成本质上是空气受太阳辐射导致的不均匀受热影响,因此在某一区域受地形地势、太阳辐射强度等因素特征影响,风能资源也有一定的规律性。这也为规模化建设风电机组提供了有利条件,2009年我国颁布的《新能源产业规划》规划了甘肃(1 270万kW)、内蒙古(两个基地5 780万kW)、新疆(1 080万kW)、吉林(2 300万kW)、河北(1 080万kW)和江苏(1 000万kW)七大千万千瓦级风电基地。此后发布的《风电"十二五"发展规划》新增了山东和黑龙江,规划了九大风电基地,当年我国风机装机达到2 000万kW。

在双碳目标牵引下,2022年,国家发改委和国家能源局发布了《以沙漠、戈壁、荒漠地区为重点的大型风电光伏基地规划布局方案》,计划在十四五、十五五期间以库布齐、乌兰布和、腾格里、巴丹吉林沙漠为重点,以其他沙漠和戈壁地区为补充,综合考虑采煤沉陷区,规划建设大型风电光伏基地,预计到2030年,新规划建设风光基地总装机约4.55亿kW,其中库布齐、乌兰布和、腾格里、巴丹吉林沙漠基地规划装机2.84亿kW,采煤沉陷区规划装机0.37亿kW,其他沙漠和戈壁地区规划装机1.34亿kW。

3)风电开发现状

我国风电的开发进程大致可以分为三个阶段:

① 1978—1986年:风电发展前10年,我国风电产业处于萌芽起步期,风机制造技术和政策都相对不完善,我国在引进国外机组的同时也逐渐开始消化吸收相关知识,积极推进风机研发,风电政策也初见雏形,1986年山东荣成马兰风电厂并网发电。

② 1987—2012年:1989年在新疆达坂城建成了当时亚洲最大的风电厂;1999年,中国第一台国产化风机通过国家鉴定;2001年,金风科技成立;2006至2009年期间,随着《中华人民共和国可再生能源法》颁布,国内新增风电装机连年翻番;2009年,随着《新能源产业规划》和《风

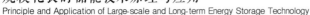
电发展"十二五"规划》等的落地实施,一大批风电基地开工建设,风电装机突破 2 000 万 kW,2010 年,我国风电装机达到 4 400 万 kW;2012 年,正式取代美国,成为风电市场领头羊。

③ 2013 年以后:我国风电发展迅速。2015 年,装机突破亿千瓦;2017 年底装机容量为 1.64 亿 kW,风电开始从三北向东南转移,海上风电也取得了快速发展;2018 年中国风电总装机达到了 2.7 亿 kW(包括海上风电 400 万 kW)。为实现 2030 碳达峰,2060 碳中和目标,国家出台了一系列政策鼓励和支持光伏与风电等新能源的发展,以促进能源结构转型。2022 年以来,我国风电开发开始向沙漠、戈壁和荒漠进军,国家规划了一批大型风光基地,未来风电将迎来更加宝贵的发展机遇期。据国家能源局数据,截至 2021 年底,我国风电累计装机容量达到 328.5 GW(含陆上风电 30 209 万 kW、海上风电 2 639 万 kW),占全部装机容量的 13.8%。同比增长 16.7%,增速快于全球,风电累计装机容量占全球 39.2%。

(3) 光伏的时空特性

1) 太阳能简介

太阳能是一种取之不尽、用之不竭的可再生能源。利用太阳能发电的主要方式包括光热和光电两种,后者也被称为光伏发电。光伏发电一般是利用半导体材料将太阳辐射直接转化为电能,其基本装置是太阳能电池。由于受到昼夜、季节、天气和地势等的影响(表 1.2),到达地面的太阳辐射资源具有较大的不确定性和随机性,这也是导致太阳能资源不稳定的重要原因。

表 1.2　太阳辐射的主要影响因素

影响因素	日照时长	总辐射量
纬度 (季节)	极圈以内有极昼、极夜现象,极圈以外夏季日照时长多于冬季日照时长	纬度低,正午太阳高度角大,总辐射量大
地势 (海拔)	一般地势高的高原地区日照时数高于地势低的盆地地区	地势高,大气稀薄,透明度高,固体杂质少,总辐射量大
天气	多阴雨天气的地区日照时数少,多晴朗天气的地区日照时数多	晴天多,到达地面的太阳辐射多
昼夜	白昼时间随季节周期性变化	白昼长,总辐射量大

2) 太阳能的时空特性

类似水电的枯水年和丰水年,太阳能资源量也随时间动态变化,根据《2021 年中国风能太阳能资源年景公报》,2021 年全国太阳能资源总体为偏小年景。全国平均年水平面总辐照量为 1 493.4 kWh/m²,较之前 30 年(1991—2021 年)平均值偏低 25.6 kWh/m²,较近 10 年(2011—2021 年)平均值偏低 19.3 kWh/m²,较 2020 年偏低 40 kWh/m²。但总体来看,太阳能资源的年变化基本稳定,年变化较小(图 1.6)。

太阳能资源的时间特性主要体现为日变化、季节性变化和天气随机变化:

① 日变化:太阳辐射变化与气温变化规律基本类似,随太阳的东升西落而呈现正弦规律变化,一般在正午时间达到最大,在深夜达到最小;

② 季节性变化:太阳辐射随季节变化的规律主要受太阳照射强度的影响,同样与气温年变化规律类似,本质是受地球绕太阳公转的影响;

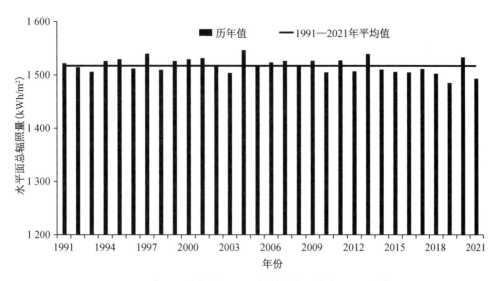

图1.6　全国平均年水平面总辐射量年际变化（kWh/m²）

（图片来源：2021年中国风能太阳能资源年景公报）

③ 天气随机变化：除日变化和季节性变化之外，太阳辐射还受到天气的影响，不同天气的太阳辐射变化规律差异显著。

在空间维度上，太阳能辐射受纬度、气候、地形地势等影响。太阳能资源在空间上也存在较大的差异性，以我国为例，呈现西部地区多、中东部地区少、高原少雨干燥地区多、平原多雨湿润地区少的特点。

3）太阳能开发现状

光电效应的发现使人们利用太阳能的能力进入了新的阶段，伴随1883年人类历史上第一块太阳能电池的诞生，人类开启了光伏资源的开发。我国光伏发电的历史不足20年，主要可分为以下三个阶段：

① 2007年以前：我国2001年推出了"光明工程计划"，旨在利用风电、光伏等可再生能源解决边远地区的用电问题，此阶段建设了一批离网式电站，直至2005年西藏羊八井光伏电站才实现并网；

② 2007—2012年：国家2007年开始出台了政策补贴制度以鼓励光伏行业发展。2011年，中国光伏市场开始进入标杆上网电价时代，此间受益于国家政策的鼓励和支持，我国光伏发电行业持续发展，新增装机容量分别达到270万kW和450万kW，已成为世界主要光伏装机市场之一；

③ 2013年以后：光伏发电保持平稳增长的趋势。2013年8月，国家发改委在全国划定三类太阳能资源区，分别制定标杆上网电价，并对分布式光伏发电实行全电量补贴政策。同时，光伏电站投资建设由核准制改为备案制。2018年，为促进光伏发电降本增效，国家开始实施531新政，全面缩减补贴范围、降低补贴力度。截至2021年底，全国并网太阳能发电装机容量达30 656万kW（含光伏发电30 599万kW、光热发电57万kW），占全部装机容量的12.9%。

（4）其他电源的时空特性

1）核电的时空特性及开发现状

作为一种诞生于 20 世纪中叶的新型能源,核电的最大优点是它能从很少的燃料中获得巨大的能量。同等质量下,核裂变释放出的能量是化石燃料的几百万倍。核电作为一种重要的清洁可再生能源,未来在以清洁能源为主的电力系统中将起到重大支撑作用。我国核电的发展要追溯到 1970 年的"七二八工程",1991 年 12 月 15 日,被誉为"国之光荣"的秦山核电站并网发电,结束了中国大陆无核电的历史。之后我国不断在核电技术中进行创新和探索,相继建设了大亚湾、石岛湾等一系列核电工程,截至 2021 年底,全国核电装机容量达5 326 万 kW,占全部装机容量的 2.2%。

核电具有同火电一样的稳定特性,可承担电力系统中的基荷,其时间特性并不显著,但由于冷却需求,核电站一般均靠近东南沿海分布。安全和污染问题是限制核电技术广泛应用的重要难题,研究更加安全、环保和稳定的核电技术是促进未来核电进一步规模化发展的关键科学与工程问题。

2）火电的时空特性及开发现状

火电是一种将煤炭、燃气和生物质等燃料的热能转化为电能的一种电源,火电具有稳定出力的良好特性,长期以来是电力结构中的主力电源。但火电由于以化石能源作为燃料,且由于燃烧会释放大量的二氧化碳和氮硫化物等污染气体,是一种非可再生、非清洁能源。1978 年改革开放之初,我国发电装机仅有 5 712 万 kW,火电占比为 70%,截至 2021 年底,火电装机达到了 12.97 亿 kW,占比为 54.6%,其中燃煤机组 11.09 亿 kW,燃气机组 1.09亿 kW,其他 0.79 亿 kW。

同核电一样,火电出力稳定,可承担电力系统中的基荷,其时间特性并不显著,但空间分布广泛,火电厂一般靠近煤炭生产地或运输比较方便的沿海。

1.2　长时储能的基本原理

1.2.1　长时储能概述

（1）长时储能的定义

在电力系统中,储能技术能起到削峰填谷、改善电能质量和提高可靠性的作用,通过储能技术的时空调节,可以提高电网系统的供电保障率。尤其是可以解决当前风电、光伏等间歇性不稳定电源大规模并网过程中对电力系统的冲击问题。

长时储能,顾名思义,就是使储能时长达到一定标准的储能技术。目前,国内外对于长时储能还没有统一的定义,一般来说,长时储能技术通常指的是持续放电时间不低于 4 小时、寿命不低于 20 年的储能技术。美国能源部 2021 年发布支持长时储能的相关报告,把长时储能定义为持续放电时间不低于 10 小时,且使用寿命在 15～20 年的储能技术。更有学者把长时储能技术定义为跨日至跨季节的储能技术。可以看出,区别长时储能技术与其他储能技术的主要参数是放电时长和使用寿命,本书中主要以持续放电时长是否大于 4～6 小时作为长时储能技术的划分标准。除电磁储能外,常见的长时储能技术包括抽水蓄能、压缩空气储能、电化学储能、储热储能、制氢储能、机械与重物储能等。但不同长时储能技术的持续放电时长和使用寿命也存在较大差异。

(2) 长时储能的价值

没有储能的电力系统,就像没有调节能力的径流式电站,来水发电,没水停电。传统以火电为主的电源结构,煤炭可以存储,大型水库可保证"河里始终有水",电力系统始终有可靠电力支撑。但随着双碳战略的深入实施,具有波动特性的清洁可再生能源大规模并网(主要指风电和光伏),无风无光时就会出现电能供不应求,只有发展储能技术,才能实现能量的"时空转移",这相当于给径流式水电站配了调节库容,使其变成了具有调节能力的水电站,能够在有风有光时将电能存储起来以备无风无光时使用。

从前面电源的时空特性介绍我们可以知道,水电站的来水也是分枯水与丰水时段的,相应的水电站的调节能力也是分日调节、年调节和多年调节等多种形式,这与水电站本身的调节库容相关。日调节水电站仅能够将一天的来水存到当天需要用电的时候;年调节水电站能够将一年内的来水存到需要用电的时候,一般是丰水期存水,枯水期放电;多年调节水电站则能够将丰水年的水存到枯水年再用。长时储能技术就是储能技术中的"年及多年调节水电站",根据长时储能技术持续放电时长的不同,长时储能技术可以参与不同时长电能的搬运,长时储能技术就是能量搬运工种中的"长工"。

发展长时储能技术是解决风电、光伏等新能源间歇性和波动性的重要手段。未来的清洁能源电力系统中,风电与光伏的占比将进一步提高,其出力的随机性、不稳定性和难预测性也将直接关系到电力供应的保障率。当风电与光伏出现日间歇时,就需要具有日调节能力的长时储能技术;当风电与光伏出现周间歇时,就需要具有周调节能力的长时储能技术;当风电与光伏出现季节性间歇时,就需要具有年调节能力的长时储能技术。只有基于风电与光伏等新能源的时空特性,配备具有不同时长调节能力的储能技术,才能通过削峰填谷,实现电力的按需供应。长时储能可凭借其长周期、大容量的特性,在更长的时间维度上调节新能源的发电波动,参与月、季、年乃至跨年电力供需的调节过程,在清洁能源过剩时避免电网拥堵和能源浪费,在清洁能源不足时补充出力,实现电力的稳定供应。

从长远来看,随着双碳战略的深入实施和化石能源的持续减少,全球能源系统最终将建设成为以清洁可再生能源为主体的电力系统,而以新能源为主的长时储能技术是目前预计的唯一可行方案。简单来说,可再生能源装机的占比越大,火电的装机越小,建设长时储能系统的必要性就越大。

1.2.2 长时储能的基本原理

(1) 能量守恒定律

1) 储能中的功能关系

受能量守恒定律支配,能量既不会凭空产生,也不会凭空消失,它只会从一种形式转化为另一种形式,或者从一个物体转移到其他物体,而能量的总量保持不变。也可以表述为:一个系统的总能量的改变只能等于传入或者传出该系统的能量的多少。能量以多种不同的形式存在,按照物质的不同运动形式分类,能量可分为机械能、化学能、内能、电能、核能等。这些不同形式的能量之间可以通过物理效应或化学反应而相互转化。以物理效应为例,做功是实现能量转化的方式,而功是能量转化的量度,常见的功能关系包括:

① 动能定理:物体动能增量 ΔE_k 由外力做的总功 W_O 来量度,即 $W_O = \Delta E_k$;

② 势能定理:物体重力势能增量 $-\Delta E_P$ 由重力做的功 W_G 来量度,即 $W_G = -\Delta E_P$;

③ 机械能定理:物体机械能增量由重力做的功 ΔE_M、弹力以外的其他力做的功 W_M 来量度,即 $W_M = \Delta E_M$。

储能技术本质上是利用理化过程实现能量的转移和转化的过程,按照能量的维度表述,储能技术所遵循的基本规律为:

$$\int_{t_1}^{t_1+\Delta_1} P_1 t \, dt = E_i + \Delta E_i = \int_{t_2}^{t_2+\Delta_2} P_2 t \, dt + \Delta E_i$$

$$\int_{t_s}^{t_s+\Delta_s} \Delta P_e(t) t \, dt = \sum_0^n (E_i + \Delta E_i) = \int_{t_g}^{t_g+\Delta_g} -\Delta P_e(t) t \, dt + \sum_0^n \Delta E_i$$

式中,$(t_1, t_1+\Delta t_1)$、$(t_2, t_2+\Delta t_2)$ 分别为某一储能系统 i 的储能时段和放电时段,Δt_1、Δt_2 分别为储能时长和放电时长,P_1、P_2 分别为储能功率和放电功率,E_i、ΔE_i 分别为可用于放电的有效能量及储放电过程中的能量损耗。

$(t_s, t_s+\Delta t_s)$、$(t_g, t_g+\Delta t_g)$ 分别为电力系统中电源出力大于(削峰)和小于(填谷)用电负荷的时段,$\Delta P_e(t)$ 为电力系统中的功率差,即某时刻 t 电源出力与用电负荷的差值,n 为参与电力系统调节的储能系统的数量。长时储能技术指的就是 $\Delta t_2 \geqslant 4\ h$ 的技术,从公式中也可以看出,由于电力系统时空不匹配的长期性,因此 Δt_g 一般要远大于 $4\ h$,因此只有 $\Delta t_2 \geqslant 4\ h$ 的长时储能技术才有望完成 Δt_g 时段内电力供需的调节。

2)主要储能模式

电力储能的基本原理是利用能量守恒定律,将多余的电能以某种其他形式的能量储存起来,并按照用电负荷需求再进行放电的一类技术。如图1.7所示,基于存储能量形式的不同,可以将主要储能模式分为:

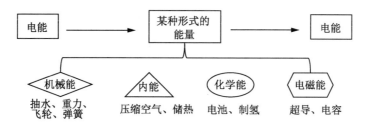

图1.7 储能技术能量转化过程示意图

① 抽蓄储能:电能→动能→重力势能→动能→电能

② 电池储能:电能→化学能(不同化学反应)→电能

③ 储热储能:电能→内能→动能→电能

④ 压气储能:电能→内能→动能→电能

⑤ 制氢储能:电能→化学能→内能→动能→电能

⑥ 机械储能(飞轮):电能→动能→电能

⑦ 机械储能(弹簧):电能→弹性势能→动能→电能

⑧ 重力储能:电能→动能→重力势能→动能→电能

其中飞轮储能、弹簧储能、电磁储能等持续放电时长一般小于 4 h,因此,本书后续对该部分储能技术介绍予以省略,感兴趣的读者可自行查阅相关书籍。

(2) 时空平衡关系

1) 能量的时空平衡关系

通过以上对用电负荷和电源时空特性的分析可知,各时点的用电负荷和电源供需的不匹配具有长期性,某时点的电力供需偏差可表示为:

$$\Delta E(t,x,y,z)=E_s(t,x,y,z)-E_d(t,x,y,z)$$

储能的主要作用就是尽量降低各时点的电力供需偏差,使各时点的用电负荷和电源供应相匹配,实现按需供电。即:

$$\min\{\Delta E(t,x,y,z)\}=\min\{E_s(t,x,y,z)-E_d(t,x,y,z)\}$$

采用的主要技术手段就是通过储能进行能量的"时空转移",把某一时空域的能量储存起来,在下一个时空域释放。基于时空组合可将"时空转移"分为三种(图 1.8):

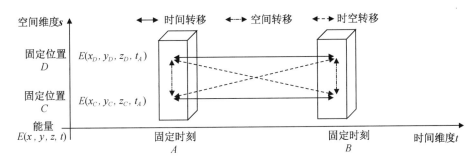

图 1.8　储能技术能量时空转移过程示意图

① 时间转移,即将 A 时段的多余能量存储起来,用于 B 时段的能量供应;

② 空间转移,即将 C 区域的多余能量存储起来,用于 D 区域的能量供应;

③ 时空转移,将 C 区域 A 时段的多余能量存储起来,用于 D 区域 B 时段的能量供应。

由于新能源出力的波动性和不确定性,电力供应时空不匹配具有长期性,这也是为什么要发展长时储能技术的意义。同时刻不同区域体现的是功率的不匹配,同区域不同时段体现的是电量的不平衡。为实现功率与电量的时序平衡,需要通过储能技术的应用,提高电力系统的能量时空转移能力。

2) 典型案例分析

以下通过两个案例对该过程进行介绍:

① 我国四川省缺电限电案例

2022 年 7 月,四川省区域内电力的供应未能满足该区域用电负荷的需求,造成了电力紧

缺,电力保供面临严峻局面。我们不妨从四川省电源和用电负荷的时空特性及时空匹配关系的角度分析一下造成电力紧缺的原因:

a. 用电负荷的时间特性:四川省是我国重要的工业、服务业大省,居民用电和商业用电占全社会用电量的比重大致为29%,工业企业用电量则接近68%。从2022年8月7日开始,四川迎来有气象记录以来最严峻的高温干旱灾害性天气,部分地区已出现持续性的40℃以上高温天气。夏季极端高温导致夏季居民生活用电负荷增加,用电负荷在夏季处于高峰期,据四川省电力公司数据,2022年7月4日至16日,四川电网最大负荷达5 910万kW,较2021年同期增长14%。居民日均用电量达到3.44亿kWh,同比增长93.3%。

b. 电源的时间特性:四川省电源以水电为主,受极端高温干旱天气影响,负责四川省内供电的雅砻江、大渡河等流域今年恰逢枯水年,7月以来全省平均降水量135.9 mm,较常年同期偏少48%,位列历史同期第一位。虽然处于夏季丰水期,但由于来水较少,其电源出力仍无法满足该时段用电负荷需求。

c. 能量的时空平衡:用电负荷的增加和以水电为主的电源的骤减,使得四川省这一区域内的电力供应出现了缺口,且省内现有的长时储能系统也无法填补这一电力缺口,即无法实现能量的时间转移,同时虽然四川省内水电装机容量大,但多座梯级大型水电站如向家坝、溪洛渡、锦屏等的发电均由国家统筹安排按比例输送消纳,电网的输电容量也限制了跨区域空间调电入川的规模。

② 我国东北缺电限电案例

2021年9月份开始,东北区域进行了较大范围的停电和限电,居民生产生活受到较大影响。分析其原因,与今年四川省的案例有较大的相似性:

a. 用电负荷的时间特性:与四川省不同的是,东北区域该时段的用电负荷并未出现较大增加。

b. 电源的时间特性:与四川省不同的是,东北的电源结构以火电和风电为主,但受到煤炭价格上涨的影响,火电出现了越发越亏损的情况,火电出力出现下降,同时在9月21日冷空气过后,风电出力也出现明显下降。火电和风电的发电量大幅下降,导致东北电源侧出力不足,直接造成了电力供应缺口。

c. 能量的时空平衡:由于9月份华北电网也很紧张,因此跨区域调电减少,而本区域内的长时储能技术也无法进行能量的时空转移。

1.3 主要的长时储能技术

如图1.9所示,常见的长时储能技术主要包括抽水蓄能、压缩空气储能、电化学储能、储热储能、氢储能、机械重物储能等。其中抽水蓄能是利用水的抽放过程进行储能的技术,主要部件包括上下水库和水泵水轮机组等;压缩空气储能是利用空气的压缩和膨胀过程进行储能的技术,主要部件包括压缩机和储气罐等;化学储能是利用不同类型的电化学反应将电能直接存储的技术,主要部件为电池及其辅助设施等;储热储能是利用介质吸收或释放热量进行储能的技术,主要部件为储热介质及隔热材料等;氢储能是利用电能制备氢气进行储能的技术,主要部件包括水和储氢装置等;机械重物储能是利用高密度物体的抬升和落体过程进行储能的技术,主要部件包括重物和抬升机械等。

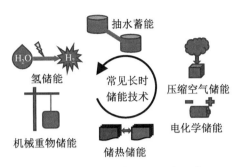

图 1.9 常见长时储能技术示意

1.3.1 长时储能技术的分类

(1) 主流分类方法

1) 按照配置侧(应用场景)

按照储能技术视配置端的不同可将储能技术分为发电侧储能、输电侧储能、配电侧储能和用户侧储能,不同应用场景储能技术的主要作用包括:

① 配电侧储能:无功支持、缓解线路阻塞等;

② 发电侧储能:消纳新能源,缓解弃风弃光问题,提高电源出力稳定性;

③ 输电侧储能:调峰、调频、电压支撑、提高电能质量及备用容量等;

④ 用户侧储能:微电网平衡、用电负荷调整、促进自储自用等。

2) 按照能量转化(基本原理)

按照储能技术的能量转化过程,即本文前面提到的主要储能模式,可将储能技术分为电储能、热储能、机械储能、电化学储能和化学储能等,如表1.3所示。

表 1.3 基于能量转化原理的储能技术分类

储能方式	常见形式	能量密度	耐用性	优点	缺点
热储能	显热储热、相变储热	高	高	能量密度高,储热成本低	转化效率稍低
机械储能	抽水蓄能,飞轮、压缩空气储能等	较高	较高	技术成熟,转化效率高	受地理、气候等因素影响大
电化学储能	铅酸电池、锂电池、铁锂电池	高	一般	寿命显著优于化学储能	充放电寿命有限
化学储能	电转燃料(氢储能等)	高	一般	充放电响应速度快,使用方便	处理面临环境问题

3）按照功率或时长（主要参数）

基于储能系统的主要技术参数有功率与时长等，从储存能量的时间尺度和为电力系统提供支撑的功能来看，可将储能技术分为能量型储能和功率型储能。

① 能量型储能：比能量高，主要用于高能量输入、输出场合，一般为中长期储能，放电时间达到小时至日级别，如抽水蓄能、锂离子电池、铅炭电池等；

② 功率型储能：比功率高，主要用于瞬间高功率输入、输出场合，一般为中短期储能，放电时间为秒级到分钟级，如飞轮储能、电容储能和超导储能。

（2）本文分类方法

本文按照基本原理将主要长时储能技术分类，如表1.4：

表1.4　主要长时储能技术分类

大类	储能技术
机械能	抽水蓄能（第2章）
	机械重物储能（第7章）
电化学	电化学储能（第3章）
内能	储热储能（第4章）
	压缩空气储能技术（第5章）
化学	制氢及氢储能技术（第6章）

1.3.2　不同长时储能技术对比

（1）基本参数对比

主要长时储能技术对比见表1.5：

表1.5　主要长时储能技术对比

储能技术		参数				成本		应用	
		功率（MW）	放电时长	效率（%）	寿命（a）	功率成本（千元/kW）	能量成本（千元/kWh）	技术成熟度	应用场景
抽水蓄能		100～5 000	h～mon	70～80	40～60	4.5～5.5	1.0～1.5	9	电源/电网
电池	铅酸	0.1～20	min～d	65～80	5～8	0.5～1.0	0.8～1.3	9	电源/用户
	锂电	0.1～32	min～d	85～98	8～10	3.2～9.0	1.6～4.5	8	电源/用户
	液流	0.1～50	h～mon	65～75	5～15	12.5～19.5	3.5～3.9	9	电源/用户
	钠硫	0.1～50	s～h	70～80	10～15	13.2～13.8	2.2～4.0	9	电源/用户
空气压缩储能		1～300	min～mon	60～70	30～40	6.5～7.0	1.5～2.5	7～9	电源/用户

由表可知，不同储能技术的储能功率、放电时长和使用寿命均有所不同，按照储能功率和寿命排序依次为抽水蓄能、空气压缩储能和电池储能。按照应用场景来看，所有技术均可在电源侧应用，抽水蓄能技术则还可以配置在电网侧，而电池、压气等技术还可以配置在用户侧。

（2）优缺点对比

主要长时储能技术的优缺点对比见表 1.6：

表 1.6 主要储能技术优缺点对比

储能技术		优点	缺点
抽水蓄能		大规模储能,技术成熟	响应慢,建设周期长,不易选址
电池	铅酸	技术成熟,成本低	比能量、比功率低,寿命短,有环保问题
	锂电	比能量高,单体寿命长,自放电小	成组寿命低、成本高,有安全问题
	液流	响应快,寿命长,效率高,可深放,安全性好,环保	功率密度稍低
	钠硫	比能量与比功率高,寿命长	高温运行,有安全问题
储热储能		能量密度高,储热成本低	转化效率稍低
空气压缩储能		大规模储能,能量密度大	响应慢,不易选址
氢储能		能量密度大,污染小,适用性强	技术不成熟,能量转化效率低

表 1.6 可知,不同储能技术各有优缺点:抽水蓄能和空气压缩储能等大规模储能技术均具有选址难、响应慢等共性劣势;而电化学储能则在电池续航容量、电池寿命、成本、环保和安全等方面存在一定的局限性;此外,储热和制氢等技术虽然能量密度较大,但存在转化效率和技术成熟度低等问题。

参考文献

［1］王玥娇,张兴友,郭俊山.储能技术在高比例可再生能源电力系统中的应用[J].山东电力技术,2021,48(7):19-25.

［2］刘英军,刘畅,王伟,等.储能发展现状与趋势分析[J].中外能源,2017,22(4):80-88.

［3］刘畅,卓建坤,赵东明,等.利用储能系统实现可再生能源微电网灵活安全运行的研究综述[J].中国电机工程学报,2020,40(1):1-18.

［4］张雪莉,刘其辉,李建宁,等.储能技术的发展及其在电力系统中的应用[J].电气应用,2012,31(12):50-57.

［5］骆妮,李建林.储能技术在电力系统中的研究进展[J].电网与清洁能源,2012,28(2):71-79.

［6］梅生伟,李建林,朱建全.储能技术[M].北京:机械工业出版社,2022.

［7］BRUNET Y.储能技术[M].唐西胜,译.北京:机械工业出版社,2013.

［8］BRUNET Y.储能技术及应用[M].唐西胜,译.北京:机械工业出版社,2018.

［9］饶中浩,汪双凤.储能技术概论[M].徐州:中国矿业大学出版社,2017.

［10］李建林,徐少华,陈超群,等.储能技术及应用[M].北京:机械工业出版社,2018.

［11］刘坚.储能技术应用潜力与经济性研究[M].北京:中国经济出版社,2016.

［12］黄志高.储能原理与技术[M].北京:中国水利水电出版社,2018.

［13］BARNES F S.大规模储能技术[M].肖曦,聂赞相,译.北京:机械工业出版社,2013.

［14］BARNES F S. 大规模储能系统［M］. 肖曦,聂赞相,译. 北京:机械工业出版社,2018.

［15］中国电机工程学会. 电力科普知识［M］. 北京:中国电力出版社,1995.

［16］肖钢,梁嘉. 规模化储能技术综论［M］. 武汉:武汉大学出版社,2017.

［17］中国水力发电工程学会. 十八大以来我国水电开发重大成就［R］. (2022-07-31)［2022-11-30］. https://mp. weixin. qq. com/s? ＿biz=MzA3ODM1MzY5Mw==&mid=2652491722&idx=1&sn=ed8f992445994c990e99361d846d7d87&chksm=84a96bb8b3dee2ae37365eca6f7480e59946a2b2fc488af0f04caf2acb358a8450e18284310a&scene=27.

［18］万连山(格隆汇研究). 中国风电独立史:夹缝中初生,混乱中崛起［R］. (2022-06-07)［2022-11-23］. https://www. 163. com/dy/article/H99AKK1U05198ETO. html.

［19］嘉实基金. 光伏产业简史:从乱到强的20年［R］. (2022-03-23)［2022-09-30］. https://weibo. com/ttarticle/p/show? id=2309404750291047416889.

［20］全球光伏. 世界&中国光伏发展历程对比［R］. (2021-10-19)［2022-10-12］. https://mp. weixin. qq. com/s/B7KwPJd5vaivY4BRqJxybA.

［21］国家发改委,国家能源局. 以沙漠、戈壁、荒漠地区为重点的大型风电光伏基地规划布局方案［R］. (2022-02-28)［2022-09-22］. http://obor. nea. gov. cn/detail2/17030. html.

［22］三联生活周刊. 中国核电50年:自主化道路的胜利［R］. (2020-09-27)［2022-10-12］. https://mp. weixin. qq. com/s/wHzLkI4fF6KXoEpRCbgIOg.

［23］中国火电厂的小历史！［R］. (2021-03-05)［2022-10-26］. https://mp. weixin. qq. com/s/0UJF5FKVIWru2OKl5MvprA.

［24］博易地理. 高中地理常识:太阳辐射［R］. (2021-08-10)［2022-10-27］. https://mp. weixin. qq. com/s/saOApaMitU_6W2j1alg_9A.

［25］中国能建. 什么是长时储能？为什么要发展长时储能？我国使用了哪些长时储能技术？还有哪些脑洞大开的长时储能技术？［R］. (2022-06-01)［2022-10-27］. https://zhuanlan. zhihu. com/p/523182962.

［26］水电大省四川为何缺电？［R］ (2022-08-16)［2022-10-13］. http://www. hydropower. org. cn/showNewsDetail. asp? nsId=34928.

［27］张东辉,徐文辉,门锟,等. 储能技术应用场景和发展关键问题［J］. 南方能源建设,2019,6(3):1-5.

第 2 章

抽水蓄能技术

作为一种当前电力系统中应用最广,具有最大的容量和最长的使用寿命,同时工程技术也最为成熟的一种储能技术,抽水蓄能以水为储能介质,通过重力储能,实现了电能的有效存储,有效调节了电力谷峰期间不同用电量的实际需求,保持了电网的动态平衡。抽水蓄能电站具有调峰填谷、调频、调相和事故备用等功能,并在电力系统中发挥越来越重要的储能作用。在多种清洁能源发电飞速发展的今天,抽水蓄能电站已经成为新能源电力系统的重要调节器。它根据电力使用峰谷规律,利用上、下水库天然落差,在用电负荷低谷时,用电把水从下水库抽往上水库,变成势能有效储存起来,在用电高峰时把储存的势能再转为电能,被称为电网的"充电宝""调节器"。

从全世界的范围看,抽水蓄能电站作为一种综合性电站,已经得到了各国的广泛接受和认可。1882 年,瑞士诞生了第一座抽水蓄能电站,该电站建立之初仅通过单纯的蓄水功能配合常规水电站的运行,后来在电网中承担调峰填谷、调频、调相、事故备用等多项其他功能,至今运行了超过 100 多年。抽水蓄能电站的迅速发展始于 20 世纪 60 年代。

据统计,全世界范围内,法国、德国和日本是抽水蓄能电站装机容量占全国装机容量超 10% 的国家。我国抽水蓄能电站的研究和建设开始得相对较晚,直至 20 世纪 60 年代后期我国才开始开发建设抽水蓄能电站。我国的首个抽水蓄能电站于 1968 年在河北岗南建成投产。随后一段时间抽水蓄能电站发展陷入沉寂,20 世纪 90 年代仅投产一座抽水蓄能电站——北京密云抽水蓄能电站。20 世纪 90 年代以后,随着我国用电量的快速增加,抽水蓄能电站也迅速发展,2018 年年底正在运营的装机容量为 3 002.5 万 kW,为我国能源的安全稳定运行发挥了重要的作用。

根据国际水电协会(IHA)数据,到 2019 年底,全球抽水蓄能总装机容量接近 160 GW,占全球储能装机容量的 94% 以上,占电网级储能的 96% 以上。大部分抽水蓄能设施在欧洲和亚洲运营。其中,中国抽水蓄能装机规模目前居世界第一,占世界总量的 19%,日本和美国紧随其后(图 2.1)。2021 年,我国抽水蓄能电站的装机总容量达到了 3 639 万 kW,居世界第一,但装机容量仅占所有发电量的 1.4%,而欧洲一些发达国家和日本等达到了 4%~8%,我国的水平与它们尚有一定差距。

根据 IHA 发布的调查报告,到 2025 年,预计全球将运营 357 个抽水蓄能设施,总装机容量达到 164 GW,另有 124 个抽水蓄能设施处于建设中(正在建设、计划中或宣布中)。到 2030 年,预计抽水蓄能设施装机容量将增加 50%,达到 240 GW(图 2.2),其中中国有 65 个新项目,美国有 19 个,澳大利亚和印度尼西亚各有 10 个。

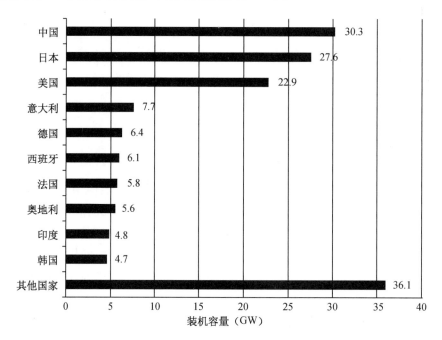

图 2.1　世界各国抽水蓄能电站装机容量(截至 2019 年底)

(图片来源:International Hyower Association)

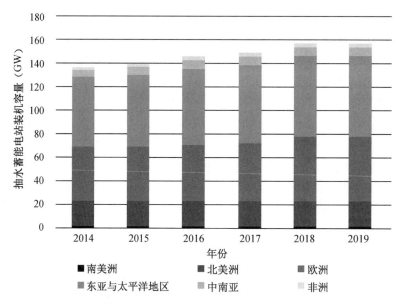

图 2.2　世界抽水蓄能电站装机容量增长趋势(截至 2019 年底)

(图片来源:International Hyower Association)

2022 年 5 月 14 日国家发展改革委、国家能源局印发的《关于促进新时代新能源高质量发展的实施方案》提出,要实现到 2030 年风电、太阳能发电总装机容量达 12 亿 kW 以上,加大煤电机组灵活性改造、水电扩机、抽水蓄能和太阳能热发电项目建设力度,推动新型储能快速发展。6 月 1 日,国家发展改革委、国家能源局等九部门联合印发《"十四五"可再生能源发展规划》,提出要加快建设可再生能源存储调节设施,提升新型电力系统对高比例可再生能源的适应能力,并把加快推进抽水蓄能电站建设作为提升可再生能源存储能力的首要措施。

2022 年我国新增抽水蓄能投产 900 万 kW,累计装机达到 4 500 万 kW,新核准项目 48 个共 6 890 万 kW,超过前 50 年投产总规模。其中在建装机容量最大的抽水蓄能电站为中国河北丰宁抽水蓄能电站,装机容量 360 万 kW;单机容量最大的抽水蓄能电站为广东阳江抽水蓄能电站,单机容量达到 40 万 kW;在建最大的混合式抽水蓄能电站为雅砻江两河口混合式抽水蓄能电站,总装机 420 万 kW(含 300 万 kW 常规机组)。

从应用场景上看,抽水蓄能电站有常规抽水蓄能电站和海水抽水蓄能电站。近年来由于地下空间开发利用的需求,将大量的矿坑用作抽水蓄能电站,这也是一个重要的研究方向。

2.1 常规抽水蓄能技术

2.1.1 常规抽水蓄能原理

(1) 基本原理简介

抽水蓄能电站是水电站的一种特殊形式,也可以说是起到储能作用的水电站,属于蓄能电站。它与常规水电站的区别之处为:抽水蓄能电站有上水库和下水库两个水库,可以是天然形成或人工修建而成的。上下水库的水反复循环,上库在用电高峰时放水发电,用电低谷时又通过水泵抽水,将电能转换为水的势能,在用电达到高峰时再次将势能转化为电能,如图 2.3 所示。

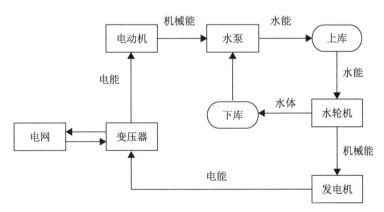

图 2.3 抽水蓄能发电原理

抽水蓄能电站消纳电能转变为水势能后进行发电,在能量转换的过程中,能量转换损失存在于水泵水轮机和发电机运行中,所以抽水所需要的用电量显然高于所抽水发出的用电量。抽蓄机组抽水工况从全停到满载所需要的时间约 8 min,发电时从全停到满载所需时间约 5 min,从满载发电或满载抽水到与电网解列约需 1 min,启动和停止的速度均快于火电机组。

相比通过火电站来参与调峰时火电机组会运行在低功率区域,不仅会降低机组寿命还会大量提高煤耗,通过抽水蓄能电站来调节电力系统的峰谷具有明显的经济效益。

(2) 抽水蓄能电站结构组成

一般抽水蓄能电站主要包括上水库、下水库、抽蓄机组、引水系统、水工建筑物和开关站等。

1) 上、下水库

抽蓄电站的上、下水库都具有存水作用,上、下水库之间必须具有一定的高度差,用来积累势能。在放水发电或抽水蓄能等不同的工况下,两个水库的水循环利用。高处的湖泊可作为水库,也可以人工开挖建造水库。

2) 抽水蓄能机组

抽水蓄能机组是抽水蓄能电站的核心部分,目前抽水蓄能机组主要是可逆式,抽水时可作抽水水泵运行,放水发电时可作水轮发电机组。

3) 输水系统

输水系统主要分两个部分:尾水系统和引水系统,包括岔管、分岔后的水平支管、上下库进/出水口、事故检修闸门井、压力管道和调压室、尾水隧洞或竖井、检修闸门井等。输水系统的作用是连接上、下水库,上水库与厂房之间通过引水部分连接,厂房与下水库之间通过尾水部分连接。

(3) 抽水蓄能电站在电力系统中的作用

1) 调峰

在用电峰荷时抽水蓄能电站通过放水发电,发挥系统调峰功能;在用电低谷时用电抽水至上库蓄能,发挥填谷功能。广州的抽水蓄能电站的调峰填谷运行就为大亚湾核电站创造了较好的运行环境,保证了核电站的稳定运行。

2) 调频

调频功能又称为旋转备用或负荷快速自动跟踪功能。为使电网能稳定运行,电网必须具有随时调整负荷的能力,以达到适应用户负荷变化的目标。电网的频率控制在 50 Hz 左右,按照国家规定的电网频率要求设定。为此,电网所选择的调频机组应具有快速灵敏的特点,以便提供随电网负荷瞬时变化而调整的最大出力。

虽然常规水电站和抽水蓄能电站都有调频功能,但抽水蓄能机组在结构设计上考虑了快速启动和负荷跟踪的能力,因此具有能很好地满足电网负荷急剧变化的能力。先进的大型抽水蓄能机组从静止到达满载可以在 1~2 min 之内完成,增加出力的速度可达 10 MW/s,可以同时频繁转换工况。如英国迪诺维克抽水蓄能电站,其 6 台 300 MW 机组的设计能力为启动 3~6 次/天,每天工况可以转换 40 次,当 6 台机组处于旋转备用时,可在 10 s 达到出力 1 320 MW,约为满负荷的 75%。

我国开展抽水蓄能电站建设已有 50 余年。20 世纪 60 年代,通过学习国外抽水蓄能工程经验,我国于 1968 年和 1975 年分别建成了河北岗南和北京密云两座小型抽水蓄能电站。

经过那个阶段的初步探索,80 年代对抽水蓄能电站的深入研究和规划设计,我国抽水蓄能电站的开发建设进入快速发展期。电网调峰供需矛盾日益突出的华北、华东、广东等火电为主地区,应通过建设抽水蓄能电站解决调峰问题已经成为共识。我国在 20 世纪 90 年代建成了第一批大型抽水蓄能电站,先后投入运行的抽水蓄能电站有 9 座。

21 世纪以后,我国独立发展了自己的抽水蓄能电站开发建设技术,抽水蓄能电站迎来了第二个快速发展时期,先后陆续开工建设的抽水蓄能电站达 19 座。

基于我国在大型抽水蓄能电站和常规水电站建设方面已经积累了大量的技术和工程经验,加上对国外先进技术的引进和消化吸收,以及一批成功建设的大型抽水蓄能电站的实践,我国在该领域已经累积了丰富的建设经验,机组制造技术已经达到国际先进水平,形成了较为完备的从规划、设计到建设、运行的体系。电站的整体设计、制造和安装技术水平目前已经达到了国际先进水平。已建成的抽水蓄能电站中额定水头最高(640 m)的是西龙池抽水蓄能电站。丰宁电站(360 万 kW)建成后将成为世界上装机规模最大的抽水蓄能电站。据统计,截至 2021 年底,我国已建抽水蓄能电站总装机规模达到 $3\,639\times10^4$ kW,抽水蓄能在建规模达 $4\,643\times10^4$ kW,居世界第一。从中国各区域来看,抽水蓄能电站总装机规模最大的是广东省,装机规模已经达到了 798×10^8 kW,占全国总规模的 22%。

3)紧急事故备用

由于水力设计的特点,抽水蓄能机组用于旋转备用时消耗的功率较小,可以在发电和抽水两个旋转方向上闲置,因此其应急备用响应时间较短。此外,如果抽水蓄能机组在抽水时遇到电网中的重大事故,可以迅速将抽水状态转换为发电状态,即在 1~2 min 内停止抽水并转换为相同容量的发电,这对防止电网事故扩大和恢复正常供电具有重要作用。以广州抽水蓄能电站为例,电站自投运以来,每年平均紧急启动 16.5 次,确保了电网的安全稳定运行。

4)调相

相位调制操作包括产生无功功率的相位调制操作和吸收无功功率的前相位操作,其目的是稳定电网电压。抽水蓄能机组在设计上比常规水电机组具有更强的相位调制功能。在发电或抽水条件下,它们可以在涡轮和泵的两个旋转方向上实现相位调制和进相操作,因此具有良好的灵活性。此外,抽水蓄能电站通常比常规水电站更靠近负荷中心,因此它们在稳定电网电压方面的作用优于常规水电机组。2003 年春节期间,广州抽水蓄能电站启动调相 69 次,运行时间为 11.6 h,为广东电网平衡无功、稳定电压发挥了重要作用。

5)黑启动

黑启动是指当电力系统崩溃,电站没有外部电源时,机组可以快速启动发电,实现电力系统的恢复。常规水电站通常不具备黑启动功能,而现代抽水蓄能电站在设计中需要具备这一功能。抽水蓄能电站可以在无须外部帮助的情况下快速自动启动,并通过输电线路驱动其他机组,使电力系统能够在最短的时间内恢复供电能力,确保电力系统的安全可靠运行。

(4)抽水蓄能电站在新能源发展中的作用

太阳能和风能是对环境无害的清洁能源,它们有巨大的能量,但发电是间歇性的、不稳定的和随机的。抽水蓄能电站快速启停的特点,可以弥补风力发电的不足。下图 2.4 显示了当前常见的光伏水电互补发电系统的结构设计,包括光伏阵列、DC/AC 逆变器、本地负载、水电机组、开关站和大型电网。当光伏阵列的输出功率满足负载需求时,系统会将剩余功率发送到附近的开关站,这些开关站将与水电结合后并网。

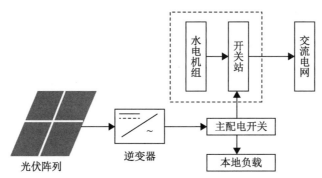

图 2.4　水光互补式发电系统结构图

同时,在光线变化不稳定的天气输出曲线呈锯齿状波动。水电对光电的补偿分为一次补偿和二次补偿。水电站利用其水电机组的快速调节能力对光电进行一次补偿,获得平滑的输出曲线。

如图 2.5 所示,白天时段(8:00～18:00)主要由光伏电站供电,抽水蓄能电站根据区域负荷实时调节,对光伏进行一次补偿和二次补偿;傍晚太阳落山后时段(18:00～24:00),抽水蓄能电站作为主要发电电源放水发电;夜晚时段(0:00～8:00)由火电站承担负荷,此时抽水蓄能电站将电网中多余的电量通过抽水储存起来。

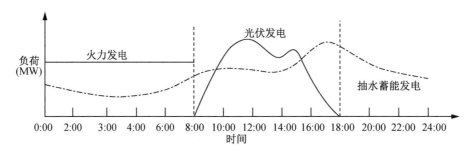

图 2.5　不同电源系统工作时间图

2.1.2　常规抽水蓄能典型工程

截至 2021 年底,我国抽水蓄能装机容量已达到 3 639 万 kW,居世界首位,主要分布在华北、华东、华中和广东。目前,国内两大电网正在积极推进抽水蓄能工程建设。"十四五"期间,国家电网将新增抽水蓄能电站投资 1 000 多亿元,抽水蓄能电厂容量 2 000 多万 kW。从河北义县项目到山西垣曲项目,国家电网抽水蓄能项目正在加速重启。南方电网还宣布,将继续大力发展中小型抽水蓄能电站建设,全面布局,梯队推进,确保抽水蓄能电站梯队发展。随着清洁能源需求的快速增长,加快抽水蓄能的建设迫在眉睫。

根据《抽水蓄能中长期发展规划(2021—2035 年)》,预计到 2025 年,我国抽水蓄能投产总规模将达到 6 200 万 kW 以上。据不完全统计,2022 年以来,全国已有超过 20 个省市出台 63 项储能政策,重点鼓励发展抽水蓄能项目。

其中,浙江省的长龙山抽水蓄能电站是由三峡集团投资建设的华东地区最大抽水蓄能电站。以下对该电站进行详细介绍。

(1) 电站简介

长龙山抽水蓄能电站位于浙江省安吉县天荒坪镇,距安吉县 25 km。项目所在地区属亚热带季风气候区,全年季节变化明显,气候温和,雨量充沛,是浙北的暴雨中心。本工程为大型一级工程,由上水库、输水系统、地下厂房、地面开关站、下水库等建筑物组成。上水库位于山河港右岸和横坑屋冲沟的源洼地,周围环绕主坝、副坝和水库周围的群山。上水库主坝和副坝为钢筋混凝土面板堆石坝,坝顶高程 980.2 m,主坝坝高 103 m,副坝坝高 77 m;水库正常蓄水位 976 m,死水位 940 m,设计总库容 1 099 万 m³,有效库容 785 万 m³。

长龙山抽水蓄能电站总装机容量 210 万 kW,共安装 6 台 35 万 kW 抽水蓄能机组,主要承担华东电网调峰、填谷、调频、调相等任务,投产后平均每年可在用电高峰时段增发电量 24.35 亿 kWh。2021 年 6 月 25 日,首台机组成功发电。2022 年 6 月 30 日,随着 6 号机组投产发电,华东最大抽水蓄能电站实现全面投产。

(2) 电站技术创新

结合我国在水电大型工程方面的技术成就,长龙山电站开展了以下技术创新,并成功在电站建设中应用。

1) 多种环保施工技术的成功应用

长龙山抽水蓄能电站位于旅游风景区,施工遵循环保理念,先后采用了废水处理回收、施工车辆自清洁、综合降低噪声、快速绿化边坡施工、防护爆破飞石等一系列环保施工技术。电站施工过程中的水污染、空气污染、噪声污染、水土流失等环保问题均得到了较好的解决,保护了环境和生态,实现了绿色建造施工。

2) 机载激光雷达技术对库容进行高效率、高精度的计算

采用先进的机载激光雷达结合地理信息科学技术(GIS)方法,取得了库区的三维地形数据,基于数字高程模型(DEM)计算了实际库容曲线,通过与人工测量计算对比,两者之间的相对误差小于 2.45%。

3) 精确的抽水蓄能电站厂房顶拱开挖质量控制方法

地下厂房顶部的顶拱层开挖质量和围岩的稳定性对整个引水发电系统工程的安全运行极为重要,一旦有欠挖或超挖,后期很难再次补救,也直接决定了后期厂房顶拱围岩稳定性。对造孔和装药环节加强质量控制管理,使顶拱开挖质量控制达到了预期效果。

2.1.3　常规抽水蓄能发展趋势

(1) 新能源大规模发展提高抽水蓄能需求

虽然我国已建和在建抽水蓄能电站的装机容量均居世界第一,但抽水蓄能发电站的装机规模占电力装机容量的比例不到 2%,与世界发达国家相比仍有很大差距。美国、意大利、西班牙、德国、法国等国抽水蓄能电站的装机容量占电力系统总装机容量的 5% 至 10%。国

家大力发展风电、太阳能、核电等新能源,对电网调节能力提出了更高的要求,以协调新能源消耗和核电并网运行。

此外,随着我国城市化水平、工业化水平和电力替代水平的提高,电力系统对规范化供电建设的需求仍将增加。因此,具有良好调节性能的抽水蓄能电站仍有很大的发展空间。目前,中国在用、在建和待开发的抽水蓄能容量约1.3亿kW,现有抽水蓄能规划资源基本能够满足项目发展需要。然而,由于生态红线的影响,长期储能规划资源储备不足。

(2) 抽水蓄能在电网中的作用更加突出

近年来,随着风电、太阳能等随机间歇性可再生能源装置的快速增长,核电发展加快,超高压远距离输电、柔性直流电网等发展,对电力系统的储能调节和安全稳定运行的保障能力提出了更高的要求。抽水蓄能电站作为一种技术成熟的大型储能电源,在保证电网安全、电能质量和提高电网经济运行水平方面发挥着重要作用,如调峰、调频、应急备用等;抽水蓄能电站作为坚强智能电网的重要组成部分,结合不同地区电力系统的特点,合理确定了电站的发展任务,不断扩展了电站的功能。

抽水蓄能电站在完成传统调峰、调频、事故备用任务的基础上,面对新时代电网发展形势,必须不断提升电站的智能建设和运维水平,实现抽水蓄能电站对坚强智能电网的全面支持。

(3) 不断完善综合利用开发模式

在新形势下,我国不断拓展抽水蓄能电站选址的思路,需要寻找适合我国电网分布和需求的新型抽水蓄能发电站建设方法,如混合抽水蓄能、海水抽水蓄能和废弃矿山隧道抽水蓄能等。目前,我国混合抽水蓄能、海水抽水蓄能和废弃矿山隧道抽水蓄能等电站的建设和研究尚处于起步阶段。白山、潘家口等电站仅在混合抽水蓄能试点项目中建设。

从实际运行来看,混合式抽水蓄能电站具有投资小、建设周期短、节省站址资源等优点,可以作为常规抽水蓄能发电站的有益补充。尽管新型抽水蓄能电站,如海水抽水蓄能和废弃矿山隧道抽水蓄能具有广阔的发展前景,但在技术和效益量化方面仍需改进。

(4) 抽水蓄能开发与生态保护协调发展

我国抽水蓄能电站站址资源分布不均,部分地区面临调峰需求大而站址资源少的矛盾。在当前调峰方式多样化的新形势下,可以进一步研究混合式抽水蓄能发电站,其具有投资小、建设周期短、节省电站场地资源的优点;此外,还可以研究一种带有废弃露天矿和矿山隧道的新型抽水蓄能电站,以实现废弃资源的利用,最大限度地提高综合社会、环境和经济效益;对于尚未建成蓄能电站且调峰需求较大的地区,抽水蓄能电站的选址和建设应更加重视生态保护红线的研究,协调开发与保护的关系;对于生态保护红线对蓄能电站布局影响较大的区域,应及时调整选址思路和选址布局。

2.2 海水抽水蓄能技术

2.2.1 海水抽蓄原理和系统

传统的抽水蓄能系统使用淡水作为工作介质,严重依赖淡水资源。近年来,随着海上风电的快速发展,海水抽水蓄能系统在沿海和淡水资源匮乏的岛国和城市具有非常广阔的发展前景。海水抽水蓄能发电不受水源限制,具有广阔的应用前景。近年来,随着浙江、广州等沿海经济发达地区发展迅速,电力负荷和峰谷差增大。与此同时,中国沿海地区风力发电、光伏发电等可再生能源发展迅速,都迫切需要建设合适的储能系统。

因此,在负荷中心海岸附近建立起快速启停、灵活运行的海水抽水蓄能系统,不仅可以解决沿海地区的电力供需矛盾,而且有利于电网的经济安全运行。海水抽水蓄能系统的建设可以充分利用我国沿海地区和岛屿丰富的资源优势,带动其他产业的发展,从而促进沿海地区和海岛的开发建设。《国家海洋事业发展"十二五"规划》提出,推进海水资源综合利用,加快海洋可再生能源利用。中国《水电发展"十三五"规划》也明确指出,"海水抽水蓄能"研究试点将列入重点任务,需要加强关键技术研究,推进海水抽水蓄能电站示范工程建设,填补我国该项目空白。迫切需要开展海水抽水蓄能系统的基础研究,为工程应用提供理论支持。

(1) 海水抽蓄原理和系统

海水抽水蓄能是一种将海水作为运行工质的新型抽水蓄能形式,如图 2.6 所示,在距海边一定距离的高地上建造一个蓄水池作为系统的高位蓄水池,将海洋作为低位蓄水池。储能时,电能驱动水泵或可逆式水轮机将海水从海洋抽送到高位蓄水池,将电能转化为水的势能存储起来;释能时,海水从高位蓄水池排放至海洋驱动水轮机或可逆式水轮机发电,将水的势能转化为电能。

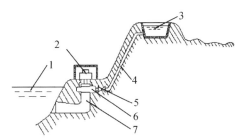

1—海洋;2—可逆式电动发电机;3—上水库;4—压力水管;5—阀门
6—可逆式水泵水轮机;7—尾水管

图 2.6 海水抽水蓄能系统示意图

海水抽水蓄能系统将海洋作为低水位水库,不需要修建专门的低水位水库。同时,该系统将海水作为工作介质,解决了传统抽水蓄能系统中淡水资源的利用问题。此外,海水抽水蓄能电站可以建在负荷中心附近的海边,以降低输电成本。然而,海水抽水蓄能工程的建设也会遇到一些特殊问题,如海水可能从上游水库渗入土壤,造成地下水污染;海水中的有机物和海洋生物附着在水道和水轮机上,会导致发电和抽水效率逐渐降低。

(2) 技术特点

由于海水抽水蓄能电站使用海水代替淡水,无论是水轮发电机的结构设计和技术材料,还是土木工程建筑结构和设备安装,都有不同于一般抽水蓄能电厂的特殊要求。从日本通禅省海水抽水蓄能电站的试验项目可以看出,海水抽水蓄力电站的技术特点表现在以下几个方面。

1) 设备防腐

设备壳体和吸水管等接触海水的部位,所用碳素钢要涂上防腐涂料和电气防腐材料。为使各部位防腐电位相等,要配置电气防腐电极,并自动控制使防腐电流保持稳定。过流部件表面需采取表面防护措施,可采用有机涂层涂覆或电弧喷涂。叶轮、导向叶轮、水轮机主轴要耐腐蚀,加工性能好,强度高。水轮机结构设计要便于维修,不用拆卸发电机就能从下侧拆卸水轮机,并能向外取出叶轮。

2) 水工及附属结构防腐防渗

海水抽水蓄能电站的土木建筑结构要适应海水抽水蓄能电站的特殊要求。输水的压力水管道会受到高速海水的腐蚀,海生物的附着也会导致压力损失,直管部分需使用 FRP 管或 FRPM 管,弯曲部分使用钢管并涂上防腐涂料;为监控水库漏水,在水库周围地下设置监测回路;为使漏水重新流回水库,应设置集水池,水流管路与抽水泵;为使水波引起的水压不致影响水轮机的正常运转,出水口周围应设置消波装置。

3) 环境生态保护

对于海水抽水蓄能电站,大风或海风将会造成来自水库的盐分子的飞溅,从而影响周边环境。要考虑海水抽水蓄能电站抽水和发电过程中,吸水和放水对海洋生物的影响;从施工之日起,就要对气象、动植物等进行监控,通过试验确认环境影响问题;为防止污水对海域的不良影响,施工过程中或雨季期间污水经污水处理厂净化处理后,再排放到邻近河流湖泊中去;上水池地基表面要增加水土保持处理。

2.2.2 典型海水抽蓄工程

日本于 1999 年投入运行了世界第一座也是目前唯一一座海水抽水蓄能电站,电站坐落在冲绳岛国头郡国头村。冲绳抽水蓄能电站上库的建设场地是一处高程为 150～170 m 的小台地。上库是通过开挖台地的中心部分,并环绕着中间的深坑修建堤坝而形成的。上库周边区域也是许多濒临灭绝物种的栖息地,阻止海水渗透到土壤中就显得尤为重要。因此,在上库表面的衬砌结构中,设置了 2 道或 3 道防渗结构物。衬砌结构由下至上由过渡层、垫层和防渗层组成。过渡层是 50 cm 厚的机制沙砾,颗径不大于 20 mm,覆盖整个上库的库床表面,并经过压实;在过渡层之上采用无纺土工布作为缓冲垫层;敷设在垫层之上的防渗层是厚 2 mm 的橡胶薄板。橡胶板是用三元乙烯丙烯合成橡胶(EPDM)制成的,具有很好的止水性能、良好的气候适应性,以及很强的抗老化能力。堤坝采用均质土坝坝型,为了加速固结沉降,在坝体中设置了水平排水层和垂直排水层。

冲绳抽水蓄能电站最大输出功率为 30 MW,其高位水库呈八角形,建在距离海岸 600 m 的高地上,直接利用大海作为低位水库,有效水头为 136 m,最大流量为 26 m³/s,基本参数如表 2.1 所示。

表 2.1　冲绳抽蓄电站参数

项目	参数
总库容($10^3\mathrm{m}^3$)	590
有效库容($10^3\mathrm{m}^3$)	564
坝型	带橡胶板防渗的土坝
坝高(m)	25
有效水头(m)	136
最大出力(MW)	30

日本冲绳海水抽水蓄能电站属于试验性电站,自 1993 年试运行起,针对一些重点工程技术问题及采取的相应措施进行了验证,积累了关于工程设施和环境保护的宝贵技术资料,主要结论包括:

(1)上水库防渗和耐久问题:上水库表面衬砌中,EPDM 合成橡胶板的防渗性能和耐久性得到验证,海水渗漏监测系统的有效性达到预期效果。防腐涂料和阴极保护措施的有效性得到验证。在永久性设施中,大规模采用纤维增强复合塑料(FRP)达到了预期效果。

(2)海洋生物的黏附对系统效率的降低程度在预计的范围内,防止海洋生物黏附措施达到预期效果,为海水抽蓄电站的海防生物治理提供了参考。

(3)证明了海水抽蓄电站能够在强台风形成的大浪下维持进水口和尾水口的稳定运行。地下水中盐分的积累在预计范围内,工程对周围地区的动植物群的影响较小。

表 2.2 总结了日本冲绳海水抽蓄电站技术研究的成果。

表 2.2　日本冲绳海水抽蓄电站技术研究结果

问题	海水的渗透、飞溅	海水对结构物、机器的腐蚀	海洋生物附着	海洋环境下的发电运行
目标	对周边环境的影响伴随着试验场的发电运行,对周边环境无影响	对结构物、机器不会造成损坏,有和淡水抽蓄相同的耐久性	减少发电损失,不会造成结构性损坏,降低对耐久性的影响	即使在高海浪等海洋环境下,也能够进行安全稳定的发电运行
土木设施	大坝、调整池;利用 EPDM 橡胶模全面防水;采用大坝漏水检测系统;采用海水复水系统	采用耐海水腐蚀材料:水压管道 FRP(M)管,混凝土结构物,海洋混凝土	采用耐海洋生物附着材料;采用水压管道 FRP(M)管;采用排水管道防污涂料	消波块设置
电器设备	—	采用耐海水腐蚀材料;采用涡轮、导流叶片、改良型奥氏体,不锈钢;采用金属材料、防腐涂层,电气防蚀法	对于叶轮机流水面、海水辅助设备及配备管道,通过预试验确认仅有少量海洋生物附着	排水口水位(潮水位)变动的平滑化处理

2017年,冲绳海水抽水蓄能电站因为多方面的原因计划关停,但是工程运行实践表明,该电站在冲绳岛电网的负荷平衡和频率稳定方面起到了重要作用。该电站通过多年的试运行证实了海水抽水蓄能系统的可靠性、经济性和调峰调频的可行性,同时也对海水抽水蓄能系统在建设运行过程中出现的问题进行了研究并给出了解决方案,为之后建设海水抽水蓄能系统奠定了技术实践基础。

2.2.3　海水抽蓄发展趋势

(1) 国外海水抽蓄研究现状

1) 海水抽蓄选址研究

国外对海水抽水蓄能的研究起步较早。爱尔兰的 Mclean 等人建议在都柏林建造一个低水头、高流速的 100 MW 海水抽水蓄能系统,并对该系统进行了设计和技术经济评估,结果表明,低水头、高流速的海水抽水蓄能系统可以提高电网可再生能源的发电率,降低系统的初始投资。此外,格林斯克(Glinsk)正在设计和建造一座输出功率为 960 MW 的海水抽水蓄能电站,该海水抽水蓄能系统的上水库建在 Glinsk 山上,水头高度为 297.5 m,最大流量为 400 m³/s。中东的死海项目计划利用海洋进行抽水蓄能和发电,输出功率为 1 500~2 500 MW。地中海海水通过低于海平面 72 km 长的压力管道流入库姆兰水库,在能量释放过程中,水库中的海水通过压力管道流入死海,管道的设计流速为 8 m/s。在发电的同时,该项目还可以提高死海的水位,保护死海周围的环境。如果增加海水淡化项目,可以解决当地淡水短缺的问题。爱沙尼亚 ENE1001 项目计划在穆加港工业园区建造一座 500 MW 海水抽水蓄能电站,该项目详细分析了系统的组成及其可能的布局位置,与上述系统的不同之处在于,该系统使用海洋作为上层水库,下层水库建在地下。

2) 海水抽蓄综合能源系统

希腊 KATSAPRAKAKIS 等提出在 Karpathos-Kasos 上建立风能-海水抽水蓄能联合发电的混合系统,并对系统维度、选址和经济性进行了理论分析,研究表明,海水抽水蓄能系统能够提高风电场在电网中的发电渗透率。美国研究人员提出建立海上风能-海水抽水蓄能联合发电的混合系统,系统采用双重压力水管,使抽水和放水能同时进行,结果表明,与单压力水管相比,采用双重压力水管可以将风力发电渗透率提高 10% 以上。意大利的 SEC-CHI 等提出了海水抽水蓄能系统与光伏发电相结合的混合系统。

香港理工大学对在香港一个岛屿上建立太阳能光伏发电和海水抽水蓄能耦合的混合系统进行了理论研究,并对在该岛屿上建立风能-太阳能-海水抽水蓄能联合发电的混合系统也进行了理论研究。通过对混合动力系统建模并结合其运行策略,对基于小时负荷的系统进行了仿真分析。结果表明,海水抽水蓄能系统可以补偿风力发电和太阳能光伏发电的不稳定特性。同时,该混合系统能够充分满足独立岛屿的充电需求,实现独立岛屿可再生能源的独立供电。

综合上述的国内外应用和发展现状,在第一座海水抽水蓄能系统于 1999 年投入运行之后,世界上关于海水抽水蓄能系统的研究成果基本处于空白状态,大多数研究还是集中在对传统抽水蓄能系统的研究上,而近年来,传统抽水蓄能的发展面临着许多问题:如环境问题、选址日益困难问题等,同时由于可再生能源的大量开发和利用,以及沿海发达地区和海岛经济发展的需要,世界各国加大了对海水抽水蓄能系统的研究力度,从 2008 年开始,世界各国对海水抽水蓄能系统的研究成果也日益增多。

（2）重大技术问题

国内外研究表明,海水抽水蓄能系统不仅具有与常规抽水蓄能系统相同的优点,如电网启停快、运行灵活、能调峰调频等,而且还利用海洋作为水库,水资源丰富,水位变化小,有利于水泵水轮机的稳定运行,同时可降低建设成本,节约淡水资源,提高可再生能源发电的渗透性。然而,与淡水环境相比,海水环境具有严重腐蚀性,操作条件恶劣。海水抽水蓄能系统的研究和应用还面临许多技术问题。

1）海水腐蚀问题

由于海水的化学性质比较活泼,其对水泵水轮机、压力管道等会造成腐蚀,从而缩短了设备的使用寿命,同时增加了设备的维修成本。

2）海洋生物及微生物附着问题

由于海洋生物（如藤壶）容易附着在管道和海水抽水蓄能机组上,从而会影响系统水轮机工况和水泵工况效率,降低系统的整体效率。

3）渗透和泄露问题

上水库的海水可能渗透到土壤中,导致地表或地下水被污染。同时上水库海水的泄露也会对周围的动植物产生影响。

4）稳定运行问题

在海浪较大的情况下,大浪会影响进/出水口处海水吸入和排出的稳定性,从而影响系统的稳定运行。

5）环境问题

在抽水和发电的过程中,吸水和放水将对在进出水口处生活的海洋生物（如珊瑚等）产生影响。

（3）未来发展趋势

目前,对海水抽水蓄能系统和海水抽水蓄能机组的工程地质和技术研究较少;系统关键参数影响及其变化规律也缺乏研究;结合风电、太阳能等混合储能系统的优化分析缺乏多目标分析的研究。这就需要掌握必要的控制方法,达到合理设计和科学应用的目的。

浙江、广州等沿海地区经济发展迅速,电力负荷和峰谷差增大。与此同时,近年来,风力发电、太阳能发电等可再生能源发电在我国沿海地区发展迅速,可再生能源的间歇性和不稳定性也需要适当的储能系统。因此,在负荷中心海岸附近建立起快速启停、灵活运行的海水抽水蓄能系统,不仅可以解决沿海地区的电力供需矛盾,而且有利于电网的经济安全运行。

此外,中国海域分布着许多岛屿,其中大部分与大陆隔绝,因此其发展受到电力和饮用水短缺以及交通困难的制约。目前,对于近海岛屿,能源供应主要依靠海底电缆或跨越输电线路的架空塔传输电力。然而,这种能源供应模式存在初始投资高、维修时间长、运行维护成本高等问题。对于偏远岛屿,能源供应主要依靠独立的燃料供电系统。然而,这种供电系统不仅对燃料的输送、储存和运输有严格的要求,而且燃料成本高、利用率低、环境污染严

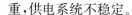

重,供电系统不稳定。

另外,由于海岛特殊的地理位置,其风能、太阳能、海洋能等可再生能源丰富,若在海岛上建立可再生能源多能互补的独立供电系统,将减少海岛对柴油的依赖。同时,海岛濒临海洋,有天然的水库,采用海水抽水蓄能的电力储能方式,不仅能够提高燃油供电体系的稳定性,也能弥补可再生能源发电的间歇性和不稳定性,提高可再生能源在供电体系中的发电效率。

我国海水抽水蓄能系统的发展方向主要包括:针对海水抽水蓄能系统主要参数选择、工程地质技术、海水抽水蓄能机组技术等关键技术的研究;海水抽水蓄能系统将朝着将海水抽水蓄能系统与风能、太阳能、海洋能、核能等可再生能源耦合的方向发展,可以解决可再生能源的不连续性和不稳定性问题。提高可再生能源发电的渗透率是近期海水抽水蓄能系统的主要发展方向。

2.3　矿坑抽水蓄能技术

2.3.1　矿坑抽蓄原理和系统

(1) 我国废弃矿坑概况

煤矿在我国能源结构中一直以来占有重要地位。经过长期的高强度开发,我国资源枯竭的煤矿日益增多,再加上近年来国内能源转型的不断推进,越来越多煤矿因为安全不达标或生产成本过高而停产废弃,废弃煤矿如何更好地转型与发展已成为社会关注和研究的热点。

除了留下大量煤炭资源外,废弃煤矿还拥有丰富的地下空间和矿井水资源。其中,大量的准备巷道(主要为上下山巷道和连接巷道)和开发巷道(主要是回风运输巷道、井底停车场等)具有较高的安全保障条件,是优质的地下空间资源。煤矿关闭、排水停止后,矿井水不仅会迅速回弹,淹没矿井,还会造成一定的地下水跨层污染问题。只有合理利用矿井水,才能避免水资源的浪费和污染。废弃煤矿具有丰富的地下空间和水资源,以及地下与地面的高度差,为抽水蓄能电站的建设提供了良好的条件。目前,国外研究和实践的重点是在煤矿井下巷道中采用储水储能方式,但由于道路体积小,无法储存大量水,国内的相关研究仍处于初级阶段。

我国矿产资源丰富,随着煤炭资源持续开发和国家能源结构调整,2014～2018 年度共计关闭矿井 6 571 处,矿井关停后形成巨大的地下空间资源。我国每年因煤炭开采外排的矿井水约 80 亿吨,而利用率不到 25%。因此,利用废弃矿洞建设抽水蓄能电站具有一定条件。

国内外利用矿洞(坑)建设抽水蓄能电站主要是以工程地质条件好的矿洞为主,我国目前开展了两个利用废弃露天矿坑建设抽水蓄能电站的工程设计,分别为:河北滦平抽水蓄能电站,利用磁铁矿坑做下水库,初拟装机 1 200 MW;辽宁阜新抽水蓄能电站,利用海州废弃矿坑做地下水库,初拟装机 1 200 MW。

(2) 分布式煤矿地下水库技术

近年来,煤矿地下水库技术已在我国大规模成功应用。矿井抽水蓄能是以煤矿地下水库技术为基础,对废弃煤矿地下采空区和地面塌陷区进行改造后形成抽水蓄能水库。不仅矿井下广阔的空间资源和矿井水资源得到了充分的开发利用,而且与国外主流的仅在小空间地下巷道中抽水蓄能的方法相比,矿井抽水蓄能具有更大的储水能力和更好的适用性,为中国废弃矿山的改造和发展提供了新的可能性。

国家能源集团(原神华集团)经过多年的科技攻关与工程应用实践,第一次提出了井下储用矿井水的理念,首创了煤矿地下水库技术体系,利用煤炭开采形成的采空区岩体空隙作为储水空间,将安全煤柱用人工坝体连接形成水库坝体,同时建设矿井水入库设施和取水设施,将矿井水注入井下采空区进行储存和利用。作为一种新型的地下水利工程,煤矿地下水库是由四个部分组成,分别为:采空区、安全煤柱、人工坝体和取用水设施。

2010 年,国家能源集团在大柳塔煤矿建成了第一个分布式地下水库,可以储存 710 万 m^3 矿井水。同时,经过多年的技术攻关,顾大钊和其团队研发了地下水库"三重防护"技术:一是库间调水技术,保障每个水库的水量都不超标;二是实时监控地下水库坝体应力变形技术;三是应急泄水技术,在突发情况下发生突然冒水时可以及时泄水,保障安全。

根据国家能源集团方面相关资料,目前在神东矿井下建造的水库,建造成本大概在 2 元/m^3 左右,运营成本在 1 元/m^3 左右。截至 2015 年底,神东矿区已建成煤矿地下水库 35 座,储水总量约为 3 100 万 m^3,这意味着神东矿区的矿井下有着两个西湖水体容量(1 429 万 m^3)的煤矿地下水库。这些水库年供水量超过了 6 000 万 m^3,可供应神东矿区 95% 的用水。

通过多年的研究,国家能源集团持续研发了分布式煤矿地下水库技术,实现了在不同煤层建设多个水库,并通过库间调水通道实现各库之间的连通与联合调度。

(3) 矿坑抽水蓄能电站的初步设想

1) 可行性研究

抽水蓄能电站的建设一般需要在地形、水文、电网等方面满足一定的条件。简单说来就是需要足够大的落差、足够多的水和足够强的电网需求,理论上来说,水量和落差越大,储能能力就越大。

地形条件方面:利用煤矿采空区建设的地下水库,地下水库一般都位于地面数百米之下,且不同开采水平的地下水库之间也普遍具有数十米到几百米的垂直距离,具有较好的地形落差条件。

水文条件方面:由于煤炭开采会严重破坏深埋地下的承压含水层,会产生大量的矿井水,利用煤矿地下水库技术,可以将足够的矿井水储存起来。

电网需求方面:我国煤炭主产区主要位于内蒙古、新疆、宁夏、山西等地区,这些地区新能源项目较为集中,近年来新建了大量的光伏和陆上风电项目,有些项目甚至直接利用了废弃煤矿的塌陷区、排土场、露采坑以及因采矿破坏的荒山荒地等进行建设。利用废弃矿井建设抽水蓄能电站,可为新能源项目日益增长的蓄能调峰需求提供较好的解决方案。

通过以上分析,可以看出利用废弃煤矿采空区建设抽水蓄能电站,是可以满足一般抽水蓄能电站对地形、水文及电网方面要求的。

2) 系统初步设计

在电网用电负荷低谷时,利用超出电网需求的新能源电力来驱动大功率水轮机,将煤矿地下水库中的矿井水通过垂直钻孔提升至地表,排入利用煤矿塌陷区改造的上水库中储存,达到抽水蓄能的目的。在电网用电负荷高峰时,将塌陷区水库的水通过垂直钻孔放至井下,带动布置在井下巷道中的水轮机转动发电,用以补充电网的需求,发电后的水再次进入煤矿地下水库。不稳定电力和超出电网需求的电力还可用于供给以电化学和压力驱动工艺为主的矿井水处理设施,以降低矿井水处理成本,处理后的矿井水供矿区工业生产、生活用电、生态保护甚至矿井水净化方面使用。抽水蓄能调峰系统的工作原理如图2.7所示。

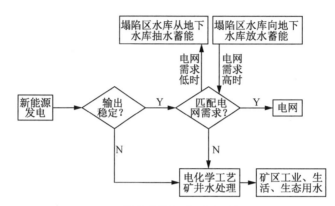

图 2.7　抽水蓄能调峰系统工作原理

3) 系统组成与布置

矿坑采空区抽水蓄能调峰系统主体由上水库、下水库、水道系统、厂房系统和水处理系统5个部分构成。

① 上水库:煤矿开采会引起大面积的地面沉陷,一般矿坑下沉的深度在几米至数十米之间,很多塌陷区由于降雨及汇流等原因已自然形成积水区,可直接将其选为上水库建设地址。而对于未积水沉陷区,可以考虑将防渗及地面条件较好的区域作为潜在的建库地址。选址完成后,按照地面水库建设要求完成相关改造。如果不具备地面上水库建设条件,可选择将位于较高位置的煤矿地下水库作为上水库,选择较低位置的煤矿地下水库作为下水库。

② 下水库:煤矿地下水库由井下采空区经过改造后建成,不但能够存储与保护大量的矿井水资源,还对矿井水有净化作用。目前已建成的煤矿地下水库与地面垂直距离一般都在100 m以上,库均储水量达100万 m^3 左右,具有作为下水库的优良条件。下水库可由位于相同或不同开采水平的多个地下水库构成。

③ 水道系统:一般来说,水道系统是指上水库与下水库之间连接的通道。国家能源集团研发了上下层地下水库之间的大垂距、高压差和高贯通精度的大口径垂直钻孔技术,成功地将该技术应用于神东大柳塔等矿的不同煤层间垂直调水,还在哈拉沟矿、石圪台矿等矿利用垂直钻孔大量抽取煤矿地下水库的水至地表供给生产生活使用,该技术成熟度高。因此可借鉴垂直钻孔技术,以多竖井方式深入井下并将竖井作为连接上下水库的水道系统。

④ 厂房系统:一般包括主厂房、副厂房、主变压器室、开关站等,全部布置于井下大巷内。煤矿井下大巷具有较为宽敞的地下空间和较高的安全可靠性,充分利用煤矿井下大巷,可减少地下厂房的施工量,大幅减少厂房建设成本和建设周期。

⑤ 水处理系统:分为井下和地面两个系统。井下水处理系统主要由两个煤矿地下水库

构成,一个作为普通煤矿地下水库,一个作为地下清水库。井下产生的矿井水经过水仓简单沉淀后排入煤矿地下水库,利用煤矿地下水库的自净化机理对矿井水进行处理,降低矿井水中的悬浮物、COD(化学需氧量)等,将矿井水排入地下清水库储存,之后,除小部分矿井水直接回用于井下生产外,大部分矿井水在蓄能环节被提升至上水库。此外,经地下水库净化的矿井水,可有效降低对水轮机管道和叶片的磨损腐蚀。

地面水处理系统主要利用电网负荷低时或新能源发电不稳定时,电能驱动电化学等处理设备对上水库中的矿井水进行处理,以廉价电能换取宝贵的水资源。可根据具体水质选择处理工艺,将电凝聚、电氧化、电渗析和反渗透等工艺进行组合,处理后获取的高品质水可供给矿区居民生活、电厂或煤化工等使用。

通过以上分析,得到整个采空区抽水蓄能调峰系统的基本结构与布置如图 2.8 所示。

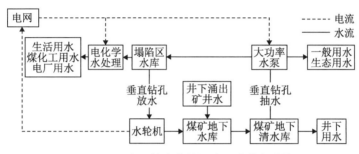

图 2.8　采空区抽水蓄能调峰系统基本结构

2.3.2　典型矿坑抽蓄工程

(1) 工程概述

美国新泽西州的霍普山抽水蓄能电站距纽约约 56 km,装机 6 台、总容量 204 万 kW,仅次于美国第一大抽水蓄能电站巴斯康蒂抽水蓄能电站(装机 210 万 kW)。该电站工程于 1992年 8 月获得许可证,1993 年开工。上水库是在霍普山台地上开挖而成的面积为 22.3 km² 的水池,下水库则是由地下约 760 m 深处已废弃的矿井形成,其有效库容均为 62 万 m³。该抽蓄电站具有许多独特之处:不靠近河流,而是在距离新泽西多佛镇一个居民区约 3.2 km 的霍普山上,不是利用江河水发电,而是采用一个闭合循环水系发电。

上库初次蓄水靠抽取附近霍普山湖的湖水和矿坑水,以后只靠降雨补充水的蒸发。电站的输水道、施工洞和交通洞都是 5 条垂直向的竖井,厂房深埋于地下 900 m 处,水头 810 m。变压器廊道长 110 m,宽 15 m。

电站具有频繁快速的工况变化适应能力,可适应 1 天之内 20 次工况变化。机组从停止状态转为发电状态只需 1 分钟,从旋转备用状态到满负荷的 80% 只需 10 s,机组由挪威公司制造。

(2) 电站结构分布

该系统基本上为一个封闭环路系统,几乎不需要长期补水。在许多年内,降雨量将与预计的蒸发量相抵消。降水量大的时期,上库多余的水将被输入现有采石场工地,供加工碎石

和除尘之用。

当确定下库位置和方位时,应考虑电厂运行条件、地界线、土工条件及采石场运行状况。应选在厂房附近,这样不需设置单独的调压室,并可提高电厂运行效率。

所选位置布置的开挖竖井和通风竖井应避开矿内巷道,使地面可见程度减至最小,并将适应现有和未来采石运行。将下库开挖竖井与下库通风竖井合二为一,则共有四条连接地面与地下施工的竖井:进水口竖井、主要交通竖井、土木工程竖井、下库通风竖井。

水道系统包括一系列竖井、隧道和尾水管,用于在发电期间将水从上水库引入下水库,并在泵送期间将水由下水库泵送至上水库。从上水库进出口至水平隧洞的压力井深度为853 m,水平隧洞将分为6条压力管道。6根尾水管的延伸部分将分叉成一条通向下筒仓的管道。该2 000 MW电站的主要发电设备包括6台可逆混流式水轮机/电动发电机组。每台电动发电机组的参数如下:额定容量为340 MW,有20种日常运行切换模式,最大扬程为810 m。电机发电机将放置在带有水冷定子绕组的混凝土圆柱体中。

从经济和环境保护效益看,该抽水蓄能工程的建设直接促进了区域生态建设,比如许多景观道、风景区,重新铺设了砾石带,沿上库建了林荫带,在湖周围设永久性绿化带,使霍普山湖区环境更加优美。该工程的修建对当地流域保护起着很大的作用,大约320万 m² 土地将成为永久性保护区。

2.3.3 矿坑抽蓄发展趋势

废弃矿井抽水蓄能电站相对其他电站研究起步晚,基础理论研究薄弱,关键技术不够成熟,且煤矿地质条件复杂,开展相关问题分析与对策研究以及解决在施工及运维过程中可能遇到的技术难题,是未来矿坑抽蓄的发展趋势。

(1)发展矿坑抽蓄输水系统稳定支护及密闭技术

输水系统是电站的重要组成部分,其内部周期性抽水注水,水流速度高,紊流现象剧烈,而煤矿巷道仅采用锚喷支护,支护强度低。大规模蓄水可能导致围岩软化和失稳,隧道围岩中的节理和裂隙可能成为天然渗流通道。如何加强输水系统的密闭性,防止内部渗漏,消除紊流冲击,是输水系统首先要解决的问题。

在未来的研究中,将开发拼接方法来安装内部高压管道,在管道外层安装柔性塑料保护套,在管道和岩层之间使用保护网,并使用钢筋混凝土进行加固,管道的内表面将得到加强,以提高其硬度和强度;同时,在动力室周围设置保护层,保护层内充满可控压力的静水介质,以消耗动力室周围的高压冲击,实现输水系统的柔性加固;为确保水道畅通,可在管道内设置活动拦污栅,清除水道中的杂物;此外,为了提高作业效率,降低作业难度,可以开发专用施工设备。

(2)开发多巷道间节流和引流装置

废弃矿井地下巷道错综复杂、高低不平,多巷道交接的局部区域会产生涡流,对巷道内壁产生间断水锤作用,进而影响整个输水系统稳定性。基于地下多巷道的特殊性,可开发相应引流装置,安装在多巷道的交接处,根据水流方向调整导流片方向,实现巷道间引流。

在发电机周边安装容积较大格栅节流装置,降低湍流强度,维持抽水稳定,保障水泵水轮机安全。此外,可根据流固耦合及寿命评估模型,结合疲劳损伤评估算法,进行数值分析,确保输水系统稳定及引流便捷。

(3) 发展成熟围岩地质条件下地下厂房加固技术

地下厂房及辅助洞室不仅承受围岩压力荷载,还受到水道振动冲击,发电机厂房墙壁也承受较大冲击应力,可产生汽蚀和水锤效应,直接影响电站效率和安全性。同时发电装备和一些检测设备也将承受地下水和输水系统慢渗透及水流冲击,为确保相关装备安全和可靠运行,必须对地下厂房及周边洞室进行防渗和加固。

地下厂房布置应充分发挥围岩条件,优化结构,并对地下厂房周边巷道、采空区围岩破碎面的裂隙注浆加固,必要时进行二次衬砌浇筑;部分薄弱区域应采用钢板衬砌或混凝土加锚杆的柔性支护方案;为提高作业效率应开发专用砌衬及锚护装备;根据水文地质条件进行渗流分析,做好厂房通风、防潮、防火及防淹预案;针对围岩收敛、拱顶下沉、围岩位移和松弛范围、锚杆和锚索应力、围岩内部温度及地下水渗流等环境工况实施监测工作。

(4) 建立厂房周围天然地下水抽排系统

中国矿井深度较深,部分达千米以上,地下水积水增加了地下厂房的改造、施工和维护难度,积水还会对洞顶和洞壁围岩长期侵蚀,使围岩力学指标下降,进而对厂房系统安全造成威胁。厂房地下水抽排措施包括直接和间接两种方法。直接方法为在厂房设计时使发电机房高程大于洞壁溢出点高程;间接方法为在厂房四周设置垂直排水孔幕,由排水孔幕收集渗水至排水幕廊道抽排。

综合以上各方面,借助废弃矿井开展抽水蓄能电站建设在环境治理、煤矿转型、矿业人口安置等方面都具有重要社会意义。所以,利用煤矿废弃矿井建设抽水蓄能电站具有广阔的发展前景。

2.4 常规水电蓄能化改造技术

常规水电依托高坝大库,具有优越的调蓄能力,本身就具有一定的调节功能,未来伴随新能源的快速发展,如何充分发挥常规水电站的调节能力,成为促进以新能源为主体新型电力系统安全、稳定、经济运行的关键问题之一。本节将介绍基于常规水电站进行蓄能化改造的技术,主要包括传统水电增机扩容、利用已有水库建设抽水蓄能电站、新增泵站建设储能工厂等。水电站的功能定位正在逐步从为电力系统提供电量为主,向"发电+储能调节"的双重角色转变,未来该技术将为风电、光伏等新能源消纳提供重要技术支撑。

2.4.1 原理与系统设计

(1) 基本原理

1) 常规水电增机扩容

为了调节河流天然来水的变化,水电站依据对于天然来水调节能力的不同,又可以分为径流式、日调节、年调节等多种类型(表2.3)。

表 2.3　基于调节能力的水电站分类

水电站类型	释义	调节能力
径流式	没有调节水库,上游来多少水发多少电,发电能力随季节水量变化,丰水期要大量弃水	无
日调节	有水库蓄水,但库容较小,只能将一天的来水蓄存起来在当天要求发电的时候使用	日
周调节	将一周的来水积存起来,在周内需要发电的时候来发电	日、周
年调节	库容较大,可将平水年的丰水期多余的水贮存起来,在枯水期间使用	日、周、年
多年调节	库容更大,能把丰水年多余的水量积存起来在枯水年使用	日、周、年、多年

传统常规水电站在进行设计时主要考虑天然来水的情况,随着风电和光伏电站的规划建设,可以结合水电站附近风光资源及装机情况,对常规水电站进行增机扩容改造,使其在调节来水的基础上,增加消纳新能源的调节能力。

2)混合式抽水蓄能

混合式抽水蓄能电站基本原理与常规抽水蓄能电站相同,但因为其利用了常规水电站的部分已有设施,可以降低一定的成本,是一种介于常规水电站和抽水蓄能电站之间的一种电站,兼具储能和发电能力,在水电站附近可以结合常规水电站建设不同类型的混合式抽水蓄能电站(表 2.4)。

表 2.4　混合式抽水蓄能电站类型

类型	已有部分	需要新建部分	特性
1	上、下水库	管道及可逆机组	低水头,大流量,距高比通常大,常规水电库区不完全封闭,存在渗漏问题
2	下水库	上水库、管道及可逆机组	选址困难,需要附近有更高的地形
3	上水库	下水库、管道及可逆机组	常规水电库区不完全封闭,存在渗漏问题
4	上、下水库及水轮发电机组	泵站	分离式电站,可通过提高上游水位实现电量增发

3)梯级储能工厂

通过对某一个梯级流域的各个电站进行增机扩容或建设混合式抽水蓄能,实现流域尺度的发电和储能,主要实现方案包括:

① 当发电时,按照用电负荷需求,水往低处流发电;

② 当储能时,基于电网调节需求,水停止流动或者逆流而上;

③ 建成水风光储一体化能源基地,通过输电线路集中输送调度。

(2) 系统构成

常规水电站进行蓄能化改造的系统构成主要包括常规水电站和新增组件。

1）常规水电站

常规水电站是进行蓄能化改造的工程本体,基于利用水能方式的不同又可以分为坝式水电站和引水式水电站。其中坝式水电站是在河道上筑坝以抬高上游水位,利用上下游水位差进行发电的一种布置型式;引水式水电站是指在坡度较陡的山区河流段,通过修建引水管道集中水头进行发电的布置型式。

① 坝式水电站

基于厂房与坝的位置关系可以分为河床式、坝后式和地下厂房等类型;其中河床式水电站的厂房就修筑在坝体内,代表性工程如葛洲坝水利枢纽;坝后式水电站的厂房修筑在坝后,世界上最大的水电站——我国的三峡水电站,就是坝后式水电站。地下厂房则将发电厂房修筑在左右岸山体内,二滩、小湾、乌东德、白鹤滩、溪洛渡和向家坝等水电站均为地下厂房式水电站。

② 引水式水电站

图 2.9　引水式水电站示意图

锦屏Ⅱ级水电站在河流中上游等坡降陡的河段上取水,通过人工修建的引水道(渠道、隧洞、管道)引水到河段下游,集中落差,再经压力管道引水到水轮机进行发电。基于管道流态又可将引水式水电站分为有压引水式水电站与无压引水式水电站(图2.9)。

引水式水电站的优点是水库淹没小,工程规模较小,造价较低。但相比与大坝式水电站,引水式水电站引用流量较小,没有水库调节径流,水量利用率较低。

2）新增组件(机组、泵站)

增加水电站的调蓄储能能力的主要的方法包括两种:

① 增机扩容

如图 2.10 所示,具体又可分为增机与扩容两种技术方案:增机是指增加水轮发电机组,提高装机容量;扩容指的是水电站总装机不变,直接通过提高坝高(库容)的方式,增加可调节库容容量。新增的机组或可调库容可用于调节水电站周围风、光资源的出力,当风、光出

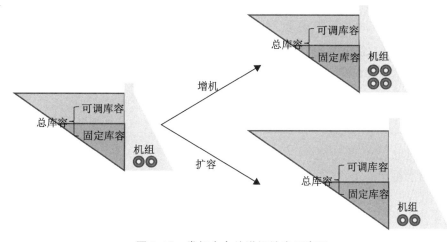

图 2.10　常规水电站增机扩容示意图

力大时,水电站蓄水储能少发电,当风光出力小时,水电站利用蓄水多发电弥补空缺。

② 改造成混合式抽水蓄能电站

除增机扩容外,还可以通过增加泵站或可逆式水泵水轮机组的方式,将常规水电站改造成混合式抽水蓄能电站,具体也可以包括两种主要技术方案:一是只增加泵站,还利用常规水电站的机组进行发电;二是直接增加可逆式水泵水轮机组(图 2.11)。

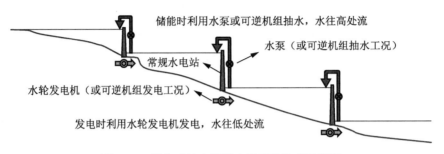

图 2.11　混合式抽水蓄能电站系统构成示意图

2.4.2　典型水电储能改造工程

截至 2022 年 7 月底,中国大陆已投产的百万千瓦以上的水电站已经达到 57 座,其中千万千瓦以上的有 4 座,分别是三峡(2 250 万 kW)、白鹤滩(1 600 万 kW)、溪洛渡(1 386 万 kW)和乌东德(1 020 万 kW)水电站。全国常规水电站数量大约有 4.7 万多座,总装机容量约 3.54 亿 kW。

(1) 蓄能化改造情况

截至目前,我国已经建成的混合式抽水蓄能电站统计信息见表 2.5。

表 2.5　我国已建混合式抽水蓄能电站

电站	常规装机	可逆装机	建成年份	类型
岗南	15 MW×2	11 MW	1968	利用已成上库另建下库
密云	18.7 MW×4	13 MW×2	1975	
潘家口	150 MW×1	90 MW×3	1993	
响洪甸	10 MW×4	40 MW×2	2001	
佛磨	52 MW	78 MW×2	2014	利用已成上、下水库
白山	1 500 MW	150 MW×2	2005	
十三陵	0	200 MW×4	1995	利用已成下库另建上库

目前伴随风电、光伏等新能源的发展,一大批抽水蓄能电站正在规划筹建,其中也包括一些混合式抽水蓄能电站,如两河口(利用已成上、下水库)、叶巴滩(利用已成上、下水库)、桃花寺(利用已成下库另建上库)、安康(增机扩容,直接在现有电站左岸新增可逆机组)、紧水滩(利用已成上、下水库)、新罗万安(利用已成下库另建上库)等。

此外,国家也在积极推动利用梯级水库的调蓄功能,通过增机扩容、新建泵站等方式建设大型储能工厂和风光水储一体化能源基地。

（2）典型工程

1）白山混合抽蓄

白山水电站位于吉林省东部山区第二松花江上游，是一座以发电为主，兼有防洪等综合效益的大型水电站。电站右岸地下厂房和左岸地面厂房总共安装了 5 台 300 MW 水轮发电机组，总装机 1 500 MW，距下游红石水电站（4 台 50 MW 水轮发电机组）39 km。

白山混合式抽水蓄能电站设计年抽水量 17.65 亿 m^3，年平均抽水耗电量 6.24 亿 kWh；蓄能电站最大水头为 123.9 m，最小水头为 105.8 m，设计水头采用最小水头 105.8 m；最大扬程为 130.4 m，最小扬程为 108.2 m，设计扬程为 126.7 m。抽水蓄能电站最低发电水位 403 m，最低抽水水位 395 m。抽水蓄能机组分别于 2005 年 11 月和 2006 年 8 月建成投产。抽水蓄能电站发出的电通过与白山常规水电站共用 2 回 220 kV 线路送出。

白山混合式抽水蓄能电站具有以下典型优势：

① 通过利用蓄能机组泵工况抽水和常规机组发电的联合运行，可以实现电量增发，提高电量转换效率。

② 利用已有常规水电站的上、下水库等可显著降低工程投资，主要包括水库建设费用、淹没费用、移民费用与输电线路费用等。

白山抽水蓄能电站自 2007 年开始正常运行，截至 2012 年，机组抽水用电量为 15.15 亿 kWh，发电量 1.59 亿 kWh，配合东北电网，在调峰调频、事故备用等多种场景中发挥了重要作用。白山抽水蓄能电站工程建设运行的经验可为全国其他区域混合式抽水蓄能电站的规划、建设和运行提供参考和借鉴。

2）龙羊峡梯级储能工厂

为充分利用已建梯级水电站的调节能力，通过在水电站安装可逆式水泵水轮机组或泵站，进一步提升常规水电站的调节能力，用于消纳梯级水电站附近的风光出力，提高电网质量。梯级储能工厂期望依托西北地区黄河流域富余光伏电量从下游梯级水库向上游梯级水库抽水，在用电高峰时段再进行放水发电，实现电量时移。

目前，黄河上游河段已初步规划了羊曲-龙羊峡、龙羊峡-拉西瓦、拉西瓦-尼那等 9 个梯级泵站，装机容量约 3 288 MW，未来将根据风、光资源开发形势和清洁能源基地发展需要，适时开工建设。

2.4.3 水电蓄能化发展趋势

未来，随着双碳战略的深入实施，我国将加大光伏、风电的开发力度，如何充分发挥常规水电这一传统清洁可再生能源在电力系统的作用成为新时代摆在广大水电建设者面前的重大课题。除了继续有序推进澜沧江上游、金沙江上游、雅鲁藏布江等剩余水电开发之外，需要结合风光电站的建设，增大水电的调节能力，用于消纳和弥补新能源不稳定的特性。主要发展趋势包括：

（1）常规水电增机扩容

对已建水电站附近的风、光资源进行合理规划，基于水电站周围风、光的建设情况，分批开展对传统水电站的蓄能化改造,有序推进常规水电增机扩容,使其具备消纳其附近风光出力的能力。

对于新建的水电站,在规划期就考虑电站附近风、光资源的分布情况,在设计阶段就考虑水电站对于周围风光出力的调蓄能力,合理规划其装机容量,或增设泵站及可逆机组建设混合式抽水蓄能电站,规划建设风光水储一体化能源基地。

(2) 梯级储能工厂与多能互补能源基地

对于风光资源较为丰富的流域,可以依托整个流域的梯级电站,对各个水电站进行适应性蓄能化改造,打造梯级储能工厂,用于消纳流域内的风光出力。利用水电的调节特性平抑风电与光伏的波动性,实现整个梯级优质电能的输出,打造清洁能源走廊,构建多能互补能源基地。

(3) 低水头大流量可变速机组

随着一大批标志性工程相继建设投产,我国抽水蓄能电站工程技术水平得到了显著提升。河北丰宁、广东阳江和浙江长龙山电站等实现了总装机容量、单机容量、国产化等方面的重大突破,国内厂家在 600 m 水头段及以下大容量、高转速抽水蓄能机组自主研制上已达到了国际先进水平。

未来,伴随海水、矿坑、混合式、分布式抽蓄等多种新型应用场景的开发和应用,对抽水蓄能机组的性能也提出了新的挑战。如,为了进一步增强机组的调节性能,全面研究国产可变速机组成为新时期的前沿课题;对于混合式抽蓄,需要围绕适合常规水电的低水头大流量机组开展技术攻关。

参考文献

[1] 李学平. 长龙山抽水蓄能电站地下厂房安全优质高效施工技术[J]. 施工技术,2018,47(S1): 904-907.

[2] 史广义,彭伟,白蝶. 安全风险分级管控在长龙山抽水蓄能电站的应用[J]. 人民长江,2018, 49(S2):211-213.

[3] 贺新星,胡兴汉,苏展昭. 长龙山抽水蓄能电站下水库围堰设计及施工实践[J]. 人民长江, 2019,50(S1):150-153.

[4] 佚名. 大型抽水蓄能机组关键技术、成套设备及工程应用[J]. 高科技与产业化,2021,27(6): 20-21.

[5] 李世超,胡国稳,卓灵书. 绿水青山间崛起大国重器[N]. 浙江日报,2021-07-05(8).

[6] 张怀雨. 坚持规划引领　推动抽水蓄能高质量发展[N]. 国家电网报,2021-10-12(2).

[7] 赵勇飞,卢小芳,瞿文鹏,等. 长龙山抽水蓄能电站监控系统安全性设计[J]. 水电站机电技术,2021,44(10):60-61.

[7] 刘倩,朱文诗,宋超,等. 未来十年将建成投产 2100 万千瓦抽水蓄能[N]. 南方日报,2021-10-25(A01).

[9] 宋超,丁卯,陆冬琦. 南方电网集中启动一批抽水蓄能项目建设[J]. 广西电业,2021(10):10-11.

[10] 前瞻产业研究院.2022 年中国抽水蓄能行业全景图谱[J].电器工业,2021(12):64-68.

[11] 关磊,岳高峰,吴鹏.长龙山抽水蓄能电站钢岔管应力监测研究[J].水利建设与管理,2021,41(12):26-30.

[12] 焦战增,安国强,李志勇.长龙山抽水蓄能电站蜗壳层混凝土施工技术[J].云南水力发电,2022,38(2):135-142.

[13] 韩冬,赵增海,严秉忠,等.2021 年中国抽水蓄能发展现状与展望[J].水力发电,2022,48(5):1-4.

[14] 张钰."双碳"目标下抽水蓄能电价政策研究:以沂蒙抽水蓄能电站项目为例[J].价格理论与实践,2021(12):35-37.

[15] 卢奇秀.抽水蓄能发展开启加速模式[N].中国能源报,2022-04-18(2).

[16] 孙华艳.环保施工技术在长龙山抽水蓄能电站中的应用[J].红水河,2022,41(2):68-71.

[17] 由明明,杨国兴,李春林,等.基于机载激光雷达的长龙山抽水蓄能电站库容计算[J].人民黄河,2022,44(S1):197-198.

[18] 戚海峰.抽水蓄能电站地下厂房洞室围岩稳定性监测与分析[J].中国设备工程,2022(13):248-250.

[19] MCLEAN E, KEARNEY D. An evaluation of seawater pumped hydro storage for regulating the export of renewable energy to the national grid [J]. Energy Procedia, 2014, 46: 152-160.

[20] KOTIUGA W, HADJIAN S, KING M, et al. Pre-feasibility study of a 1000MW seawater pumped storage plant in Saudi Arabia [C]//Hydrovision international conference, Denver, Colorado, USA. 2013.

[21] RAMOS H M, AMARAL M P, COVAS D I C. Pumped-storage solution towards energy efficiency and sustainability: Portugal contribution and real case studies [J]. Journal of Water Resource and Protection, 2014, 6(12): 1099-1111.

[22] PINE A, IOAKIMIDS C S, FERRAO P. Economic modeling of a seawater pumped-storage system in the context of São Miguel [C]//2008 IEEE International Conference on Sustainable Energy Technologies. IEEE, 2008:707-712.

[23] REHMAN S, AL-HADHRAMI L M, ALAM M M. Pumped hydro energy storage system: A technological review [J]. Renewable and Sustainable Energy Reviews, 2015, 44: 586-598.

[24] KATSAPRAKAKIS D A, CHRISTAKIS D G, PAVLOPOYLOS K, et al. Introduction of a wind powered pumped storage system in the isolated insular power system of Karpathos-Kasos [J]. Applied Energy, 2012, 97(9): 38-48.

[25] KATSAPRAKAKIS D A, CHRISTAKIS D G, STEFANAKIS I, et al. Technical details regarding the design, the construction and the operation of seawater pumped storage systems [J]. Energy, 2013, 55(1): 619-630.

[26] KATSAPRAKAKIS D A, CHRISTAKIS D G. Seawater pumped storage systems and offshore wind parks in Islands with low onshore wind potential. A fundamental case study [J]. Energy, 2014, 66(4): 470-486.

[27] MANFRIDA G, SECCHI R. Seawater pumping as an electricity storage solution for photo-

voltaic energy systems [J]. Energy, 2014, 69(5): 470-484.

[28] MA T, YANG H X, LU L, et al. Pumped storage-based standalone photovoltaic power generation system: Modeling and techno-economic optimization [J]. Applied Energy, 2015, 137: 649-659.

[29] MA T, YANG H X, LU L, et al. Technical feasibility study on a standalone hybrid solar-wind system with pumped hydro storage for a remote island in Hong Kong [J]. Renewable Energy, 2014, 69(3): 7-15.

[30] MA T, YANG H X, LU L, et al. Optimal design of an autonomous solar-wind-pumped storage power supply system [J]. Applied Energy, 2015, 160: 728-736.

[31] 国家海洋局.国家海洋事业发展"十二五"规划[EB/OL]. (2014-09-02)[2022-10-27]. http://www.gov.cn/guoqing/2014-09/02/content_2744175.htm.

[32] 任岩,翟兆江,郭齐柯,等.海岛风/光/抽蓄/海水淡化复合系统的配置优化[J].水力发电, 2015,41(12):101-104.

[33] 李庭,顾大钊,李井峰,等.基于废弃煤矿采空区的矿井水抽水蓄能调峰系统构建[J].煤炭科学技术,2018,46(9):93-98.

[34] 戚海峰.抽水蓄能电站地下厂房洞室围岩稳定性监测与分析[J].中国设备工程,2022(13): 248-250.

[35] 滕军,吴新平,吴林波,等.海水抽水蓄能电站设计关键技术问题研讨[J].中国农村水利水电,2022(1):159-162.

[36] 吴秋芳,林文婧,陈志伟,等.海水抽水蓄能电站水工建筑物防护条件研究[J].中国农村水利水电,2022(1):163-165,170.

[37] 滕军,吴新平,吴林波,等.海水抽水蓄能电站设计关键技术问题研讨[C]//抽水蓄能电站工程建设文集 2021.2021:148-152.

[38] 王梦凌.海水抽水蓄能电站库盆渗漏规律研究及防渗方案安全评价[D].西安:西安理工大学,2021.

[39] 罗嘉佳.海水抽水蓄能电站环境影响分析[J].水利技术监督,2019,27(4):187-189.

[40] 贺新星,胡兴汉,苏展昭.长龙山抽水蓄能电站下水库围堰设计及施工实践[J].人民长江, 2019,50(S1):150-153.

[41] 张旭,张鹏,陈昕.海水抽水蓄能电站发展及应用[J].水电站机电技术,2019,42(6):66-70.

[42] 刘彦,郭建设,纪平,等.海水抽水蓄能电站下库围护结构布置[J].水利水电技术,2020,51 (10):55-60.

[43] 谭雅倩,周学志,徐玉杰,等.海水抽水蓄能技术发展现状及应用前景[J].储能科学与技术, 2017,6(1):35-42.

[44] 佚名.海水抽水蓄能电站资源站点达 238 个[J].大坝与安全,2017(2):65.

[45] 谭雅倩.海水抽水蓄能系统特性与优化研究[D].北京:中国科学院大学(中国科学院工程热物理研究所),2017.

[46] 张彬."双碳"目标下水电未来发展思路浅析[J].中国电业,2021(12):78-80.

[47] 周建平,李世东,高洁.促进新能源开发的"水储能"技术经济分析[J].水力发电学报,2022,

41(6):1-10.

[48] 谢小平.黄河上游水电开发与水风光互补技术研究[J].水电与抽水蓄能,2022,8(2):16-26.

[49] 陈启卷,刘宛莹,吕怡静,等.能源互联网形态下多元融合高弹性电网:水电与新能源角色[J].水电与新能源,2022,36(1):6-12.

[50] 周建平,杜效鹄,周兴波.新阶段中国水电开发新形势、新任务[J].水电与抽水蓄能,2021,7(4):1-6.

[51] 彭程,彭才德,高洁,等.新时代水电发展展望[J].水力发电,2021,47(8):1-3.

[52] 周建平,李世东,高洁.新型电力系统中"水储能"定位与发展前景[J].能源,2022(4):60-65.

[53] 周建平,杜效鹄,周兴波.面向新型电力系统的水电发展战略研究[J].水力发电学报,2022,041(7):106-115.

[54] 路振刚,张正平,李铁成,等.白山抽水蓄能电站建设运行分析总结[J].水电与抽水蓄能,2017,3(4):23-27.

[55] 徐珍懋,张正平,宋雅坪.白山水电站增建蓄能泵站提高电网调峰能力和效益[J].水力发电学报,1998,17(1):23-32.

[56] 张正平.建设混合式抽水蓄能电站合理性论证及效益分析[C]//水电2013大会——中国大坝协会2013学术年会暨第三届堆石坝国际研讨会论文集.昆明,2013:168-173.

[57] 靳亚东,唐修波,赵杰君,等.我国抽水蓄能电站的现状及发展前景分析[C]//抽水蓄能电站工程建设文集2019.北京,2019:21-25.

[58] 许雨喆.基于废弃矿井的抽水蓄能电站设计[D].淮南:安徽理工大学,2019.

[59] 刘立.低碳经济下考虑抽水蓄能电站的分段竞价算法[D].昆明:昆明理工大学,2012.

[60] 张文泉,何永秀.海水抽水蓄能发电技术[J].中国电力,1998,31(11):16-18.

[61] 翟国寿.我国抽水蓄能电站建设现状及前景展望[J].电力设备,2006(10):97-100.

[62] 晏志勇,翟国寿.我国抽水蓄能电站发展历程及前景展望[J].水力发电,2004,30(12):73-76.

[63] 刘骄阳,王云飞,白松鹤.加快布局万亿级抽水蓄能储能产业[J].农业发展与金融,2022(8):62-64.

[64] 张娜,靳亚东,董化宏.抽水蓄能电站的作用和效益[J].中国三峡,2010(11):25-28.

[65] 李斯胜.抽水蓄能电站的重要作用及其效益分析[C]//抽水蓄能电站工程建设文集(2006).2006:42-45.

[66] 李臣.我国抽水蓄能电站在电力系统中的作用与展望[C]//抽水蓄能电站工程建设文集(2004).2004:62-68.

[67] 美国霍普山抽水蓄能电站的特点[J].水力发电,1996(12):34.

第3章

电化学储能技术

3.1 电化学储能概述

3.1.1 储能电池概述

(1) 发展历史

1600 年,科学家吉尔伯特就开始了对电池的基础研究。此后,各种化学电池陆续出现,二战后,电池技术进入了快速发展时期,陆续出现了铅酸电池、镍基电池、液流电池、钠电池等多种电极材料的蓄电池。1958 年美国哈里斯公司提出了以有机电解液作为电解质的锂离子电池,由此行业内将研究主体逐渐转移到蓄电池上。20 世纪晚期,锂电池脱颖而出,成为蓄电池行业的主流。电池发展史如图 3.1 所示。

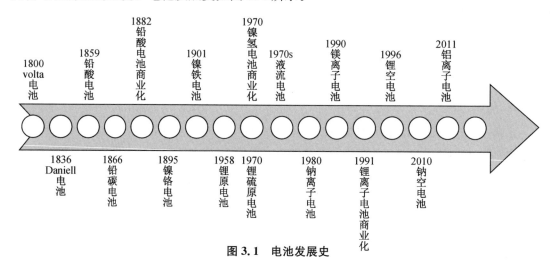

图 3.1 电池发展史

电池储能属于电化学储能大类,利用正负电极和电解液之间的化学反应实现化学能和电能的转换,具有反应灵敏,过程可逆的优点,可以很好地适应储能对于响应时间和正反向调节能力的需求。同时,电池结构灵活,既可以做成很小电量的储能单元,也可以大量串联后组成庞大的储能系统。此外,电池储能还具有建设快,环境适应性强的优点。

2021 年 4 月,中关村储能产业技术联盟(CNESA)发布的《储能产业研究白皮书 2021》

显示,截至 2020 年年底,中国已投运储能项目累计装机规模 35.6 GW,占全球市场总规模的 18.6%,同比增长 9.8%,其中电化学储能的累计装机规模仅次于抽水蓄能,位列第二。

(2) 基本要求

在电力行业中,用作大规模储能的电化学储能技术,需要满足技术匹配性、安全稳定性和经济性等要求。

1) 技术匹配性

所需的电化学储能技术必须满足大规模长时储能的技术指标要求,同时必须能够根据电网需求调整自身相应参数。

2) 安全稳定性

大型储能系统是未来电网中的重要组成部分,必须保证系统的技术安全性和长期稳定的低风险运行能力,这包括了电化学长时储能系统本身的安全性和其维护电网安全平稳运行的能力,是电化学储能重要的基础。

3) 经济性

能够满足商业化应用的要求,在市场环境下能可持续地、大规模地推广应用,发挥其功能和社会价值。当然,长时电化学储能技术在发展初期需要获得政府政策性扶持或补贴,但最终必须具备自我盈利能力,才能步入独立运行的商业化轨道。

储能技术已被视为现代电力系统的重要组成部分。储能系统主要应用在电源侧、电网侧和负荷侧(用户侧)。储能技术目的是实现需求侧有效管理,消除昼夜间峰谷差,平滑负荷,高效利用电力设备,降低供电成本,促进可再生能源的应用,也可作为提高系统运行稳定性、调整频率、补偿负荷波动的一种手段。

(3) 应用场景

当前电化学储能使用量最大的电池类型为铅蓄电池、锂电池和液流电池,根据应用场景可以把电化学储能的在电力系统中的作用分成以下 3 类:

1) 在电源侧的应用

随着分布式光伏、风电等新能源并网,电网调峰调频负担日益加重。在发电侧,储能系统可与火电机组配合,提供调频调压服务,可与可再生能源能源系统结合,提高电力系统调节能力。电力多发时储能装置可减少弃风、弃光现象,无风、无光新能源并网点电压瞬时跌落时,储能装置又可提供紧急功率支撑,保证电源侧电压稳定。

2) 在电网侧的应用

随着储能技术的作用日益显现,电池储能系统未来将朝低成本、高效化的目标发展,这将在移峰填谷等应用场景中得以体现,可进一步降低输配电损耗,促进我国电力市场的完善。随着电力市场化改革的进一步推进,辅助服务市场的竞价机制也将日趋完善,低成本的电池储能系统必将在竞价体系中占据优势。当大规模电池储能系统参与电力现货市场,也可通过现货市场交易模式获得电量收益。

3) 在负荷侧中的应用

负荷侧用能的不确定性使配电网络的复杂性越来越高,温度、湿度等环境条件也对标准化的储能产品提出挑战,电池储能系统的发展可以提升配电网运行的稳定性和经济性。另外,利用储能系统在负荷低谷时储能,在负荷高峰时发电,平滑负荷曲线,通过储能系统降低基本电费,延缓设备扩容,改善电能质量,提高电网运行经济性。

从表3.1可得到以下结论:

1)铅炭电池具有成本优势,但充放电倍率低,每天仅充放一次,可以应用于单次调峰储能项目,占地面积较大。

2)全钒电池循环次数高,单能量密度小,维护昂贵;锌溴电池尚未解决泄漏、腐蚀等问题,还在示范阶段。

3)锂电池能量密度较高,随着电动汽车的快速发展,锂电池技术迅速成熟,目前成本较高,但有一定下降空间。磷酸铁锂电池安全性较好,适用于大规模储能项目,三元锂电池安全风险高,暂不适宜大规模调峰电站使用。

未来大规模长时电化学储能将以磷酸铁锂和液流电池为主要方向,同时钠离子电池储能也会快速发展。

3.1.2 储能电池的分类

目前储能电池的分类方式很多,可按照结构、材料、电解液状态、维护方式、用途等进行分类。无论哪种储能电池,其主要组成都是正电极,负电极和电解液。电池行业一般采用电池正电极的材料名称为电池本身进行命名,表3.1显示了典型储能电池的主要性能参数。

表 3.1 目前应用的电化学储能系统比较

性能指标	铅碳电池	锂离子电池		液流电池		钠电池	
		三元锂	磷酸铁锂	全钒	锌溴	钠离子电池	钠硫电池
放电深度	60%	90%～100%		90%～100%	90%～100%	90%～100%	90%～100%
能量密度 (Wh/kg)	30～60	130～240	80～120	15～50	75～85	70～160	150～760
自放电 (%/月)	2～5	0～1		无自放电		0～1	无自放电
充放电效率(%)	80～90	90～95		60～80		90～95	90～100
储能系统效率(%)	75～85	85～90		60～70		85～90	＞80
工作温度 (℃)	充电 0～45 放电－20～55	充电 0～45 放电－20～55		全钒 5～40 锌溴 20～50		－40～80	300～350
倍率特性 (C)	0.1～1	0.5～2		功率的 1.5 倍		5～10	5～10
度电成本 (元/kWh)	0.45～0.7	0.5～0.9		0.7～1.0	0.8～1.2	0.8～10	0.9～1.2
占地面积 (m²/MW)	150～200	100～150	100～150	800～1500	800～1500	100～150	150～200

续表

性能指标	铅碳电池	锂离子电池		液流电池		钠电池	
		三元锂	磷酸铁锂	全钒	锌溴	钠离子电池	钠硫电池
循环寿命/使用寿命（次）/（年）	2 000～4 000/5	3 000～12 000/5		5 000～10 000/15	2 000～5 000/15	1 500 左右/5	2000～4 500/5
安全性	铅污染	自燃	低概率自燃	良好	溴蒸气泄漏	良好	泄漏　腐蚀
优点	一次性投资低，回收可收回30%成本	电池容量大，循环性能好，环保		一致性好，循环寿命长，规模大	低成本，寿命长，大功率	成本较低，环保，低温性能好，快充电性能好	能量密度高，无自放电
缺点	比能量低，放电深度低，占地面积大，循环效果一般	成本较高，有易燃风险	成本较高	能量密度低，维护成本高	维护成本高，自放电严重，腐蚀性高	能量密度一般，循环性能较低	工作温度高，使用场景苛刻

其他新型电池有多种形式，如液态金属电池，运行时正负电极金属和熔盐无机盐电解质均为熔融液态，液态金属与无机熔盐互不混溶，且因为密度差分为三层。上层负极液态金属密度最小，下层正极液态金属密度最大，中间熔盐电解质层密度居中，而熔盐电解质兼作正负极间隔离层。

3.2 传统储能电池技术

3.2.1 铅蓄电池

铅蓄电池包括铅酸蓄电池与铅碳蓄电池，是一种以铅及其氧化物为电极、硫酸溶液为电解液的蓄电池。

（1）铅酸电池

铅酸电池发展至今已有160年以上历史，具有长期的规模化使用历程，图3.2为典型铅蓄电池结构。

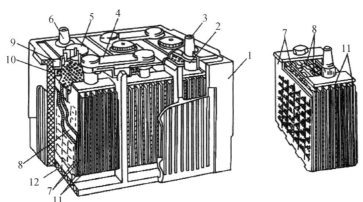

1—蓄电池外壳；2—电极衬套；3—正极柱；4—连接条；5—加液孔；6—负极柱；
7—负极板；8—隔板；9—封料；10—护板；11—正极板；12—肋条

图 3.2　典型铅蓄电池

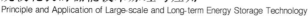
铅酸蓄电池于 1859 年由法国人普兰特发明。负极采用海绵状的金属铅,正极采用二氧化铅,以稀硫酸作为电解液。其化学原理为:放电时负极铅单质为阳极,失去电子生成硫酸铅;正极二氧化铅为阴极,得到电子生成硫酸铅,两极之间产生电势差,方程式为:

$$PbO_2 + 2H_2SO_4 + Pb \longrightarrow PbSO_4 + 2H_2O + PbSO_4$$

反应过程中电解液中硫酸浓度逐渐下降。测定电解液中硫酸的浓度或液体比重即可判断剩余电量。

充电时电池负极为阴极,硫酸铅得到电子生成铅单质,正极为阳极,硫酸铅失去电子生成二氧化铅,即:

$$PbSO_4 + 2H_2O + PbSO_4 \longrightarrow PbO_2 + 2H_2SO_4 + Pb$$

该反应同样可通过硫酸的浓度或者电解液比重判断充电量是否达到额定容量。

铅酸电池有以下优点:① 技术成熟、价格低廉;② 安全性好,燃烧风险较低,几乎没有爆炸危险;③ 电能转换效率高(70%～85%);④ 耐低温;⑤ 可回收。铅酸电池是在运输、通信、电力等各个部门广泛使用的储能电池类型。

铅酸电池也有以下缺点:① 能量密度低 30～45 Wh/kg,提高了储能的实际使用价格,同时电池体积大,单位体积(重量)电量低,难以便携化;② 有污染,铅对人体有害,会污染环境;③ 循环次数低,由于每次充电时负极的硫酸铅无法全部反应生成二氧化铅,导致铅酸电池使用中会出现不可逆的负极硫酸盐化现象,因此经过 500～1 000 次(放电深度DOD 为 60%～70%)循环后,铅酸电池几乎无法使用;④ 充电速度较慢,过高的外加电压会大大缩短电池寿命。⑤ 当充电完成时,继续充电相当于在电解水,因此过充会产生氢气和氧气,同时电解液需要时常补水防止干涸。

(2)铅碳电池

为了提高铅蓄电池的寿命,日本古河电池、美国 Axion Power 公司等研究了电容电池技术,在传统铅酸电池负极中添加或完全采用活性炭,正极仍然使用二氧化铅材料。在电池充放电中,正极的化学反应和原铅酸电池一致,而负极通过类似电容的原理储存和释放电子。这个过程结合了铅酸电池和超级电容器的优势,活性炭材料阻止了负极的硫酸盐化现象,大大提高了铅蓄电池的循环次数,从原来的 500～1 000 次增加到 3 700～4 200 次(DOD 为 60%～70%)。同时由于电容作用,铅碳在充电时可以增加外接电压,以较高的功率进行快速充电,如图 3.3 所示。

与铅酸电池相比,铅碳电池可以广泛应用于储能行业,用于削峰填谷,稳定功率。目前国内外均有铅碳电池储能的示范和应用项目,如 863 项目、浙江鹿西岛并网型微网示范工程、广东珠海万山海岛离网型新能源微电网示范项目等。当然铅碳电池也有自己的问题,其在投入成本上高于铅酸电池,而在能量密度、循环寿命上又低于锂电池,也没有解决铅污染问题,导致处境尴尬。相比之下市场更愿意追求在某一点上有突出特点的产品。同时,铅碳电池的铅污染问题还未解决。

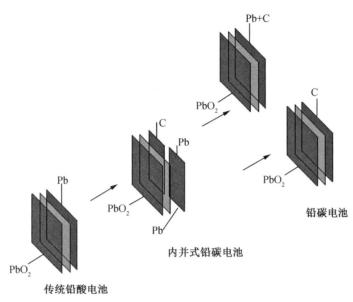

图 3.3　从铅酸电池到铅碳电池的变化

3.2.2　镍基电池

(1) 镍镉电池

镍镉电池(Ni-Cd 电池，Nickel-Cadmium Battery，Ni-Cd Rechargeable Battery)是采用金属镉和氢氧化镍作为电极活性物质的蓄电池，可重复 500 次以上的充放电。镍镉电池内阻小，充电迅速，放电电流较大，且放电时电压变化很小，作为直流供电电池非常理想，也是最早应用于各类电子设备的电池。

镍镉电池耐过充放电能力强、维护简单，所示一般使用以下反应放电：

$$Cd+2NiO(OH)+2H_2O =\!=\!= 2Ni(OH)_2+Cd(OH)_2$$

镍镉电池负极由氧化镉粉和氧化铁粉组成，氧化铁粉的作用是使氧化镉粉有较高的扩散性，防止结块，并增加极板的容量；正极活性物质由氧化镍粉和石墨粉组成，石墨不参加化学反应，其主要作用是增强导电性。镍镉电池电解液通常用氢氧化钾溶液。在成品电池中，使用穿孔钢带包裹电极活性物质，再加压成型作为电池的正负极板。极板间用耐碱的硬橡胶绝缘棍或有孔的聚氯乙烯瓦楞板隔开。与其他电池相比，镍镉电池的自放电率适中。

放电时，负极的镉(Cd)和电解液中的氢氧根离子(OH⁻)化合成氢氧化镉并附著在阳极上，同时放出电子，电子沿着电线迁移至阴极，与水和二氧化镍反应，生成氢氧化镍和氢氧根离子，氢氧化镍附着在阳极上，氢氧根离子回到氢氧化钠溶液中，可以看出反应过程中，电解液的氢氧根浓度不变。

镍镉电池最致命的缺点是记忆效应，Ni-Cd 电池在不完全放电状态下进行充电会导致下次无法放出全部电量。因此在充放电过程中如果处理不当，会使得服务寿命大大缩短。

这使得使用者要采用合理的充放电方法策略来减轻"记忆效应",不能随时充电放电,这也限制了镍镉电池的使用场景。此外,镉是一种有毒的元素,不当的处理方式会造成生物毒害和环境破坏。当前镍镉电池正在逐渐被淘汰出电化学储能领域。

(2) 镍氢电池

镍氢电池也是一种性能良好的蓄电池。其正极活性物质为氢氧化镍,被称为 NiO 电极,负极活性物质为金属氢化物,也称储氢合金,电解液为氢氧化钾溶液。镍氢电池充放电化学反应如下:

正极:$Ni(OH)_2 + OH^- \Longrightarrow NiOOH + H_2O + e^-$

负极:$M + H_2O + e^- \Longrightarrow MH + OH^-$

总反应:$Ni(OH)_2 + M \Longrightarrow NiOOH + MH$

其中 M 为金属氢合金,Hab 为吸附氢,式中正向过程为充电过程,反向为放电过程。镍氢电池基本原理如图 3.4 所示。

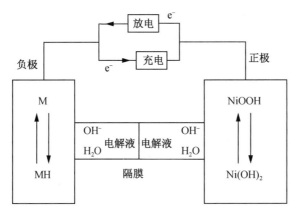

图 3.4 镍氢电池原理图

镍氢电池可分为高压和低压两种结构。

低压镍氢电池优点很多:电压为 1.2~1.3 V,与镍镉电池相当,但能量密度是后者的 1.5 倍以上;充放电快,耐低温,耐过充放电能力强;使用时电池内无树枝状晶体生成,不易短路;安全可靠,对环境无污染,无记忆效应。

高压镍氢电池可靠性强:除了具有低压镍氢电池的优点外,其比容量还可达到 60 Ah/kg,是镍镉电池的 5 倍。高压镍氢电池是氢能源应用的一个重要方向,越来越受到人们注意。

常见镍镉、镍氢干电池制造过程中,根据使用条件,电极活性物质可以采用拉浆、泡沫镍、烧结、纤维镍及嵌渗等制造,不同工艺制备的电极在容量、大电流放电性能上存在较大差异,一般通讯等民用电池大多采用拉浆式负极、泡沫镍正极的工艺。

3.2.3 锌锰电池

碱性锌锰电池是普通干电池的主要类型。可还原再充电的碱性锌锰蓄电池,阴极主要成分是锌,阳极主要成分是二氧化锰和碳,并含有铟、铋酸钠、氢氧化锂、铈和钛所组成的元素,电解液为含水氢氧化钾和氧化锌电解液,阴阳极之间使用接枝聚乙烯作为分隔膜材料。锌锰电池内阻小,高倍率放电性能好,可以制成多种构型的蓄电池。

碱性锌锰电池容量高,其中五号充电电池容量能够达到 2 200 mAh 以上,七号电池也可以达到 1 000 mAh 以上,比相同规格的其他种类电池要高。同时标称电压为 1.5 V,可以制成干电池。锌锰充电电池绝无镍镉电池那样的记忆效应,自然放置时电容量损耗比镍氢、镍镉可充电电池少得多,带电保存期要长达 5 年,可做到即买即用,不含有毒有害物质,适合使用干电池供电的电子产品使用。

锌锰电池的主要问题是使用寿命。该电池一般正常使用循环数不超过 25 次,且需要像铅蓄电池一样少用勤充,不能耐受过度放电或过度充电。

3.3 锂电池技术

3.3.1 锂电池概述

锂电池是使用金属单质锂或含锂合金作为电极材料、非水电解质溶液作为电解液的蓄电池。锂是一种化学特性非常活泼的元素,拥有极高电池能量密度的同时,对锂金属的加工、保存、使用和环境有非常高的要求,因此锂电池发展时间晚于其他蓄电池。1912 年,Gilbert N. Lewis 提出并研究了锂金属电池。到 1970 年代,M. S. Whittingham 提出并研究锂离子电池。近些年来,随着基础科学理论和技术的进步,锂电池技术走出实验室,成为储能行业的热门技术,如图 3.5 所示。

高容量、高可靠性、低成本			
	第一代	第二代	第三代	新一代
正极材料	$LiCoO_2$	$LiNiO_2$ $LiMn_2O_4$ $LiFePO_4$	$LiFePO_4$ $Li_2V_2O_5$ Li_xMnO_2	硫类正极材料
电解质	有机介质	凝胶电解液	离子型 固体聚合物	无机电解质
负极材料	石墨	石墨化碳	氧化物类 氮化物类	合金类 锂金类

图 3.5 锂电池技术发电趋势

如图 3.6 所示,锂电池的分类方法很多,为保证一致性,本章以正极材料作为分类标准进行说明。

锂电池可分为锂金属电池和锂离子电池。前者一般作为一次性电池使用,后者可充电,作为蓄电池使用。锂离子电池工作原理就是依靠锂离子在正极和负极之间来回移动。充电时,外部电压使得正极化合物反应放出锂离子,锂离子穿过隔膜后到达负极,负极一般是片层分子排列结构的碳材料。而放电时反应逆向,锂离子从负极碳中析出,和正极的化合物重新结合,离子移动便产生了电流。

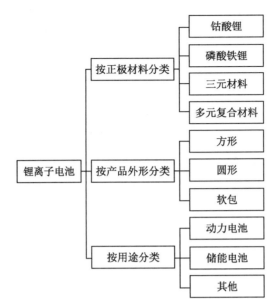

图 3.6　锂离子电池的分类方式

目前,可充电锂金属电池也得到了充分研究,锂金属电池在安全、电量、自放电等性能指标上甚至可以超过锂离子电池,但由于其自身的高技术要求限制,只有少数几个国家的公司在生产这种锂金属电池。20 世纪末期,Padhi 等人研制了磷酸铁锂作为正极材料的技术工艺,减少了锂离子电池的原料成本,从而使锂离子电池可以大量生产。结合现状,下文主要介绍锂离子电池的原理和技术。

3.3.2　锂电池的原理

(1) 锂电池充放电原理

锂电池和其他化学电池一样,本质上也是由正极、负极和电解液组成。一般以锂合金金属氧化物为正极材料,以石墨为负极材料。

反应原理如图 3.7 所示,以钴酸锂电池为例,电极充电时,正极反应为:

$$LiCoO_2 = Li_{(1-x)}CoO_2 + xLi^+ + xe^- (电子)$$

充电负极反应为:

$$6C + xLi^+ + xe^- = Li_xC_6$$

充电总反应:

$$LiCoO_2 + 6C = Li_{(1-x)}CoO_2 + Li_xC_6$$

放电正极反应为:

$$Li_{1-x}CoO_2 + xLi^+ + xe^- = LiCoO_2$$

放电负极反应为:

$$Li_xC_6 = 6C + xLi^+ + xe^-$$

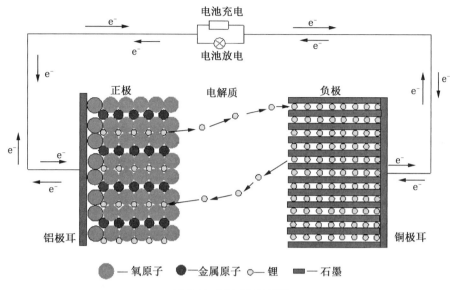

图 3.7　锂电池原理图

（2）锂电池的构成

锂电池的元件构成如表 3.2 所示：

表 3.2　锂电池元件构成

元件	组成	说明
正极片	正极材料、集流体（铝箔）、导电剂、黏结剂	正极材料是磷酸铁锂材料、三元材料等；正极黏结剂一般为聚偏氟乙烯
负极片	负极材料、集流体（铝箔）、导电剂、黏结剂	负极材料一般为人造石墨
隔膜	基材＋涂层	目前的隔膜基材一般为 PP（聚丙烯）或 PE（聚乙烯）；涂层为陶瓷（氧化铝）颗粒
电解液	盐＋有机溶剂＋添加剂	即六氟磷酸锂，有机溶剂包括 EC（碳酸乙烯酯）、EMC（碳酸甲乙酯）、DMC（碳酸二甲酯）等，添加剂的作用主要是生成膜，即在负极表面生成一层致密的锂盐层
结构件	连接件、封装件	软包电芯为铝塑膜和极耳；全铝壳电芯为内部连接带、内部保护膜、外部绝缘膜、壳体、顶盖、极柱等。壳顶盖上设置有一些安全保护装置

1）正极材料

目前常见的正极材料主要有钴酸锂（LCO）、锰酸锂（LMO）、磷酸铁锂（LFP）和三元材料。目前市场常见的正极活性材料如表 3.3 所示。

表 3.3　常见锂电池正极材料

正极材料	结构	循环寿命（次）	优点	缺点
磷酸铁锂	层状	＞2 000	成本低,高温性好	能量密度低
钴酸锂	层状	500～1 000	充放稳定,工艺简单	价格高
锰酸锂	尖晶石	500～1 000	资源丰富且成本低,安全性好	低温性能差
镍钴锰酸锂	层状	1 500～2 000	电化学性能好,循环性能好,能量密度高	价格成本高
镍钴铝酸锂	层状	1 500～2 000	能量密度高,低温性能好	价格成本高

钴酸锂是最先被商业化的正极材料,钴酸锂电池具有电压高、振实密度高、结构稳定、安全性好的优点,早期极大促进了移动电子设备的发展。但钴酸锂电池成本较高、寿命较短,难以在储能市场大幅发展,主要应用于电子产品消费领域。锰酸锂电池成本低、电压高,但循环性能较差且克容量较低,主要应用于专用车辆。

磷酸铁锂寿命长、循环性能好、安全性好、成本低,主要应用于商用车,但电压平台较低,压实密度较低,从而导致整体的能量密度较低。目前磷酸铁锂电池是储能行业主流路线,受益于电动汽车和储能市场的增长和带动,磷酸铁锂将成为未来几年增长最快的正极材料。

三元材料尤其是镍钴锰三元材料能量密度高、循环性能好、寿命较长,主要应用于乘用车。根据镍钴锰(另外还有镍钴铝)的含量不同,容量和成本有所差异,其整体能量密度高于磷酸铁锂和钴酸锂。

三元材料根据其中镍钴锰三种元素的占比不同可以分为 NCM111、NCM523、NCM622 和 NCM811,此外还有镍钴铝三元 NCA(常见配比为 8∶1.5∶0.5)。从技术角度看,镍含量越高,材料的克容量越高,电池模组能量密度越高,相应的工艺难度也越大,安全性保证也越高。从成本角度看,三元材料中原材料成本占比接近 90%,在原材料中钴价格波动大,成本占比高。不同三元材料性能对比见表 3.4。

表 3.4　各种三元材料性能对比

	NCM111	NCM523	NCM622
克容量(mAh/g)	145～155	160～165	165～170
能量密度(Wh/kg)	150	165	180
单位容量需 Co 量(g)	377	212	205

2) 负极材料

锂离子电池的负极材料大多为石墨。利用石墨的多层结构容纳大量的带电粒子,大大提高了锂电池的容量、耐压和充放电速度。另外锂金属、锂合金、硅碳负极、氧化物负极材料等也可用于负极。

锂电池负极材料可分为两大类:第一类是碳材料,主要是石墨;第二类是非碳材料,主要是硅、锡基材料,过渡金属的氧化物,一些金属氮化物等。负极材料的主要特点见表 3.5。

表 3.5 各类锂电池负极材料的性能

	比容量(mAh/g)	首次效率	循环寿命(次)	安全性	快充特征
天然石墨	340～370	90%	1 000	一般	一般
人造石墨	310～360	93%	1 000	一般	一般
中间碳微球	300～340	94%	1 000	一般	一般
石墨烯	400～600	30%	10	一般	差
钛酸锂	165～170	99%	30 000	最高	最好
硅	800	60%	200	差	差
锡	600	60%	200	差	差

　　负极石墨有人造与天然两大类,人造石墨性能更好,主要用于大容量的车用动力电池、倍率电池以及中高端电子产品。天然石墨主要用于小型锂离子电池和一般用途的电子产品锂离子电池。

　　石墨类材料未来几年内仍具备在技术、价格和配套成熟方面的优势。石墨作为负极材料在未来几年内仍将是主流。目前锂离子电池的发展方向是高安全、高容量、高倍率。主要途径是开发以人造石墨为主要原材料的高性能锂离子电池负极材料。

　　3) 电解液

　　电解液在锂电池电极间起离子传导作用。锂电池电解液一般包括有机溶剂、锂盐和必要的添加剂等原料,电解液是在一定条件下,按一定比例配制而成的,是保证锂离子电池获得高电压、高比能等优点的重要因素。电解液的主要成分见图 3.8。

　　锂电池主要使用的电解质有高氯酸锂、六氟磷酸锂等。其中高氯酸锂电池低温性能差,容易爆炸,已在部分国家禁用。而含氟锂盐性能好,无爆炸危险,适用性强,特别是六氟磷酸锂,是现在主流的锂电池电解质。

图 3.8 电解液的主要成分

　　溶剂的主要作用是溶解电解质,形成溶液,添加剂作用一般是催化、阻燃、增加导电性、增加浸润性、提高黏度等。锂电池主要使用的电解液主要成分包括:碳酸乙烯酯,碳酸丙烯酯,碳酸二乙酯,碳酸二甲酯,碳酸甲乙酯,五氟化磷等。

　　(3) 锂作为电池材料的特点

　　锂的标准电极电势为 -3.045 V,是自然界中密度最小的金属元素,因此具有最强的还原趋势。锂也是最轻的金属元素,比能量数值为 6.941。比能量=该原子正常状态下能失去的电量/该原子相对原子质量。以上两者结合,使得锂成为最佳的储能电池原材料。锂离子电池在等体积条件下的能量密度可以达到镍镉电池的 2.5 倍,镍氢电池的 1.8 倍,这就表示在电池容量相等时,锂离子电池可以做到比镍电池更轻便,更灵活。再加上自放电较少,适用温度范围较广的特点,使锂离子电池拥有最大的市场占比和最好的发展前景。

　　电池容量是电池的平均单位质量或体积所释放出的电能,用 Wh/kg 或 Wh/L 来表示。

表 3.6 列举了锂电池其他一些优点和不足：

表 3.6　锂电池特点

优点	
能量密度高	可达 120～200 Wh/kg，目前常用蓄电池中最高
工作电压高	高电负性，钴酸锂、锰酸锂电池标称电压可达 3.6 V，磷酸铁锂电池标称电压可达 3.2 V
低自放电	具有 SEI 膜。非使用状态几乎无化学反应
充电效率高	正常使用无副反应，库伦效率可达 100%
循环寿命长	循环寿命普遍达到 2 000 次以上，部分可达 4 000 次
无记忆效应	可同时进行放电与充电，不影响容量和寿命
缺点	
安全性差	锂元素活泼，有机溶剂易燃
低温性能差	有机溶剂电解液低温性能差
过放电能力差	过放电时电极破坏，影响性能
过充电能力差	过充电时电解液分解放热
管理系统复杂	每一个电量单元都需要实时监测，大规模使用会增加管理成本

3.3.3　锂电池储能系统

（1）储能系统简介

储能系统可以作为一个独立的系统连接到电网，具有峰值削波、谷值补偿和无功补偿的效果。能量存储系统还能够与新能源发电相结合，组成风光存储系统，平滑新能源的发电侧。储能系统还能够建设在负荷中心，结合风力发电和光伏发电组成微电网系统，增强能源利用效率、电能质量、供电可靠性。通过锂电池组、逆变器、双向转换器和风光设备的优化配置，形成能量存储系统的优化设计、系统集成、站级监控等。

储能系统所使用的能量型电池与功率型电池是有所区别的。功率型电池短时间内可以释放大功率。而能量型电池能量密度高，一次充电可以提供更长的使用时间。能量型电池的另一个特点是寿命长，这一点对储能系统是非常重要的。消除昼夜峰谷差是储能系统的主要应用场景，而产品使用时间直接影响到项目收益。

锂电池储能系统功率范围较大，响应速度快，电力存储时间灵活。锂电池目前主要研究方向是高安全和大功率的锂电池储能系统技术的发展。

电池系统（BESS）主要用于电能存储和释放，是影响储能系统容量大小及运行状态的核心部分，直接关系着储能的能量转换能力及安全性。单体电池的容量和功率有限，因此大容量电池系统（Large Capacity Battery System，LCBS）总是通过电池的串/并联实现系统容量目标。由电池单体串/并联成 LCBS 的方式较多，在实际开发与应用中一种常用成组方式为：先由多个电池单体经串/并联后形成电池模块（Battery Module，BM），再将多个电池模块串联成电池串，最后由多个电池串并联组成 LCBS。图 3.9、图 3.10 为常见大容量电池储能系统组成。

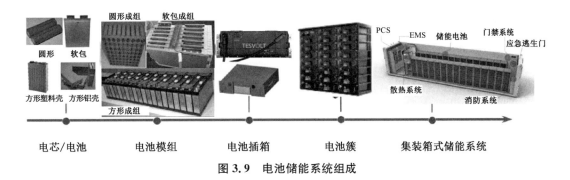

图 3.9 电池储能系统组成

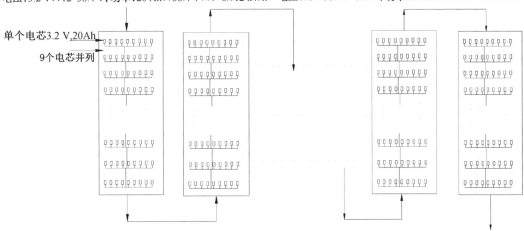

图 3.10 大容量电池储能系统组成

(2) 电池储能技术的组成架构

电池储能系统(BESS)主要组成包括电池系统(Battery System,BS)、功率转换系统(Power Conversion System,PCS)、电池管理系统(Battery Management System,BMS)、监控系统等 4 部分,如图 3.11。

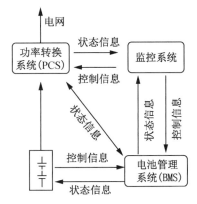

图 3.11 电池储能系统结构示意图

在实际应用中,为便于设计、管理及控制,通常采用组合模块化的设计方式,将电池系统、PCS、BMS 组合成 BESS,单独或者多个 BESS 由监控系统监测、管理与控制。图 3.12 为磷酸铁锂储能单元。

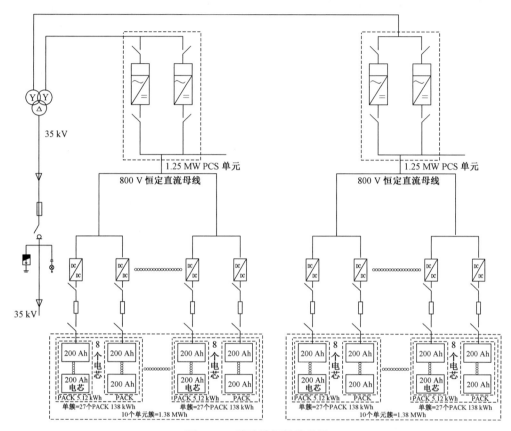

图 3.12　磷酸铁锂储能单元

以 2.5 MW/2.5 MWh 的储能单元为例,分为两部分,每部分约 1.25 MWh,包括 10 个单元,图 3.12 中电芯容量为 200 Ah,则各单元容量为:

每个 PACK 容量:200 Ah×3.2 V×8 个(电芯)=5.12 kWh。

每个组串容量和电压:200 Ah×3.2 V×216 个电芯(或 27 个 PACK)=138 kWh。3.2 V×216 个电芯串联=691 V。

1) 能源管理系统(EMS)

能源管理系统(EMS)是为了将储能系统内各子系统的信息汇总,全方位地掌控整套系统的运行情况,并做出相关决策,保证系统安全运行。EMS 会将数据上传云端,为运营商的后台管理人员提供运营工具。同时,EMS 还负责与用户进行直接的交互。用户的运维人员可通过 EMS 实时查看储能系统的运行情况,实时监管。

热管理是能源管理的重中之重,电池需要在合适的温度环境(23~25 ℃)下,才能发挥更高的工作效率。如果电池工作温度超过 50 ℃,电池寿命会快速衰减。而温度低于 −10 ℃时,电池会进入"冬眠"模式,无法正常工作。从电池面对高温和低温的不同表现可以看出,处于高温状态的储能系统寿命和安全性会受到巨大影响,而处于低温状态的储能系统则会彻底罢工。热管理的作用就是根据周围环境温度,给储能系统提供舒适的温度。

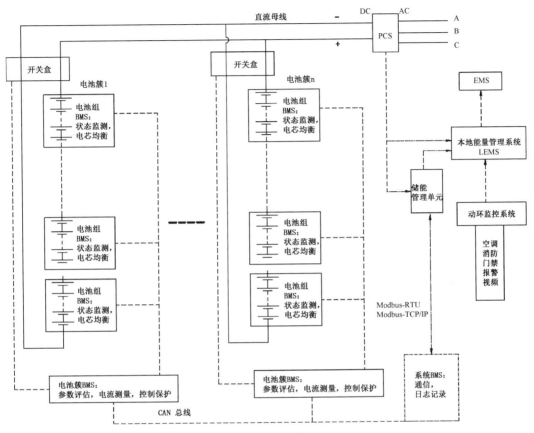

图 3.13　储能电池 BMS

储能管理单元(ESMU)和电源转换系统(PCS)之间以 CAN 通信及 RS485 连接,同时它和本地能量管理单元(LEMS)之间以以太网接口通信,并做 IEC61 850 协议处理,视频监控系统以以太网接口和 LEMS 系统连接对系统数据显示。电池管理系统(BMS)的各个子系统和储能管理单元之间以 CAN 通信方式连接。同时,涉及安全监控部分还有一个动环监控系统,具有各种传感信号监控、声光报警、消防监控、空调监控作用。

2) 功率转换系统(PCS)

PCS 主要由电力电子变换器件构成,它是电池系统和交流电网之间的连接桥梁,是BESS 与外界进行能量交换的关键组成部分。PCS 作为 BESS 的核心部分,其主要功能包括:① 两种不同工作模式下(并网模式、孤网模式)对电池系统的充放电功能,并实现两种工作模式的切换;② 通过控制策略实现 BESS 的四象限运行,为系统提供双向可控的有功、无功功率,实现系统有功、无功功率平衡;③ 通过相关控制策略实现系统高级应用功能,如黑启动、削峰填谷、功率平滑、低电压穿越等;④ 根据 PCS 拓扑结构(如单级 AC/DC、双级 AC/DC＋DC/DC、单级并联、双级并联、级联多电平结构等),通过相关控制策略实现对电池系统电压和荷电状态的均衡管理。

储能系统中的PCS可以理解为一个超大号的充电器,但它与手机充电器的区别在于它是双向的。双向PCS充当了电池堆与电网端之间的桥梁,一方面将电网端的交流电转化为直流电为电池充电,另一方面将电池的直流电转换为交流电回馈给电网。

3)电池管理系统(BMS)

BMS由电子电路设备构成,用于实时监测电池系统的各种状态(电压、电流、温度、荷电状态、健康状态等),对电池系统充电与放电过程进行安全管理,对电池系统可能出现的故障进行报警和应急保护处理,以及对电池系统的运行进行优化控制,并保证电池系统安全、可靠、稳定运行。BMS是BESS中不可缺少的重要组成部分,是BESS有效、可靠运行的保证,如图3.14。

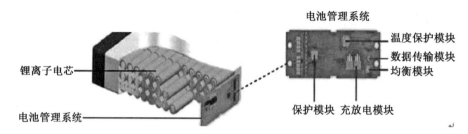

图3.14　电池管理系统

BMS的主要功能,简要来说包括对电池系统进行监控、测量、诊断、保护、均衡,以及通讯功能等。监控和测量的对象包括电池单体电压、电池总电压、簇电流、电池及模组温度等。故障保护主要是对电池的故障进行诊断报警,如过充电、过放电、过流、过温等保护功能及电池簇间并联的抗环流等。通讯主要是BMS和PCS,EMS及其他监控装置的通信功能。设计BMS需要通过的EMC相关测试。

对于大功率容量储能系统来说,电池电压一般较高,最高达到1 200 V左右,簇电流会达到100～300 A,为了充分利用电池的容量,一般放电深度会在80%以上,大功率容量储能系统由数千节单体电池组成。

BMS通常采取三层管理的模式。底层由多个电池管理单元(BMU)组成,主要完成串联电池模块电压采集、多点的温度测量、电压均衡控制等;中间层为电池管理主控器(BCU),负责管理底层所有的BMU,同时负责采集系统总电压、总电流,估算电池荷电状态,实现高压管理,进行绝缘监测,同时还对电流充放电进行保护,判断系统故障状态,实时上报给电池管理总控器;顶层为电池管理总控器(BAU),负责显示电池充放电状态、系统总电压电流、单体电池最高最低电压、温度最低最高模块、故障、系统接触器状态等,同时面向PCS和EMS进行通信、管理和控制。

均衡是储能系统的一个非常重要的功能,由于电池簇内的电池的一致性问题,在放电末期电池的容量一致性会有不少差异,加之储能系统需要80%以上的深度的充放电,所以必须要让储能系统具有非常强的电池均衡能力,如均衡电流需要达到0.5～5 A,一般的被动均衡很难达到。

主动均衡可以避免电池性能、运行温度不均匀对电池组可使用容量的影响,使能量从多的单体向少的单体转移,充电时将多余电量转移至高容量电芯,放电时将多余电量转移至低容量电芯,可提高使用效率,不会造成能量损失,提高储能系统的整体效率。但是主动均衡结构复杂,成本较高,对于电器元件要求也较高。

被动均衡一般通过切换开关和放电电阻为较高电压的电池放电,采用电阻放热的方式对高容量电池"多出的电量"进行释放,从而达到均衡的目的,被动均衡电路简单可靠,成本较低,但会影响储能效率,且放电电流会受到限制,只有 30～100 mA。

4)监控系统

电池储能监控系统基本功能包括:测量监视功能、数据处理功能、分析统计功能、操作控制功能、事件告警功能、保护管理功能、人机接口功能、事故追忆及历史反演功能、历史数据管理功能、远动及转发功能、系统维护功能。

相关接入系统的设备是整个监控系统的组成部分,由于各个地方电网建设的情况不一样,使接入系统所需的设备不尽相同,但都需要遵守国标、行标的相关要求,如图 3.15 所示。

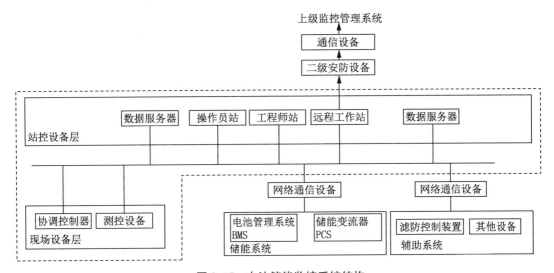

图 3.15 电池储能监控系统结构

储能系统组成根据项目特点而有所不同,如跟光伏或风电相结合,就不需要再单独设置站用变系统;如采用低压并网,箱变系统就涉及不到了。接入报告(批复)的不同会导致整个监控系统设备的变化。

5)辅助系统

电化学储能系统是以电化学电池为储能载体,通过储能变流器进行可循环电能存储、释放的系统。电化学储能系统除储能系统主体系统和设备外,还需要由机械支撑、配套辅助系统构成完整运行系统,如图 3.16 所示。对于接入 10 kV 及以上电压等级的系统,通常还包括汇集线路、升压变压器等。图 3.17 显示了各系统的成本组成。

3.3.4 储能系统主要性能参数

储能系统包括能量和物质的输入和输出、能量的转换和储存设备,参与其中的能量形式、设备类型、物质材料和工作过程多且复杂,想要准确掌握储能系统的工作状态,需监控多

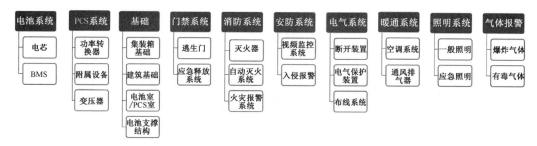

图 3.16　电池储能辅助系统

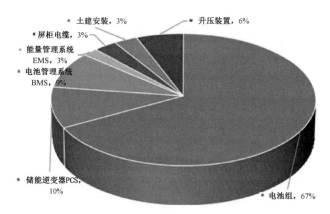

图 3.17　电池储能各系统成本构成

项技术指标和参数。电池的主要性能参数包括额定容量、额定电压、充放电速率、阻抗、寿命和自放电率等。

(1) 充放电倍率和时率

储能系统充放速率可以用时率和倍率分别描述。时率是以充放电时间表示的充放电速率,数值上等于电池的额定容量除以规定的充放电电流所得的小时数。倍率是充放电速率的另一种表示法,其数值为时率的倒数。原电池的放电速率是以经某一固定电阻放电到终止电压的时间来表示。放电速率对电池性能的影响较大。

蓄电池的充电电流通常用充电倍率 C 表示,C 为蓄电池的额定容量。例如,用 2 A 电流对 1 Ah 电池充电,充电倍率就是 2 C(时率 0.5 C);同样地,用 2 A 电流对 500 mAh 电池充电,充电倍率就是 4 C(时率 0.25 C)。

电池容量(Ah)×充放电倍率(C)＝充放电流(A)

或充放电流(A)×充放电倍率(C)＝电池容量(Ah)

锂电池上标识:850 mAh 25 C 2S1P,介绍如下:

① 850 mAh 指电池容量,即电池充满电按 850 mA 放电能放 1 个小时

② 25 C 指最大放电倍率,即电池最大能达到的放电电流为 25×850 mA＝21 250 mA。电池的放电电流是会随着负载改变的,25 C 代表的是一种放电电流的上限,并不是正常时的放电电流。

③ 2S1P 表示电池的构成为 2 个 3.7 V 串联,1 次并联,总电压为 7.4 V。通过电池并联

可以保持电压不变而增加放电电流,却不会延长电池的使用时间。

(2) 额定容量

额定容量是在设计规定的条件(如温度、放电率、终止电压等)下,电池应能放出的最低容量,单位为安培小时,额定容量以符号 C 表示。容量受放电率的影响较大,所以常在字母 C 的右下角以阿拉伯数字标明放电率,如 $C_{20}=50$,表明在 20 时率下的容量为 50 Ah。电池的理论容量可根据电池反应式中电极活性物质的用量和按法拉第定律计算的活性物质的电化学当量精确求出。由于电池中可能发生的副反应以及设计时的特殊需要,电池的实际容量往往低于理论容量。

电池的容量由电池内活性物质的数量决定,通常用 mAh 或者 Ah 表示。例如 1 000 mAh 就是能以 1 A 的电流放电 1 h,换算为所含电荷量大约为 3 600 C。

(3) 额定电压

电池在常温下的典型工作电压,又称标称电压。它是选用不同种类电池时的参考。电池的实际工作电压随不同使用条件而异。电池的开路电压等于正、负电极的平衡电极电势之差。它只与电极活性物质的种类有关,而与活性物质的数量无关。电池电压本质上是直流电压,但在某些特殊条件下,电极反应所引起的金属晶体或某些成相膜的相变会造成电压的微小波动,这种现象称为噪声。波动的幅度很小但频率范围很宽,故可与电路中自激噪声相区别。

电压由极板材料的电极电位和内部电解液的浓度决定。锂电放电图呈抛物线状,从 4.3 V 降到 3.7 V 和从 3.7 V 降到 3.0 V,变化都是很快的。唯有 3.7 V 左右的放电时间是最长的,几乎占到了 3/4 的时间,因此锂电池的标称电压是指维持放电时间最长的那段电压。

锂电池的标称电压有 3.7 V 和 3.8 V,如果为 3.7 V,则充电终止电压为 4.2 V,如果为 3.8 V,则充电终止电压为 4.35 V。

充电终止电压:可充电电池充足电时,极板上的活性物质已达到饱和状态,再继续充电,电池的电压也不会上升,此时的电压称为充电终止电压。锂离子电池充电终止电压为 4.2 V 或者 4.35 V。

放电终止电压是指蓄电池放电时允许的最低电压。放电终止电压和放电率有关。一般来讲单元锂离子电池放电终止电压为 2.7 V。

(4) 阻抗

电池内具有很大的电极-电解质界面面积,故可将电池等效为一大电容与小电阻、电感的串联回路。但实际情况复杂得多,尤其是电池的阻抗随时间和直流电平而变化,所测得的阻抗只对具体的测量状态有效。

电池的内阻由极板的电阻和离子流的阻抗决定,在充放电过程中,极板的电阻是不变的,但离子流的阻抗将随电解液浓度和带电离子的增减而变化。当锂电池的开路电压降低时,阻抗会增大,因此在低电(小于 3 V)充电时,要先进行预充电(涓流充电),防止电流太大引起电池发热量过大。

(5) 寿命

储存寿命指从电池制成到开始使用之间允许存放的最长时间,以年为单位。包括储存期和使用期在内的总期限称电池的有效期。电池的储存寿命有干储存寿命和湿储存寿命之分。循环寿命是蓄电池在规定条件下所能达到的最大充放电循环次数。在规定循环寿命时必须同时规定充放电循环试验的制度,包括充放电速率、放电深度和环境温度范围等。

(6) 自放电率

自放电率是电池在存放过程中电容量自行损失的速率,用单位储存时间内自放电损失的容量占储存前容量的百分数表示。指在一段时间内,电池在没有使用的情况下,自动损失的电量占总容量的百分比。一般在常温下锂离子电池自放电率为 5%～8%。

(7) SOC、DOD、SOH 和 SOE

SOC 即 State of Charge,一般是充电容量与额定容量的比值,用百分比表示,在某倍率下充电一定的时间,此时的已充电的容量与额定容量的比值即为 SOC。

电池恒压充电时,充电电流设置为电池安时(Ah)值的 10%。如额定容量为 105 Ah 的充电,充电电流为 10.5 A,充电电流是个变量,跟容量、时间有关系,充电时间越长,伴随着电池储能的增加,充电电流会随 SOC 一路衰减。不过,选择电池参数的时候,是不会去考虑充电电流这一项的,只考虑电池的放电电流,电池厂家都是要提供放电曲线的。

电池 SOC 不能直接测量,只能通过电池端电压、充放电电流及内阻等参数来估算,而这些参数还会受到电池老化、环境温度变化及汽车行驶状态等多种不确定因素的影响。

DOD,即 Depth of Discharge,让电池从完全放空到完全充满的过程中 SOC 的变化记为 0～100%,则在实际应用中,最好让每个电池都工作在 5%～95% 的区间。低于 5% 可能会过放,高于 95% 可能会过充,从而发生一些不可逆转的化学反应,影响电池寿命。适当减少电池的充放电深度(在电池 Pack 未达到报废而不同单体一致性差距又较大时)是可以提高电池的安全性、延长电池寿命的。

SOH,即 State of Heath,当前的电池容量,体现动力电池劣化的外特性评指标,将容量衰减与直流内阻谱作为健康的状态的指标。

SOE,即 State of Energy,剩余能量的百分比。在电池能量剩余相同的情况下,在不同温度、湿度等外界条件下,以不同大小电流放电,单电池所能对外的能量是不同的。

3.3.5　典型锂电池工艺

电池厂首先将原材料加工后,制成标准容量的电芯,然后将多个电芯整合成一个标准的电池模组,最后将几个模组组装整合到一个电池包中,得到成品电池。按照这个过程,可将锂电池的制造过程分为三个阶段:电芯制造、模组制造、电池包制造。下面对整个过程作具体说明。

(1) 电芯制造

电芯制造是将锂电池所需的原材料加工后制成标准容量储电放电单元的过程,是锂电池行业的核心和关键技术,其过程的每一步都直接影响锂电池成本和性能,因此也是投资和技术改良的重点领域。电芯结构分为:圆柱电芯、方形电芯、软包电芯等。电芯制造具体过程如图 3.18 所示,典型软包电池电芯结构和图 3.19 所示。

图 3.18 电芯制造主要流程

1）原材料处理

电池本质就是由正、负极和电解液组成的放电化学反应环境。因此,制造过程也是首先分别生产这三个部分,再组合成电芯。其中正、负极材料的生成流程基本一致,下面做统一说明,电解液制造属于另外的流程,随电池制造过程介绍。

① 正、负极材料预加工

正、负极原材料到厂后,首先对其进行预加工处理清洗,再进行热处理。目的是去掉材料中的杂质和水分,最大限度地提高有效利用率。热处理的温度控制是其中的关键点,温度过高,材料容易结块,影响后续工序;温度过低,杂质和水分无法去除干净,杂质影响电池容量,水分电解后会生成氢气、氧气,导致电池鼓胀,增加燃烧风险。

② 配比混合搅拌

预加工后的正、负极材料需要与其他必要材料按比例混合,其中正极材料是锂化合物,负极材料主要是石墨。其他必要材料主要包括黏合剂、导电剂、溶剂等。黏合剂的作用是让正、负极材料可以牢固地黏合在电芯基体上,导电剂则用于改善材料的导电性,溶剂保证材料的流动性。这一过程中,工艺配方,也就是材料的配比,是关键技术,直接影响成品的性能。

原材料配比混合后经过管道流入搅拌机中,如同一锅粥,不同的材料在搅拌过程中逐渐混合均匀。这一过程中,保证原材料的统一性,搅拌的密闭性和力度、温度、时长等物理参数的一致性,才能保证不同材料的分布偏差变得极小,得到符合要求的原材料混合浆。另外,正、负极材料的工艺相同但配方和溶剂不同,也会影响其性能。

2）电极片制造

电极片是电池电芯内的一个电极单元,电芯的正（负）极是由若干个电极片组成的。电极片制造主要分为拉浆、刮粉、辊压、分条这四个步骤。

① 拉浆

把经过搅拌的原材料均匀涂抹在基体表面并烘干的过程称为拉浆。电极片基体一般是轻薄的铝片,制造时,机器将铝卷拉平后向前行进,行进中在铝片上表面均匀涂抹电极原料,涂抹后的进行初步烘干,使原材料和铝板基体黏合。这一过程的关键是保证涂抹的均匀性和烘干温度的稳定性,涂抹不均匀会影响材料分布和内阻,温度不一致会影响材料的黏合效果,这些都会造成电池电芯的性能损失。

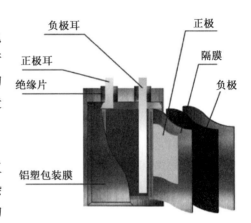

图 3.19 典型软包锂电池电芯结构

（图片来源:2020 年中国锂电池行业研究报告）

② 刮粉

由于基体板需要留出与电路相连的极耳，所以在拉浆后，要去除原本涂抹在极耳位置的覆料，这一步的方法是通过机器将多余的覆料刮去，简称刮粉。刮粉过程中要注意位置精确度和刮粉力度。如果位置过深刮多了，会导致电极上的原材料被刮去，影响电极性能；过浅会造成极耳位置存在原料残留，可能造成虚焊，破坏极耳的导电性和牢固性；力度太小同样会有覆料残留，力度过大有可能刮伤基体，引起毛刺甚至材料断裂，毛刺可能扎破电芯隔膜引起安全问题，材料断裂会导致生产停滞和原料浪费和其他安全问题。这些问题都是应当着力避免的。

经过刮粉后，基体的一面就完成了原料的涂抹黏合，再对另一面重复以上拉浆、刮粉的步骤，即可完成基体两面的覆料工作。

可以看出，上述过程中基体的极耳位置先涂料后刮料。某种意义上属于多此一举，并且刮粉过程隐患颇多，浪费原料。那么能否在涂料时就留出极耳的位置，这样也就不需要再刮去多余的覆料了。目前比较先进的技术是在基体中间涂抹原料，基体两侧预留出 1 cm 左右的边缘，一面涂抹后进行烘干再涂抹另一面，这样省去了刮粉步骤，既简化了工艺流程，又避免了质量隐患，而这对原料涂抹的精度提出了更高要求。

③ 辊压

经过以上步骤形成的电极片半成品将被送到对辊机，通过辊头的压力将原材料彻底压实，压实后原材料之间更紧密，锂离子、电子等更容易流动，增加了导电性。在此过程中首先要注意辊头的平整度，避免电极片光滑度下降留下毛刺；再有要控制辊头压力，使辊压后的电极片厚度均匀、达标，以保证后续加工的尺寸精度。

实际制造中，可以采用多次辊压的方式，逐渐使电极片达到要求厚度。这样避免了辊头压力过大对于覆料黏合和均匀性的破坏，同时减轻了辊头负担，使得压力容易控制，更加稳定。

④ 切割

经过辊压的电极片是一个长度可达上千米，宽度为数十厘米的卷状物。切割的目的就是根据具体需求将电极片分割成一个个小的电极片。这种单个电极片也呈矩形，厚度在 1 mm 以下。同样，电极片尺寸的精确度和切口平滑度是重要的质量指标，可以说是制造过程的关键控制节点。尺寸误差、形状不一、毛刺等问题都是要着力避免的。

从拉浆到切割，电极片的制造已完成，得到的成品电极片可以用来生产电芯。

3）电芯搭建

电芯搭建是将电极片焊接排列封装，制成完整的独立电芯的过程。这一过程步骤较多，需控制精细，任何一个节点出现偏差都会极大影响电芯的性能和寿命，是整个电池制造过程中的重中之重。

① 电极焊接

电极焊接指电极的正、负极和极耳通过焊接的形式连接。根据电极片的排列不同可以分成卷绕和叠片两种工艺。在卷绕工艺中，单片电极片很长，直接与极耳焊接即可；在叠片工艺中，若干个电极片叠放在一起，将焊接边缘对齐压实后再与极耳焊接。

焊接过程非常关键，如果出现虚焊或者焊穿现象会造成电芯断路、内阻增大等多种问题。完成焊接后需要在极耳的边缘贴上胶纸，防止毛刺破坏隔膜纸。

② 搭建

搭建是将焊接后的电芯按照设计调整构型的过程。对于卷绕电芯,其步骤为:取一负极电极片平铺,上面覆盖一层隔膜纸,再在隔膜纸上覆盖一层正极电极片,这样就形成了一个三层的薄平面。电极铺好并且保证位置准确后,再把平面卷成卷状,形成类似卷纸的构造。对于叠片电芯,取一张负电极片平铺,上面覆盖一层隔膜纸,再在隔膜纸上覆盖一层正极电极片,之后继续铺上一层隔膜纸,接下来再铺上一层负电极片,最终形成负极-隔膜-正极-隔膜-负极-隔膜-……-正极这样的多层(通常是几十层)叠加状态。铺片时,正、负电极预留的焊接边缘各自集中在叠片的一端,之后分别与正、负极耳焊接。完成后,叠片电芯的正极耳固定了所有正电极片的一侧,负极耳固定了所有负电极片的另一侧,类似两本书咬合在一起。正、负极耳是两本书各自的书脊,正、负电极片是各自书的每一页。可以看出,由于电极焊接前电极片已经排列完成,叠片电芯的工艺是先搭建后焊接,与卷绕电芯相反。

搭建过程中核心的质量要求是避免正、负极的直接接触,以防电芯内部出现局部内阻差异,造成短路,影响电芯电量甚至出现燃烧。对于卷绕工艺,特别要注意卷绕力度,防止隔膜纸出现损坏;对于叠片工艺,各个电极片的相对位置有很高的精度要求,不可出现参差不齐。

所有的搭建工艺中,负电极片的面积都会略大于正电极片,以保证将正电极片完全包裹不会露出可见,这样正、负电极片不会通过电芯外包(外壳)短路。出于同样的目的,在叠片工艺中,最上和最下端的电极一定是负电极。

③ 套壳

经过焊接和搭建的电芯半成品会用一个外壳盛放,卷绕电芯外壳为一个圆柱体,叠片电芯外壳为长方体,如果是软包电芯则为一个金属密封袋。首先挤压电芯,以配合外壳尺寸;再将胶纸黏贴覆盖在电芯边缘;装入电芯后,再将正、负极与外壳焊接牢固。过程中要注意电芯挤压力度,防止压力过大出现破坏,胶纸黏贴位置要正确,防止电芯经过振动或碰撞后接触外壳。焊接同样是关键点,质量要求和之前一致。

④ 抽气烘烤及检测

套壳后电芯将送到真空环境下进行烘烤,再次去除电芯水分并保持干燥,这一过程需要注意的是真空度、温度和烘烤时间。完成烘烤后,要对电芯进行短路检测,剔除存在问题的产品,防止后续工作中出现短路引起的自放电、自燃甚至爆炸事故。

⑤ 注液

注液是对检测合格的电芯,在真空环境下注入电解液,并且电解液要均匀充分地浸润电极,充满外壳的过程。如前所说,电解液是电池的三个核心部分之一,是正、负极之间带电粒子交换的媒介。简单来讲注液过程主要包含三个步骤:首先将经过抽气烘烤及检测的电芯外壳或者软包外壳开孔,然后注入电解液,最后重新封孔。在注液过程中,主要关注的质量指标包括真空度、注液量、浸润度、含水量等,目的是避免电芯产生鼓包、漏液、含水过多等质量问题,影响电池容量和循环次数。

⑥ 化成

化成是锂电池制造中至关重要的一道生产工序。电池完成注液封装后,需要外加一个较弱的电流,在电流作用下,电池内部一部分锂离子会在负极形成一个保护膜,称为 SEI 膜。化成工艺包括以下几种：负压化成、开口化成、闭口化成、高温化成、低温化成、大电流化成、小电流化成。

在液态锂离子电池首次充放电过程中，电极材料与电解液在固液相界面上发生反应，形成一层覆盖于电极材料表面的钝化界面层。该界面层具有固体电解质的特征，是对电子绝缘的绝缘体，但可以允许 Li^+ 经过该钝化层自由地嵌入和脱出。因此这层钝化膜被称为"固体电解质界面膜(Solid Electrolyte Interface)"，简称 SEI 膜。多种分析方法证明负极确实存在厚度约为 $100\sim120$ nm 的 SEI 膜，其组成主要有各种无机成分如 Li_2CO_3、LiF、Li_2O、$LiOH$ 等和各种有机成分如 $ROCO_2Li$、$ROLi$、$(ROCO_2Li)_2$ 等。

根据研究发现，SEI 膜会对电极材料的性能产生至关重要的影响。虽然 SEI 膜的形成过程消耗了部分锂离子，增加了首次充放电不可逆容量，降低了电极材料的充放电效率；但更重要的是，SEI 膜不溶于有机溶剂，可在溶液中稳定存在，SEI 钝化膜能够阻止溶剂分子通过，有效避免溶剂分子的共嵌入现象对电极材料造成的破坏，大大提高了电极的循环性能和使用寿命。因此，深入研究 SEI 膜的形成机理、组成结构、稳定性及其影响因素，并进一步寻找改善 SEI 膜性能的有效途径，一直都是电化学界研究的热点。

成膜影响因素复杂，电解质、溶剂、温度、电流密度都对 SEI 膜的形成起到举足轻重的作用，成膜影响因素也是行业内重要的研究方向。

⑦ 检测

电池生产后处理及出厂检测，主要是针对电池进行后续抛光、充电、点胶及下线检测等。该步骤作为电池生产的最终的完善过程，对电池外观及最终性能也起到关键性的作用。检测过程中要特别关注：(1)电池表面抛光时间过长，会引起电池局部过热，影响电池的各项性能；(2)充电过程要确保电池 SOC 达到 50%，若电压控制不准确，易影响后续出货的判断，进而可能影响电池系统的生产；(3)电池点胶是为了保证电池封口处的密封性，胶水配制不当不仅会影响电池外观，严重时还会影响电池的密封性能，导致电池寿命下降，最终影响电池的使用性能；(4)出货检测作为电池生产过程中最后的检测步骤，能及时发现电池出货时存在的问题，避免问题电池流入后续工位，能有效抑制缺陷的产生，提高电池整体的生产质量。

(2) 电池模组的制造

在早期的锂电池行业，没有组装的电池被称作电芯，而与控制电路相连，具有充放电控制功能的成品被称作电池，将电芯组装为电池的工艺过程被称作 PACK。随着电动汽车和大规模储能的发展，过去单独的 PACK 已经无法满足需求。一辆电动家用汽车需要数百个这样的 PACK，锂电池储能系统需求更是高出了数量级。因此目前主流的锂电池架构使用电芯-模组-电池包的层级顺序。其中 PACK 被包含在了模组制造的流程中，图 3.20 为锂电池 PACK 工艺流程。

单个的电芯是不能使用的，只有将众多电芯组合在一起，再加上保护电路

图 3.20 锂电池 PACK 工艺流程

和保护壳,才能直接使用,也就是一个标准的电池模组。模组可以认为是锂离子电芯经串并联方式组合,加装单体电池监控与管理装置后形成的中间产品。其结构必须对电芯起到支撑、固定和保护作用。其主要的技术要求为:机械强度、电性能、热性能和故障处理能力。

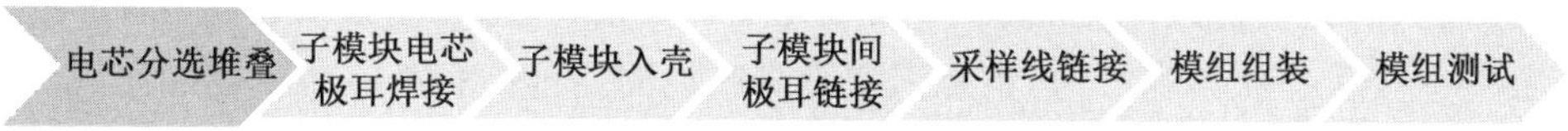

图 3.21 典型模组制造流程

如图 3.21 所示,电池模组的生产流程如下:

① 电芯分选堆叠:该工序是制备模组的第一道工序。首先对电芯进行检测分选,筛除内阻、电压、尺寸不合格的电芯,将合格成品电芯与侧板、端板、盖板、连接片等组件进行配对上线,最后将电芯根据一定的串并联顺序进行堆叠。

② 子模块电芯极耳焊接:该工序是制备模组的第二道工序。首先将堆叠好的子模块进行等离子清洗保证焊接质量,然后通过激光技术将正极耳和负极耳按照技术要求分别焊接在汇流排上。正极耳与汇流排、负极耳与汇流排焊接分别需要不同的过程参数。

③ 子模块入壳:该工序是制备模组的第三道工序。通过机器人将子模块自动放入壳体中形成模组。

④ 子模块间极耳连接:该工序是制备模组的第四道工序。再次对子模块进行等离子清洗,然后通过激光技术将正极耳和负极耳按照技术要求分别焊接在汇流排上,在子模块间进行极耳的串联连接。

⑤ 采样线连接:该工序是制备模组的第五道工序。通过激光技术将采样板采样端子按照技术要求焊接在汇流排上。

⑥ 模组组装:该工序是制备模组的第六道工序。通过机器人将端板和侧板自动组装至模块上,通过激光技术,按照技术要求完成焊接。

⑦ 模组测试:对成品模组进行性能检验,完成后将合格的成品模组包装送至下一道流程中。

(3) 电池整包的制造

将模组组成电池包的工艺流程称为电池整包。电池模组通过结构设计,再加上电池管理系统和热管理系统就可组成一个较完整的电池包。电池包通过自身外形和内部结构固定在设计位置,协同发挥电能充放存储的功能。

电池包的主要作用为:

① 保护、支持电池模组,确保其结构稳定,使用时不发生挤压、碰撞和形变;

② 集成电池能量单元,统一调度管理,保证电池安全稳定地发挥理想的充放电作用;

③ 具有模块化的成品外观,便于安装维护。

3.3.6 锂电池的现状和发展趋势

(1) 锂电池材料技术现状与发展

1) 钴酸锂电池

钴酸锂等正极材料的发现加快了锂离子电池的发展,推动了人类生活方式的改变。但目前钴酸锂电池的应用还比较少,小电池用钴酸锂的技术很成熟,由于钴酸锂成本太高,许多公司用锰酸锂进行了代替。钴酸锂性能稳定,应用于手机等的技术最为成熟,但成本高。钴是比较稀缺的战略性金属,其循环寿命虽说已经达到了不错的标准,但仍有较大的提升空间。另外,此种材料的抗过充性能较差,如果充电电压较高,比容量会迅速降低。因此,未来钴酸锂材料想要重新获得生命力,重点需要提高电池的安全性和高电压场景的使用性能。

2) 三元锂电池

随着技术进步、高能量密度需求、钴的价格带来的降本需求,三元材料的高镍、低钴化的趋势越来越明显,众多电池企业开始布局高镍三元电池,高镍三元材料的占比逐步提升。自2017年开始,国内三元材料逐步由 NCM523(即镍钴锰三种元素的占比为 5∶2∶3)向 NCM622 转变。2018 年后,甚至出现了进军高镍材料 NCM811 的趋势。三元材料的市场规模不断提升,2020 年三元材料需求量达到 24 万 t。

高镍三元材料的技术壁垒较高,产品性能、一致性等仍需进一步提高。要实现技术突破,需研究包覆元素种类、包覆量等对材料表面残余碱含量、电化学性能的影响,确定有利于降低残余碱含量同时提高电化学性能的最佳包覆参数组合,提高关键设备(如氧气气氛焙烧设备)的技术水平和可靠性。从目前的三元材料技术来看,通过降低电芯中非活性物质的比重来提高电池的能量密度的方法,已经接近了技术的极限,采用具有更高比容量的正极材料,是提高电池能量密度更加有效的技术途径。

3) 磷酸铁锂电池

大规模储能场景下,相比电池容量,更加注重安全问题,电池系统应首要考虑安全要素。2019 年以来,随着国家补贴政策的调整,磷酸铁锂电池因其安全性能高、循环次数多、价格便宜等优势,受到国内外研究学者和企业青睐,新的研究成果迅速得到转化和应用,磷酸铁锂电池产品能量密度和产品稳定性得到很大提升,在乘用车动力电池市场占有率方面得到较大提升。2019 年磷酸铁锂电池出货量约占动力电池总出货量的 28%,2020 年这一数据已提升至 40% 左右。此外,磷酸铁锂电池在电动船舶、5G 通信基站、储能电站等领域也有很大的应用空间,特别是在储能领域,磷酸铁锂电池产品占比在 90% 以上。

4) 系统集成

组串升压式:组串升压式系统由电池组与储能变流器(PCS)模块以及升压变压器构成的储能单元组成,储能电芯利用电压叠加原理实现高压直流输出。电池组直流电经 PCS 转换成几百伏的交流电,将几个 PCS 模块并联至升压变压器,经升压后直接并入电网或新能源变电系统内。

高压直挂式:高压直挂储能技术是指 PCS 不经变压器,直接接入 35 kV 及以上电压等级电网的新型兆瓦级电池储能技术。高压直挂储能系统由电池组与单相 PCS 模块构成的储能单元组成,利用电压叠加原理实现高压直接输出。电池组直流电经单相 PCS 转换成几百伏的交流电;多个硬件结构完全一致的单相 PCS 交流侧串联构成单相高压储能装置,产生与电网电压匹配的单相高压交流电;三组硬件结构完全一致的单相高压储能装置 Y 接构成三相高压储能装置,即直接输出与电网电压匹配的三相对称高压交流电。

智能分散式:在传统的储能方案中,电池模块直接并联,电压被强制平衡,一旦某个单体电池性能异常就会出现"木桶效应",系统的整体寿命取决于寿命最短的电池。华为智能组串式储能解决方案提出一包一优化、一簇一管理、分散式散热,解决传统储能衰减快、寿命短的问题。20 尺标准集装箱,额定容量为 2 064 kWh 时,分成 6 个电池簇,每个电池簇分成 21 个电池包,每一包都有优化器,可以实现每个电池包单独充放。电池管理系统可以通过智能控制器单独调节每个电池簇的工作电压,让充放电电流保持一致,从根本上避免了偏流的产生。每个电池簇独立配置工业空调,规避集装箱散热效果的差异。图 3.22(a)为传统集中式电池管理系统,每个电池单元通过串、并联方式组成储能系统,由集中控制系统进行电流、电压监测、调控等。图 3.22(b)为分散式电池控制系统,通过每簇 DC/DC 控制器对该簇电池进行电流、电压调整,可匹配不同簇电池之间的电压,提高储能电池系统的可用容量和时间。

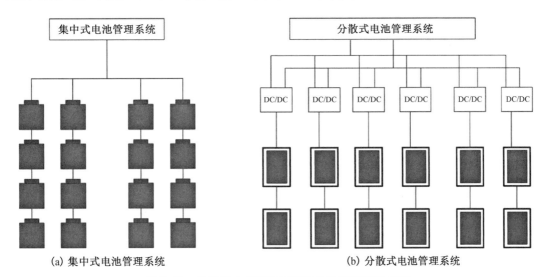

(a) 集中式电池管理系统   (b) 分散式电池管理系统

图 3.22　传统集中式储能系统和分散控制储能系统

(2) 储能系统发展趋势

当前,以锂电池为基础的储能行业进入了高速发展期,在规模化制造逐步加深的同时,还存在一些亟待解决的问题。

1) 低成本

近年来由于原材料价格上涨,动力锂电池和储能锂电池的投资成本大幅上升,其中,由于钴资源稀缺,钴酸锂和三元锂原料降本空间极为有限。磷酸铁锂材料价格相对较低,但仍高于火电、水电的上网电价。这就导致该类锂电池储能盈利模式受到限制,只能用作备用或用来赚取峰谷电价差,开发新的廉价储能材料是最关键的问题。

2) 高安全性

近年来,锂电池的快速发展也伴随着安全问题,这逐渐引起社会关注,安全问题中最普遍的是自燃问题。一台带有 50 kWh 电的电动车如果完全失控起火,释放出的能量高达 1.8 亿 J,相当于 43 kg TNT 炸药释放的能量。

锂电池起火自燃的直接诱因是电池的热失控。所谓热失控,是指电池受各种刺激引发了内部短路,导致电池内部温度升高上千度,易燃的电解液沸腾、喷出,接触空气后就会燃烧。目前,电池内短路主要有三种诱因,机械失控、电化学失控以及温度失控。

① 机械失控:机械失控最常见的就是电池受挤压或者针刺发生破损,这会导致电池隔膜被刺穿,正、负极板直接连通造成内部短路,放出巨大的热量。深圳市曾发生一起电动货车追尾校车事故,追尾导致货车的电池包被过度挤压,发生大面积内短路,最终货车被烧成空壳。如果电池布局不合理,长时间使用后也会出现问题,三星 Note 7 手机使用的 SDI 锂电池,因为留给电池的空间太小,外部负极板遭到挤压变形出现短路,最终发生了多起自燃事故,对企业造成了严重的负面影响。

② 电化学失控:电化学失控的原因有很多,电池质量不好是一个重要诱因。电池内部负极铜板上黏附的碎屑和毛刺含量超标,在电池充放电过程中,大量铜金属的碎屑和毛刺混进电解液中,戳穿隔膜造成内部短路。过度充电和大电流快充就是诱发电化学失控的"罪魁祸首",可能会输出锂电池无法承受的大电流,这会让锂离子在负极的表面形成像树枝一样的枝晶,当枝晶生长到一定的长度,也会戳破隔膜诱发内短路。

③ 温度失控:温度失控主要原因就是锂电池材料不耐高温,在高温下进行充放电时,正、负极片会和电解液发生额外的反应,放出氧气和额外的热量。多重热量的冲击容易造成隔膜的熔解,进而出现大面积短路。

3)标准化

2022 年以来,锂电池产业进入了爆发性增长期,企业为了抢占市场大规模提高产量,在质量检测把控上也做了一些简化和妥协,这在一定概率上造成锂电池产品存在质量隐患。另外,目前各家企业的锂电池生产过程中对于材料的处理,电芯结构、模组和电池包的制造方面所采用的工艺和标准也不尽相同,缺少一个统一的标准,使得市场上的锂电池在大规模集成使用时会出现性能不一的现象。

4)锂电池制造行业未来趋势

锂电池未来的发展可以概括为三个需求:更廉价高效的电池材料,更完善标准的质量体系,更适合需求的配套产业。

在材料方面,锂离子电池的负极材料大多使用石墨,石墨电极容量大、耐压高,但石墨电极快速充电时由枝晶引发的短路问题带来了巨大的安全隐患。因此,正在研制金属及其氧化物等具有高比能的石墨替代物。工艺方面,锂电池的模组制造过程会逐渐向上游的电芯和下游的电池包转移。

① 电池产业新技术逐渐迈向成熟。锂电池的无模组设计,刀片电池、弹夹电池等系统结构创新技术逐步实现规模化应用,高镍无钴电池、固态/半固态电池等新的方向也取得突破。同时,随着技术的进步,动力电池能量水平也在逐渐增长。其中三元方形电池能量密度接近 300 Wh/kg,软包电池已达到 330 Wh/kg;半固态电池能量密度也已突破 360 Wh/kg,预计到 2025 年将达到 400 Wh/kg;未来锂硫电池能量密度有望达到 600 Wh/kg。更高的能量密度也带来新的挑战,特别是液态电解质锂离子电池存在着热失控的风险,氧化物电解质有望成为高性能电池的重要选择。未来的电池将朝着更高的比能量发展,整个电芯从液体向着更安全的混合固液和全固态电池发展。同时,更高比能量的高镍和富锂锰基正极将成为大发展方向,以满足续航里程达到 1 000 km 的乘用车要求以及电动飞机要求。

② 实现"双碳"目标,加快推动电池回收。电池具有高回收价值,退役电池仍然可以经过回收、提升后再投入使用。即使是报废电池,还可以回收其中的锂钴镍资源。正极材料里面金属的循环利用以及电池中的铝和铜的回收利用,不仅对供应链安全十分关键,对碳排放的目标达成也具有非常重要的意义。目前主要有三种电池回收方法:物理回收、火法回收、湿法回收。物理回收可以降低整个电池生产链的碳排放;火法回收的回收方式减碳量少,且能耗比较大;湿法回收的能耗会降低一些,但是有液体溶剂污染物排放等问题。据有关机构预计,2030 年电池材料回收将形成规模;2050 年前后,原始矿产资源和回收资源的供给量将达到相当水平;更长期来看,回收资源将逐步完全替代原始资源需求。

③ 技术进步推动行业发展。在储能电池应用领域,电网储能、基站备用电源、家庭光储系统、电动汽车光储式充电站等都有着较大的成长空间。可以预见,锂离子电池行业发展空间广阔。

锂电池行业经过爆发式增长后,必然迎来行业内的洗牌整合,才能真正走向稳定和成熟。届时,拥有先进原材料和制造工艺的企业可以有效降低成本,谋求更大利润;质检不严,标准混乱的企业和产品会逐渐被淘汰;而上下游如原材料、制造设备、电池回收等相关方向的企业拥有良好的发展前景。

如比亚迪开发的高安全性磷酸铁锂刀片电池(图 3.23),取消模组,将片状电芯直接整合为电池包。通过电池安全测试的针刺测试,极端强度测试——46 t 重卡碾压测试,具备超级安全、超级强度、超级续航、超级寿命的特点。

图 3.23　刀片电池

(图片来源:比亚迪储能)

宁德时代 CTP(cell to pack)麒麟电池,直接将电芯集成为电池包。由于取消了包裹在电芯外的模组外壳,将水冷板放置在电池包中间,提升了电池的安全性、快充性能、使用寿命及能量密度,电池包有更多空间排列电芯,整体能量密度得以增加。开发三效合一的多功能弹性夹层,独创电芯倒置方案,使电池包体积利用率突破 72%。在相同化学体系、同等电池包尺寸下,其电量相比 4680 系统(直径 46 mm、高 80 mm 的大圆柱电池)可提升 13%。电芯大面积冷却技术使电池换热面积扩大四倍,控温时间缩短一半。

图 3.24 麒麟电池

（图片来源：宁德时代）

捷威动力的积木电池，基于软包大模组概念，通过不同电池厚度、长度、宽度尺寸的变化，提高空间利用率，实现电芯在电池包内以搭积木的形式排列。它以安全仓作为最小单元，在三维空间方向快速完成串并联组合，使体积利用率提高 15%，成本下降 7%。

思皓新能源和比亚迪"蜂巢"电池可以增大极芯的容量，且壳体内可以容纳更多的电解液，以延长极芯的使用寿命，同时再将多个电池连接为电池模组，有效提高了外部空间利用率，避免电池短路或断路，电池能够满足各种尺寸电池模组的排布需求，以使电池模组适用于各种环境，进而大幅提升安全性。表 3.7 列举了以上电池技术性能特性。

其他新型电池技术如多氟多软包叠片电池的内阻小，能量密度高；大圆柱全极耳电池效率高，适用于动力储能；大容量方块铝壳电池可靠性高，性能优异，适用于储能市场。

表 3.7 新型锂电池特性

型号	蜂窝电池	弹匣电池	刀片电池
容量（Ah）	4.8	218	100
正极材料	NCA811	NCM523	磷酸铁锂
储能密度 Wh/kg	240	233	170

3.4 钠基电池技术

钠离子电池是以金属钠单质及其化合物作为电极材料的储能电池。目前典型的钠基电池主要有三类：钠离子电池、钠硫电池和钠-金属氯化物电池（zebra 电池）。这三种电池除了电极材料的区别外，工作温度差异较大。

3.4.1 钠离子电池

(1) 钠离子电池概述

目前，锂离子电池技术在电化学储能中发展最为成熟，但随着国家大力发展电化学储能和新能源汽车行业，锂资源匮乏已经成为锂电池行业的发展瓶颈。截至 2022 年 1 月，电池级碳酸锂的价格由年初的 4 万元/t 上涨至 40 万元/t；此外，我国的锂资源进口依赖程度高达 80%，一旦海外锂矿进口被掐断，国内锂离子电池企业将面临无锂可用的尴尬局面。因此国内多家锂企业已开始在上游原材料行业上,尤其是国际锂矿资源上进行布局,并积极寻找锂的替代方案。

钠作为一种新型储能电池原材料,不存在资源约束问题,同时还有更高的安全性、高低温性能以及大倍率充放电性能,资源优势和成本优势明显,在大规模电化学储能、低速电动车等应用领域,有望与锂离子电池形成互补和作为有效替代。

(2) 钠离子电池原理

钠和锂同为碱金属元素,其离子电池的结构及工作原理也非常相似。钠离子电池的构成主要包括正极、负极、隔膜、电解液和集流体。隔膜防止正、负极之间短路,电解液确保离子导通,集流体则起到收集和传输电子的作用。充电时,钠离子从正极反应析出,经电解液穿过隔膜嵌入负极,放电过程与之相反。钠离子电池充放电原理如图 3.25 所示。若以 Na_xMO_2 为正极材料,硬碳为负极材料,则电极和电池的反应式可分别表示为:

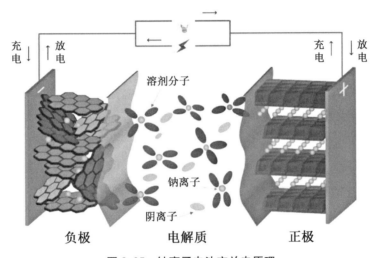

图 3.25 钠离子电池充放电原理

(图片来源:https://www.sohu.com/a/480547454_100189707)

正极反应:

$$Na_xMO_2 \longleftrightarrow Na_{x-y}MO_2 + yNa^+ + ye^-$$

负极反应:

$$nC + yNa^+ + ye^- \longleftrightarrow Na_yC_n$$

电池反应:

$$Na_xMO_2 + nC \longleftrightarrow Na_{x-y}MO_2 + Na_yC_n$$

由上述反应可知,钠离子可以在正极与负极之间可逆迁移,正极和负极均由允许钠离子可逆地插入和脱出的插入型材料构成。因此,钠离子电池同锂离子电池一样被称作"摇椅式电池"。

(3) 钠离子电池特点

1) 与锂元素相比,钠储量丰富,在海洋中广泛存在,而且相当廉价,可以满足大规模电化学储能对原材料的需求。

2）钠离子电池与锂离子电池工作原理相似，生产设备大多兼容，技术工艺替换所需的工作量较少，利于成本控制。钠离子电池正极和负极的集流体都可使用廉价的铝箔，这样可进一步降低电池体系成本。

3）钠离子的溶剂化能比锂离子更低，即具有更好的界面离子扩散能力；同时，钠离子的斯托克斯直径比锂离子的小，相同浓度的电解液具有比锂盐电解液更高的离子电导率。更高的离子扩散能力和更高的离子电导率意味着钠离子电池的倍率性能更好，功率输出和接受能力更强，已公开的钠离子电池具备 3C 及以上充放电倍率，在规模储能调频时，可以得到很好的应用。

4）钠离子电池高低温性能更优异，钠离子电池的内阻比锂离子电池稍高，因此瞬间发热量少、温升较低。根据目前初步的高低温测试结果，在 −40 ℃低温下钠离子电池仍然可以放出 70% 以上容量；在高温 80 ℃下，钠离子电池可以循环充放使用，满足储能系统对于温度控制的要求，进而降低储能系统的一次性投入成本和运行成本，安全性能好。

5）锂是 3 号元素，是最轻的金属元素，钠则重了不少，从微观来看钠的体积要比锂大得多。实际上，钠电池和锂电池的研究几乎是同时在 20 世纪 70 年代末起步，但由于当时的负极材料还不能让钠离子自由穿梭，而更小更活泼的锂离子可以，因此在很长时间里大家都把研究的重心放在锂离子电池上，钠离子的研究一度停滞，直到最近 10 年才开始受到重视并开始取得较大的突破。

钠电池目前能量密度的最高水平是 160 Wh/kg，相比三元锂和磷酸铁锂电池仍明显偏低，可以说只是三元锂的下限，比亚迪唐 EV 刀片电池的电池包能量密度已经可以做到 160 Wh/kg。目前来看，虽然宁德时代宣称下一代钠电池单体能量密度能到 200 Wh/kg，但那时候锂离子电池能量密度可能普遍已经到 400 Wh/kg，并且体积能量密度也有较大障碍。图 3.26 是截至 2021 年 6 月三种电池储能密度水平对比。

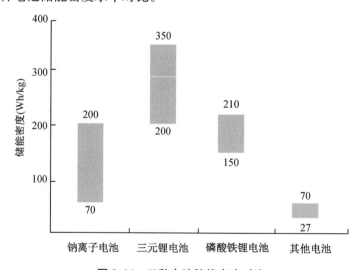

图 3.26　三种电池储能密度对比

数据来源：国轩高科、中科海纳、宁德时代官网

3.4.2　钠硫电池

(1) 钠硫电池的基本原理

1968 年福特公司公开了钠硫电池的发明专利。钠硫电池典型的设计为管式结构,如图 3.27 所示,电池由作为固体电解质和隔膜的 β-氧化铝陶瓷管、钠负极、硫正极、集流体以及密封组件组成。典型管式钠硫电池的工作温度为 300~350 ℃。

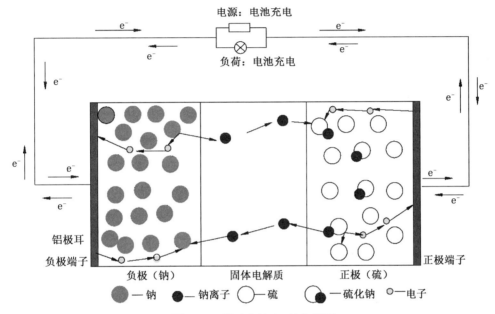

图 3.27　钠硫电池充、放电原理

基本的电池反应是:

$$2Na + xS \Longleftrightarrow Na_2S_x。$$

电池正常工作需要维持在 300~350 ℃ 的温度,此时,钠与硫均呈熔融态。由于 β-氧化铝具有较高的离子电导率,使得钠硫电池快速充放电性能好。当以 Na_2S_3 为最终产物时,钠硫电池(图 3.28)的正极理论比容量约为 558 mAh/g,在 350 ℃ 的工作温度下具有 2.08 V 的开路电压。

(2) 钠硫电池的特点

1) 比能量高

钠硫电池理论能量密度高达 760 Wh/kg。目前,钠硫电池的实际能量密度已达到 240 Wh/kg 和 390 Wh/L 以上,与三元锂离子电池相当。钠硫电池可有效减低储能系统的体积和重量,适合应用于大容量、大功率设备。

2) 功率密度高

用于储能的钠硫单体电池功率可达到 120 W 以上,模块功率通常达到数十千瓦,可直接用于储能。钠硫电池能量转化效率高,直流端大于 90%,交流端大于 75%;无电化学副反应,无

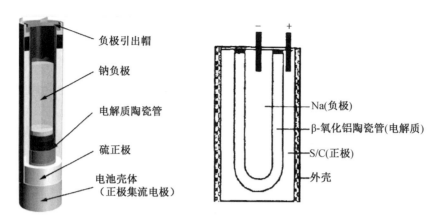

图 3.28 管式钠硫电池结构图

（图片来源：百度百科网络）

自放电，使用寿命长。电池可满充满放循环 4 500 次以上，可使用 15 年以上。

3）钠硫电池的运行温度被恒定在 300～350 ℃

钠硫电池使用条件不受外界环境温度的限制，可在－40～60 ℃的环境中工作，且系统的温度稳定性好。钠硫电池具有较高的功率特性，经大电流及深度放电而不损坏电池，具有纳秒级的瞬时速度（系统数毫秒以内），适合应用于各类备用和应急电站。

4）电池运行无污染

电池采用全密封结构，运行中无振动、无噪声，没有气体放出，原材料资源丰富，成本较低，适合规模化推广应用。

钠硫电池运行时钠和硫均为熔融液态，一旦出现泄漏会造成严重事故，具有安全风险，同时腐蚀问题也会很严重。2011 年日本先后有两座电站发生故障，出现火灾。事件发生后，NGK 公司暂时停止了生产。钠硫电池在日本、美国应用较早，国内部分技术尚不成熟，难以大规模投产使用。

（3）钠硫电池的制备

钠硫电池中包含了多种无机材料、电解质、陶瓷隔膜、正负极之间的绝缘陶瓷、封接用玻璃、金属焊料、导电碳、集流用金属电极以及活性物质钠与硫等。钠硫电池的性能好坏在很大程度上由这些材料的特性所决定，高性能的材料及部件是保证钠硫电池性能和可靠性的基础，Beta -氧化铝电解质陶瓷是其中的核心材料。

1）材料组合技术及关键设备

钠硫电池的制备涉及如前所述的多种材料的组合技术，如电极材料的复合制备技术、部件的封接技术、金属焊接技术等。涉及的关键设备有陶瓷烧结炉，连续真空热压炉，气氛金属焊接、批量化真空金属焊接以及批量化电池评价与筛选系统等。

2）钠硫电池的模块制备

在单体电池基础上，根据钠硫电池运行的特点设计电池管理系统、单体电池切换系统等，将各组成单元集成化，并对其进行了多种电气电力实验。对包括电池管理系统、恒温系统、电池切换、电池连接、安全隔离等在内的多个系统进行了性能试验。

绝热保温箱技术、模组热管理技术、模组内/间阻燃技术以及电池管理系统与保护电路设计等是钠硫电池模组的核心技术。同时,电池的高温运行环境对电池保温箱提出了较高的要求。

此外,绝热保温箱技术也是保证电池待机时的低电耗的重要技术,轻质保温箱意味着电池整体能量密度的提升。钠硫电池放电反应为放热反应,内部将出现 $22\sim35\ ℃$ 的升温,而充电过程中温度会下降到待机时水平。这种长期升降温循环不仅考验电池密封材料的热机械性能,还对模块的热管理提出了快速响应的要求。防火、防腐蚀技术以及电池管理技术对电池的长期安全运行也具有重要意义。

(4) 钠硫电池应用

目前,钠硫电池是仅次于锂电池的储能应用技术,已建成的钠硫储能电站达到 200 座以上。日本 NGK 公司是大规模商业化生产钠硫电池的龙头企业。虽然国外钠硫电池储能技术自 1992 年开始示范和 2002 年开始产业化至今已经安全运行超过 200 座电站,并有 15 年以上的时间,但仍不能排除钠硫电池自身反应特性所存在的安全隐患。日本就曾在 2011 年发生了两起钠硫储能电站的火灾事故。另外,国内钠硫电池研制起步较晚,还未掌握核心技术,因此钠硫电池短期内难以被产业化推广。

国内钠硫电池的研发以中国科学院上海硅酸盐研究所为代表,2006 年 8 月开始,上海硅酸盐所和上海电力公司联合开发,于 2007 年 1 月研制成功容量达到 650 Ah 的单体钠硫电池,并在 2009 年建成了具有年产 2 MW 单体电池生产能力的中试线,可以连续制备容量为 650 Ah 的单体电池。

由于硫和硫化物均具有强腐蚀性,需要研发低成本的抗腐蚀电极材料。固体电解质 Beta-氧化铝陶瓷管的制备成本仍较高,国内外已开始研发与 Beta-或 Alfa-陶瓷热系数相适应的玻璃陶瓷材料作为密封材料,如在廉价衬底上沉积碳化物或陶瓷材料。改善钠硫电池电极与固体陶瓷电解质之间的界面极化也是提高电池电化学性能和安全性能的一个重要方面。因此,钠硫电池主要关键技术包括高质量陶瓷管技术、电池组件的密封技术、抗腐蚀电极材料技术和规模化成套技术等。

3.4.3　钠-金属氯化物电池

(1) 概述

钠-金属氯化物电池,简称 ZEBRA(zero emission battery research activities)电池,是以钠硫电池为基础发展而来的一类基于氧化铝(β-Al_2O_3)陶瓷电解质的二次电池。1978 年由南非 Zebra Power Systems 公司的 Coetyer 发明,之后由英国 Beta 研究发展公司继续开展相关工作,十年后 AEG(后为 Daimler)公司和美国 Anglo 公司也加入该项目的开发。此外,美国 Argonne 国家实验室和加州技术研究所推进实验室以及日本 Seiko Epson 公司也在积极进行研究和试验。

(2) 钠-金属氯化物电池原理

ZEBRA 电池可与钠硫电池统称为钠-Beta 二次电池,其结构与钠硫电池类似,负极是液态的金属钠和过渡金属氯化物($NiCl_2$ 和少量 $FeCl_2$),如图 3.29 所示。该类电池使用 β-

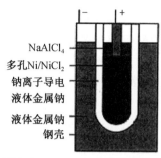

图 3.29 ZEBRA 电池结构示意

Al_2O_3 陶瓷作为固态电解质,同时使用熔融 $NaAlCl_4$ 作为正极的辅助电解质。与钠硫电池不同的是,ZEBRA 电池工作温度为 270～320 ℃,正极部分由液态的四氯铝酸钠($NaAlCl_4$)辅助电解液与固态的金属氯化物组成,其中氯化镍的应用研究最为广泛。除了钠/氯化镍体系外,氯化铁、氯化锌等也可作为活性物质构成类似的 ZEBRA 电池。钠-氯化镍电池的基本电池反应是:

$$2Na + NiCl_2 \longleftrightarrow 2NaCl + Ni$$

ZEBRA 电池 300 ℃下开路电压为 2.58 V。理论上,ZEBRA 电池的比能量可以达到 790 Wh/kg,高于钠硫电池。与钠硫电池不同的是,ZEBRA 电池的电化学反应不存在安全隐患,即使在严重事故发生的状况下,ZEBRA 电池也不会出现大规模险情,被认为是为数不多的高安全性二次电池技术。同时,ZEBRA 电池过充电和过放电能力也相当出色,过充电反应为:

$$2NaAlCl_4 + Ni \longleftarrow 2Na + 2AlCl_3 + NiCl_2$$

ZEBRA 电池 295 ℃时的电位为 3.05 V。电池过放电电化学反应为:

$$NaAlCl_4 + 3Na \longrightarrow Al + 4NaCl$$

由上述反应可知,ZEBRA 电池的损坏机理呈现短路型,多个电池单元组成的模组中,如果一个电池损坏,电池组仍可运行。另外,ZEBRA 电池无副反应,所以可以比较容易地计算电池充放电状态。最后,与钠硫电池类似,ZEBRA 电池的工作环境要求密封恒温,具有很强的环境适应性。

与锂电池类似,改变 ZEBRA 电池的材料组成对于电池性能影响很大。表 3.8 列出了 ZEBRA 电池目前主要的添加剂类型和效果。

表 3.8 ZEBRA 电池主要添加材料及效果

材料	NaF	Al	$FeCl_2$	Cu	S	碘离子
添加位置	正极	正极	正极	集流体	正极	正极
效果	提高能量密度	提高能量密度、离子导电性	提高功率密度	降低集流体内阻,提高功率密度	提高电极材料利用率,稳定容量	与 S 配合,降低内阻,提高容量,加快反应

来源:钠电池的研究与应用现状一览. https://news.bjx.com.cn/html/20151222/693826-1.shtml

(3) 钠-金属氯化物电池特点

与钠硫电池类似,钠-金属氯化物电池同样具有寿命长、库仑效率高、环境适应性好、无污染运行等特点。钠-金属氯化物电池的实际比能量偏低,为 110～140 Wh/kg,但仍是铅酸电池的 3 倍左右,而且还具有其他一些值得关注的优良特性:

① 钠-金属氯化物电池在短路和过充、过放情形下不易发生事故,同时电池以放电态组装,仅在正极腔室装填金属粉体、氯化钠和电解液。

② 开路电压较钠硫电池提高 20% 以上。

③ 电池内部短路时特有的低电阻损坏模式大大降低了系统的维护成本。

3.4.4 钠基电池的现状和发展趋势

钠硫电池主要用于支持电网的储能电站,可利用峰谷电价差盈利,支持可再生能源发电,帮助稳定风电场在风力波动期间的电力输出。除了 NGK 公司外,2016 年,三菱电机公司在日本福冈县委托建立了钠硫电池储能设施。该设施提供能量存储,以帮助管理可再生能源高峰期的能量水平。

钠离子电池作为一种新型的电化学储能技术,在大规模储能应用领域可充分发挥其低成本的优势。同时,在例如调频、启动电源等应用领域,钠离子电池的大倍率充放特性可以很好地支撑系统运行。

未来钠硫电池的发展方向在于安全、高效和室温化。其中 Na_2S 正极构建的室温钠硫电池具有不错的发展前景。Na_2S 正极材料的理论能量密度高、资源丰富且价格低廉,未来一方面需要设计高性能 Na_2S 正极材料、优化电解液,另一方面则需要深入研究其储钠机理,进一步指导其材料的设计,推动室温钠硫电池的实用化进程。表 3.9 为钠硫电池与其他储能方式的比较。

表 3.9　钠硫电池与其他储能方式的比较

储能技术	发展程度	容量(MWh)	功率(MW)	效率(%)	寿命(周期)
压气储能	示范	250	50	70~89	>10 000
改性铅酸电池	示范	3.2~48	1~12	75~90	4 500
钠硫电池	商业化	7.2	1	75	4 500
全钒液流电池	示范	4~40	1~10	65~70	>10 000
锌溴液流电池	示范	5~50	1~10	60~65	>10 000
铁镉液流电池	实验	4	1	75	>10 000
锂离子电池	示范	4~24	1~10	90~94	4 500

来源:https://baike.baidu.com/item/钠硫电池/6910009? fr=aladdin

近十余年,钠离子电池越来越受储能行业的重视,其相关研究快速开展。目前,钠离子电池已逐步开始走向实用化应用的阶段,国内外已有多家企业,包括英国 Faradion,美国 Natron Energy,法国 Tiamat,日本岸田化学、丰田、松下、三菱化学,以及我国的中科海钠、宁德时代、钠创新能源等公司,正在进行钠离子电池产业化的相关布局,并取得了重要进展。

2018 年 6 月,国内首家钠离子电池企业中科海钠推出了全球首辆钠离子电池(72 V,80 Ah)驱动的低速电动车。2019 年 3 月,该企业又发布了世界首座千瓦级钠离子电池储能电站,2021 年 6 月推出 1 MWh 的钠离子电池储能系统。截至目前,国内在钠离子电池产业的相关研发主要集中在产品制造、标准制定和市场推广应用等方面。

由于热力学原因,石墨不能用作钠离子电池的负极材料。在众多被研究的钠离子电池负极材料中,无序性的硬碳材料由于具有很高的可逆脱/嵌钠容量和低的储钠电位,且兼具良好的循环性能和在电解液中良好的热稳定性等优点,成为最有应用前景的负极材料。也是未来室温钠离子电池大规模进入储能行业的技术基础。

3.5 液流电池

3.5.1 液流电池概述

液流电池是一种基于氧化还原反应的电化学储能发电装置,最早在 1974 年被 Thaller 提出。不同于一般干电池中正、负极自发性的反应方式,液流电池的正、负极活性化学物质储存在液态化电解液中,电解液中是储存能量的,并且由人工控制反应启停,因此更像是二次储能电池的反应处理技术,与其他电化学储能的电池在结构上存在很大差异。

液流电池的工作原理如图 3.30 所示,一套完整的液流电池系统主要包括电解液储罐、动力泵、反应堆栈和管道等。可以看出正、负极电解液储罐完全独立分离放置,通过两个循环动力泵将正、负极电解液通过管道泵入液流电池堆栈中。电化学反应在堆栈中持续进行,化学能与电能进行相互转换,完成电能的储存和释放。

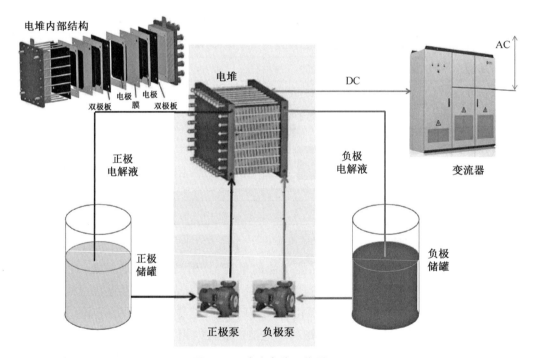

图 3.30 液流电池工作原理

很明显,一套液流电池设备的功率大小取决于堆栈所具有的数量和大小,而液流电池的储能容量大小则主要取决于电解液的体积和浓度,即功率和容量可以灵活变化,所以液流电池的规模大小设计多变。对于液流电池,只需通过增加电池堆栈中单元电池的反应面积和数量就可以实现电池输出功率的提升,不需要改变电池堆栈本身,只需要扩大电解液的储存体积和适当提高电解液配比浓度就可以实现储能系统的储能容量提升。

液流电池通过泵的驱动实现循环流动调控电池的功率。流动的电解质使电池响应极快,同时液流电池还具有循环寿命长、功率容量可调、安全性高等好的性能,适合大规模储能应用,这些特点使液流电池在一段时间内快速发展。但是,液流电池在正、负电极,电解液和离子交换膜等关键材料上缺乏突破,储能成本一直较高。目前只有全钒液流电池和锌溴液流电池应用较为成熟。其中全钒液流电池循环次数可达 1 万次以上,电池功率和容量相互独立,并且容量可在线恢复,全钒液流电池有功率达到兆瓦级的项目投运。

液流电池启动响应速度非常快,电池系统可以实现全封闭自动运行,设备维护简单,操作成本比较低,液流电池的使用场合选址比较自由,相比于其他的非液流储能装置更不受地域、环境等限制,优势比较明显,非常适合需要快速参与电网调节的储能应用场景。由于液流电池的电解液为水溶液,其化学反应基本都发生在水溶液中,所以液流电池几乎不存在爆炸或火灾安全隐患。目前主要需要克服的问题在于液流电池能量密度较低和能量质量比较小。

早在半个世纪前,液流电池就被认为是克服可再生能源(风能、太阳能)自身缺点和局限性的技术。历经数十年发展,全钒液流电池现已是最成熟、最接近产业化的液流电池技术,必将成为实现"双碳"战略的现实有力的储能手段。

根据电解液中活性物质的不同,液流电池可以分为很多种,比较典型的有全钒液流电池、锌溴液流电池、铁铬液流电池、锌铁液流电池等。

3.5.2 全钒液流电池

(1) 原理

全钒液流电池是活性物质单一的液流电池。钒是一种具有多价态的极其活跃的元素,全钒电池通过钒的不同价态的钒离子在正、负极电解液中的循环流动进行氧化还原反应。全钒液流电池的正极电解液使用 VO_2^+/VO^{2+} 电对离子溶液,负极电解液使用 V^{2+}/V^{3+} 电对离子溶液。充放电时的正、负极反应方程式表述如下。

充电时正极:$VO^{2+} + H_2O \longrightarrow VO_2^+ + 2H^+ + e^-$ $E_0 = 1.00 \text{ V}$

充电时负极:$V^{3+} + e^- \longrightarrow V^{2+}$ $E_0 = -0.26 \text{ V}$

放电时正极:$VO_2^+ + 2H^+ + e^- \longrightarrow VO^{2+} + H_2O$ $E_0 = 1.00 \text{ V}$

放电时负极:$V^{2+} \longrightarrow V^{3+} + e^-$ $E_0 = -0.26 \text{ V}$

通过反应方程式可以得到钒电池的标准电势差约为 1.26 V,实际中电势差受到钒离子浓度、电解液浓度以及材料等因素影响,开路电压一般为 1.4~1.6 V。

近几年来由于电池材料和电堆结构设计技术的快速进步,使全钒液流电池(图 3.31)电堆的功率密度显著提高。技术水平处于国际领先地位的大连融科储能实际储能工程应用项目中,电堆的工作电流密度由 5 年前的 $60 \sim 80 \text{ mA/cm}^2$ 提高到现在的 $120 \sim 160 \text{ mA/cm}^2$,即电堆的功率能量密度提高了一倍以上,从而使成本大幅度降低。

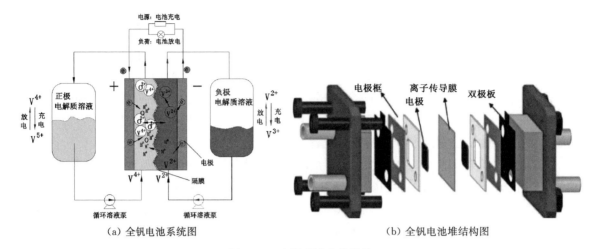

（a）全钒电池系统图　　　　　　　　（b）全钒电池堆结构图

图 3.31　全钒液流电池结构

(2) 特点

1) 优势

① 全钒液流电池清洁无污染、不可燃烧，使用安全；

② 储能容量与功率相互独立，可进行灵活设计，其中大容量中低功率的模式同时满足快速响应和长时储能的要求；

③ 由于钒是唯一的电极活性物质，全钒电池在充放电时不存在物相变化，衰减少，寿命长；

④ 充放电性能好、能量效率高、自放电低、具有较高的性价比；

⑤ 电堆组成部件来源丰富、易回收，不需要金属做电极催化剂；

⑥ 启动响应快，充放电切换时间为 0.02 s，满电解液状态下的电堆启动可控制在 2 min 内。

2) 劣势

① 全钒液流电池由于自身结构，能量密度较低，相同储量需要更大的场地面积；

② 对于工作环境温度有要求，同时需要动力泵不断工作，温控设备和水泵等增加了使用电池的成本；

③ 材料突破缓慢，钒电解液、离子交换膜等关键材料成本价格较贵，钒化合物带有一定的毒性；

④ 存在渗漏现象，目前尚未完全解决。

总体上看，全钒液流电池系统配置灵活、寿命长、充放电深度大，是近年来规模化储能的热点之一。目前，大功率的全钒液流储能系统已投入使用。规模化效应使得钒电池储能成本不断降低，在综合能源服务中具有广阔的应用前景。研究机构 EVTank 发布的《中国钒电池行业发展白皮书（2022 年）》显示，2022 年国内大量的钒电池储能项目开工建设，预计全年新增装机量将达到 0.6 GW；2025 年钒电池新增规模将达到 2.3 GW；2030 年新增规模将达到 4.5 GW，届时，钒电池储能项目累计装机量将达到 24 GW。表 3.10 是国内全钒液流电池产业链主要企业。

表 3.10　国内全钒液流电池产业链主要企业

产品	企业
电池堆与系统集成	大连融科储能装备有限公示,北京普能世纪科技有限公司,乐山威力得能源有限公司,大力电工襄阳股份有限公司,上海电气储能科技有限公司,国网电力科学研究院武汉南端有限公司,环泰储能科技股份有限公司,承德新新钒钛储能科技有限公司,国家能源集团北京低碳清洁能源研究院,杭州德海艾克能源科技有限公司
双极板	威海南海碳材料有限公司,大连博融新材料有限公司,辽宁科京新材料有限公司,青海百能汇通新能源科研有限公司,中科能源材料科技有限公司
隔膜	江苏科润新材料有限公司,辽宁科京新材料有限公司,山西国润储能科技有限公司,辽宁格瑞帕罗新能源有限公司,承德新新钒钛储能科技有限公司
电极	辽宁金谷碳材料股份有限公司,四川省江油润生石墨有限公司
电解液	四川省川威集团有限公司,攀枝花钢铁集团有限公司,博融材料有限公司,湖南汇丰高新能源有限公司

来源:《大规模长时储能与全钒液流电池产业发展》——严川伟

3.5.3　铁铬液流电池

(1) 原理

铁铬液流电池的基本结构与全钒电池类似,正极活性化学物质使用 Fe^{2+}/Fe^{3+} 离子溶液作为电解液,负极活性化学物质使用 Cr^{3+}/Cr^{2+} 电对的离子溶液。充放电时的正负极反应方程式表示如下:

$$充电时正极:Fe^{2+}-e^- \longrightarrow Fe^{3+} \qquad E_0=0.77\ V$$

$$充电时负极:Cr^{3+}+e^- \longrightarrow Cr^{2+} \qquad E_0=-0.41\ V$$

$$放电时正极:Fe^{3+}+e^- \longrightarrow Fe^{2+} \qquad E_0=0.77\ V$$

$$放电时负极:Cr^{2+}-e^- \longrightarrow Cr^{3+} \qquad E_0=-0.41\ V$$

$$Fe^{2+}+Cr^{3+} \longrightarrow Fe^{3+}+Cr^{2+} \quad E_0=1.18\ V$$

根据反应方程式可以得到,铁铬液流电池的反应电势差约为 1.18 V。

铁铬液流电池技术最早是在 20 世纪 70 年代由美国 NASA 的路易斯研究中心提出的,该研究中心随后制备出了 1 kW 的铁铬液流电池系统。随后,国内外许多企业和研究机构都开始了铁铬液流电池的相关研究,其中主要有美国的 NASA、EnerVault 公司,日本的 NEDO,中科院长春应用化学研究院,中科院大连化学物理研究所,苏州久润能源科技有限公司,国电投集团科学技术研究院有限公司等。

(2) 特点

目前,铁铬液流电池(图 3.32)具有的优劣势如下。

1) 优势

① 安全性高,清洁无污染;

② 电解质溶液为含有铁和铬的稀盐酸溶液,毒性和腐蚀性较低;

③ 循环次数可达 1 万次以上,使用寿命长;

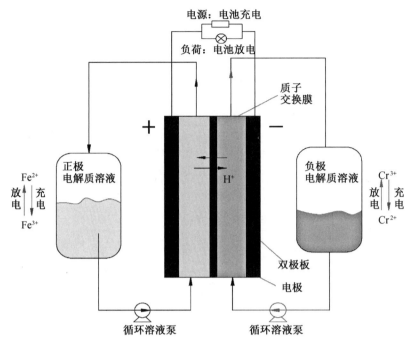

图 3.32 铁铬液流电池原理

④ 可运行的温度区间比较大,电解液可以在 20～70 ℃范围内启动;

⑤ 具有液流电池通性,可以通过扩大活性物质储液罐的体积来增加储能容量,额定功率和额定容量是独立存在的,可量身定制,更适合大规模储能;

⑥ 废旧液流电池回收处理方便,结构材料大部分为环保材料,电解液则可以处理后循环使用;

⑦ 原材料丰富,价格低廉。

2) 劣势

① 能量密度低,体积较大,需要较大的安装场地;

② 需要配置电池保温系统和动力泵,增加了建设和使用成本;

③ 负极电解液的铬活性物质氧化还原性较弱,不利于正、负极电解液的电化学反应平衡;

④ 能量转换效率低,需要电镀在电极上的催化剂比较昂贵。

3.5.4 锌溴液流电池

(1) 原理

锌溴液流电池是液流电池的一种,目前锌溴液流电池(图 3.33)的正负极电解液使用的活性物质均为溴化锌水溶液。锌溴液流电池在充放电时,分别是锌离子和单质锌进行互相转化,溴离子和液溴进行互相转化,电解液通过泵循环流过正/负电极表面。充电时锌沉积在负极上,而在正极生成的溴会马上被电解液中的溴络合剂络合成油状物质,使水溶液相中的溴含量大幅度减少,同时该物质密度大于电解液,会在液体循环过程中逐渐沉积在储罐底部,大大降低了电解液中溴的挥发性,提高了系统安全性:在放电时,负极表面的锌溶解,同时络合溴被重新泵入循环回路中并被打散,转变成溴离子,电解液回到溴化锌的状态。反应是完全可逆的。其具体正负极充放电反应方程式如下所示。

充电时正极:$2Br^- \longrightarrow Br_2 + 2e^-$ $E_0 = 1.087\ V$

充电时负极:$Zn^{2+} \longrightarrow Zn - 2e^-$ $E_0 = -0.763\ V$

放电时正极:$Br_2 \longrightarrow 2Br^- - 2e^-$ $E_0 = 1.087\ V$

放电时负极:$Zn \longrightarrow Zn^{2+} + 2e^-$ $E_0 = -0.763\ V$

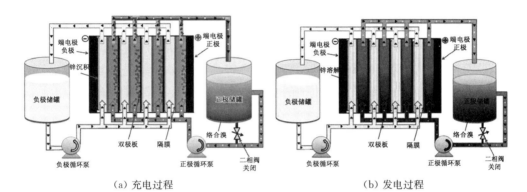

图 3.33　锌溴液流电池充放电过程

(图片来源:百度百科网络)

由反应方程式可知锌溴液流电池的标准电势差为 1.85 V。

锌溴液流电池技术的概念最早于 1885 年提出,在二十世纪七八十年代,Exxon 和 Could 两家公司解决了一直困扰锌溴液流电池的自放电问题,这直接使锌溴液流电池技术有了较大突破。目前为止,锌溴液流电池技术已经相对比较成熟,致力于锌溴液流电池研究的机构有美国的江森自控公司、欧洲的 SEA 公司、欧洲的 Powercell 公司、安徽美能储能系统有限公司、美国的 EnSync 公司、澳大利亚的 Redflow 公司、中科院大连化学物理研究所、北京百能汇通科技有限责任公司等。其中百能公司实现了锌溴液流电池的全要素国产化,为国内锌溴液流电池技术发展做出了贡献。

(2) 特点

1) 优势

① 电解液原材料充沛易得,使用成本低,因此锌溴液流电池的渡电成本相对其他液流电池也较低;

② 环保性能好,几乎不可能发生爆炸;

③ 正负极电解液相同,均为 $ZnBr_2$ 水溶液,不会出现电解液互混交叉污染现象;

④ 与其他液流电池技术相比具有较高的能量密度,理论上可达 435 Wh/kg,实际能量密度也已达到 60 Wh/kg;

⑤ 快速充放电性能好;

⑥ 设计灵活,使用寿命长。

2）劣势

① 溴具有刺激性和腐蚀性，会对人体健康造成影响；

② 电池在充电过程中会伴随着锌枝晶生成，容易刺破质子交换膜造成混液，引发严重自放电等一系列问题；

③ 溴的氧化还原活性较弱，导致工作电流密度较低；

④ 能量效率不高。

3.5.5 其他液流电池技术

(1) 锌铁液流电池

根据电解质不同，锌铁液流电池（图 3.34）可以分为中性和碱性两种。虽然电解质酸碱性不同，但两种电池的反应机理是相似的，正极是锌离子和单质锌进行相互转化，负极是 Fe^{2+}/Fe^{3+} 相互转化。中性锌铁液流电池的电解质一般选用 KCl，碱性锌铁液流电池一般选用 KOH 和 NaOH，反应方程式如下：

充电时正极：$2Fe^{2+} - 2e^- \longrightarrow 2Fe^{3+}$ $\qquad E_0 = 0.33\ V$

充电时负极：$Zn(OH)_4^{2-} + 2e^- \longrightarrow Zn + 4OH^-$ $\qquad E_0 = -1.41\ V$

放电时正极：$2Fe^{3+} \longrightarrow 2Fe^{2+} - 2e^-$ $\qquad E_0 = 0.33\ V$

放电时负极：$Zn + 4OH^- \longrightarrow Zn(OH)_4^{2-} + 2e^-$ $\qquad E_0 = -1.41\ V$

由上述反应方程式可知，锌铁液流电池的标准电势差为 1.74 V。

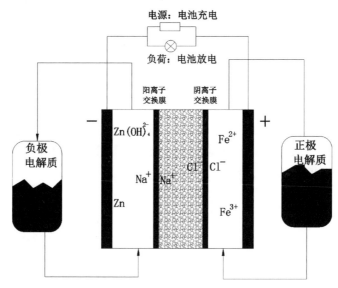

图 3.34　锌铁液流电池原理

锌铁液流电池特点：

1）优势

① 锌、铁均为常见金属，原材料丰富，电池成本非常低；

② 环保性较好；

③ 工作电流密度范围比较宽；

④ 循环寿命长，可达 20 年以上；

⑤ 响应速度快，可以在毫秒级时间内实现充放电循环的切换；

⑥ 电池衰减少，进行 100% 充放电时对容量几乎没有影响；

⑦ 运维成本低，用途广泛，具有较高的回报率。

2）劣势

① 使用过程会伴随着锌枝晶生成，可能会刺破隔膜造成混液、自放电等问题；

② 能量密度偏低，充放电时间一般。

1979 年美国 GB Adams 等人首次提出锌铁液流电池。锌铁液流电池发展至今已经有 40 多年历史，但中间进展较慢。目前，国内外从事锌铁研究的机构也相对较少，主要有美国的 ViZn Energy、中国科学院大连物理化学研究所、纬景储能科技有限公司、山东中瑞电气有限公司等，但随着技术的不断发展，这些研究机构在锌铁液流电池技术上取得了非常大的突破，其中纬景储能科技有限公司与江西省电力建设有限公司合作的示范项目，已经取得较好的成效，这也让锌铁液流电池逐渐受到储能行业的重视。

（2）全铁液流电池

全铁液流电池由 Hruska 和 Savinell 在 1981 年提出，原理和全钒液流电池类似，但铁具有更高的实用性和更低的成本。全铁液流电池同样分为两个电解质体系，其中酸性全铁液流电池在商业开发上较为成熟，其正极是 Fe^{3+}/Fe^{2+} 氧化还原电对，负极是 Fe^{2+}/Fe 氧化还原电对，铁盐水溶液作为电解液，电池工作时正、负极电解液由各自的送液泵强制通过各自反应室循环流动，经过电堆参与电化学反应，实现化学能与电能的转换，从而实现电能的存储与释放。电极反应如下：

$$正极：Fe^{3+}+e^- \Longleftrightarrow Fe^{2+}, \ E_0=0.77 \text{ V}$$
$$负极：Fe^{2+}+2e^- \Longleftrightarrow Fe, \ E_0=-0.44 \text{ V}$$

全铁液流电池具有其他液流电池类似的原材料成本较低、响应快、无污染等优点。相对的，其技术问题主要在于负极析氢反应会导致生成氢氧化铁沉淀，这会大大降低电池的运行效率，减小电池容量，同时有堵塞离子传导膜的风险。

目前，国外具有全铁液流电池的发展案例。北美的 ESS 公司实现了全铁液流电池的商业化，将全铁液流电池的应用规模发展到了 MWh 级别，并于 2021 年达成了 GWh 级的相关协议。该公司于 2017 年向巴西 Pacto Energia 公司提供了一个 50 kW/400 kWh 的测试单元，该测试单元与一个 100 kW 光伏系统搭配使用。2021 年 4 月底，ESS 公司签订合同在智利部署 300 kW/MWh 的全铁液流电池储能系统；2021 年下半年签订合同在西班牙为风光发电提供 8.5MWh 的储能系统；2021 年 9 月，ESS 公司与软银旗下的 SB Energy 签署了一项协议，承诺在 2026 年前向其提供 2 000 MWh 的电池系统。此外，德国 Voltstorage 公司除开发全钒液流电池外，也同相关大学合作开发全铁液流电池，但尚未商业化。

国内对于该体系液流电池的研究与商业化开发报道较少。根据目前的了解，全铁液流电池的循环寿命可达 20 000 次以上，能量效率可达 75%，成本为 1 600~2 600 元/kWh。

(3) 锌空气液流电池

锌空气电池是以空气中的氧气为正极活性物质、金属锌为负极活性物质的液流电池。负极活性物质封装在储罐内,正极活性物质来自电池外部的空气中所含的氧,理论上有无限容量,这是燃料电池的典型特征。因此锌空气电池属于半蓄电池半燃料电池。

2009 年,北京化工大学潘军青教授提出了一种锌空气液流电池。该电池在充电过程中,正极发生氧析出反应,锌离子会在金属负极沉积为金属锌;在放电过程中,正极发生氧化还原反应,负极上的锌溶解,以锌离子的状态保存到电液中。其原理如图 3.35,锌空气电池放电时阳极和阴极发生的电化学反应为:

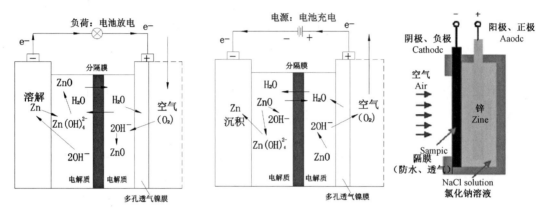

图 3.35 锌空气液流电池原理

阳极:$Zn+4OH^- \longrightarrow Zn(OH)_4^{2-}+2e^-$

阴极:$Zn(OH)_4^{2-} \longrightarrow ZnO+2OH^-+H_2O$

$O_2+2H_2O+4e^- \longrightarrow 4OH^-$

总的电化学反应为:

$$2Zn+O_2 \longrightarrow 2ZnO$$

锌空气电池的特点:

1) 优点

① 锌空气电池可以采用更换锌板的方式进行充电,打破了普通蓄电池的常规充电模式,采用机械式更换电池的锌板或锌粒的"充电"模式,整体更换锌空气电池的活性物质,将整个锌空气电池进行更换,电池不再需要花很长的时间来充电,更换一块 20 kWh 的电池块只需要 1 分 40 秒;

② 锌空气电池具有大电流持续放电能力;

③ 控制空气的流通和阻隔即可控制电池的自放电,锌空气电池的电化学反应过程中,要与空气中氧气发生作用,只要阻隔空气进入锌空气电池即可使锌空气电池的电化学反应无法进行,可以使锌长时期保持活性,实际使用时锌空气电池的自放电率很低,接近于零,具有长期保持电能的能力;

④ 锌空气电池具有较高的比能量,理论上可达 1 350 Wh/kg。目前实际产品达到了 180～

230 Wh/kg，但仍然远大于普通铅酸电池；

⑤ 性能稳定，安全性好。成组的锌空气电池具有良好的一致性，允许深度放电，电池的容量不受放电强度和温度的影响，能在-20~80 ℃的温度范围内正常工作，可以完全实现密封免维护，便于电池组能量的管理。

2）缺点

① 电池存在漏液现象，使用寿命短，多孔的电极可以吸附氧气，但同时也吸附部分二氧化碳，空气中的二氧化碳会使得电解液碳酸盐化，影响效率，电池实际使用寿命短，为 1~2 年；

② 充电过程复杂，成本较高，锌-空气电池的电压为 1.4 V 左右，放电电流受活性炭电极吸附氧及氧扩散速度的制约，每一型号的电池有其最佳使用电流值，超过极限值时活性炭电极会迅速劣化；

③ 催化膜和防水透气膜的制造大多需要半手工机械操作，成品质量差异大，工艺尚不成熟，导致电极有性能差异。

目前，锌空气液流电池的研发代表为加拿大 ZINC8 公司和美国 EOS 公司。ZINC8 公司致力于解决锌空气电池的反复充放电问题，重点针对超长时储能的场景（8 h 以上）。2020 年，加拿大 ZINC8 公司计划在纽约部署一个 100 kW/1.5 MWh 锌空气电池储能系统。同时，该公司于 2020 年 12 月在不列颠哥伦比亚省萨里的一处私人住宅中交付了一套 40 kW/160 kWh 液流电池。

美国 EOS 公司（EOS）从 2012 年开始锌空气液流电池的商业化研发，虽然其在初期公开表示研发锌空气液流电池技术，同时相关研究人员也认为 EOS 是最早进行锌空气液流电池商业化的公司，但 EOS 近年来推出的 Znyth 技术采用了无泵化设计，并对外称为水锌电池，采用中性电解液的卤化锌循环，其具体采取的技术路线还有待考察。2020 年，EOS 在希腊一家炼油厂部署了一套容量为 4 MWh 的储能系统，同时计划在美国得克萨斯州和加利福尼亚州共部署 1.5 GWh 的新型锌电池储能系统。2020 年 11 月，EOS 与美国项目开发商 Hecate Energy 签署了一项协议，双方将共同部署超 1 GWh 的水锌化学电池储能系统。

在技术上，锌空气液流电池同其余大部分锌液流电池一样，也面临着锌枝晶的问题。同时，锌空气液流电池还面临着电流密度低、氧析出和氧还原双效催化剂开发不全面的问题。国内如北京化工大学、沃泰丰能电池科技有限公司等也进行了相关的研究工作，但距离产业化还有一定距离。目前，ZINC8 对外宣称其锌空气液流电池的循环寿命可达 20 000 次以上，能量效率为 65%；EOS 则宣称其产品循环寿命可达 5 000 次，能量效率可达 75%。据 ZINC8 官网和 EOS 公司最近签订的合同数据，它们的 4 h 储能时长产品的成本分别约为 2 000 元/kWh、1 100 元/kWh。

（4）锌镍单液流电池

单液流电池的概念最早由 Pletcher 等在 2004 年提出，如图 3.36 所示，单液流电池采用无膜结构，电池系统简单。国内锌镍单液流电池于 2007 年由防化研究所的程杰研究员、杨裕生院士开发，该电池同时结合锌镍二次电池与液流电池的优势。目前，据相关厂商资料，锌镍单液流电池的循环寿命可达 10 000 次以上,能量效率可达 80%,锌镍单液流电池系统的成本约 2 600～3 500 元/kWh。工作过程中,锌镍单液流电池一般经历三个阶段:充电、静置以及放电阶段。其电极反应如下:

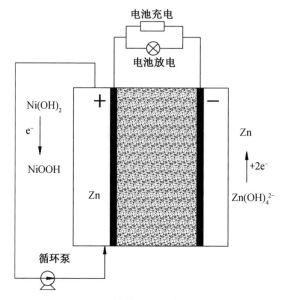

图 3.36　锌镍单液流电池原理图

正极:
$$2NiOOH+2H_2O+2e^- \Longrightarrow 2Ni(OH)_2+2OH^- \qquad E=0.49\ V$$

负极:
$$Zn+4OH^- \longrightarrow Zn(OH)_4^{2-}+2e^-$$

总反应:
$$Zn+2NiOOH+2H_2O+2OH^- \longrightarrow Zn(OH)_4^{2-}+2Ni(OH)_2$$

锌镍单电池特点:

优点:

① 电解液单侧循环,消除了溶液的交叉污染问题,简化了电池系统;

② 不需要使用离子交换膜。

缺点:

① 锌镍液流电池的综合性能较佳,也进行了初步的应用示范,但由于近年镍价快速上涨,锌镍单液流电池的价格竞争力开始减弱,技术的开发处于停滞阶段;

② 在技术层面,同样需要克服锌枝晶与积累导致的电池短路以及寿命降低问题;

③ 锌镍单液流电池的正、负极面积容量低且功率与容量不能完全解耦;

④ 锌镍单电池的正极需要高成本烧结镍。

3.5.6　液流电池的现状和发展趋势

　　全钒液流电池在液流电池中技术成熟度最高、产业化最充分,在国内外都得到了充分认可,目前已经做到大规模商业化推广,相应的储能电站的容量已达到 800 MW,但钒价格的剧烈变化仍是当前限制其发展的最重要因素。

　　国内外在铁铬液流电池和锌镍液流电池上的商业化程度基本相同,铁铬液流电池在技术上较为成熟,目前处于商业化示范向商业化应用的过渡时期,而锌镍液流电池受制于镍价的快速上涨,处于技术示范阶段,没有得到进一步的技术放大和应用。

　　对于锌溴、锌铁液流电池,国内商业化进展相对落后,要实现后续商业化推广,首先需要相关技术创新突破,然后还需要设计更精准的应用场景。虽然锌铁液流电池在技术和产业链上不够成熟,但其具有较高的能量效率、较长的循环寿命以及较低的材料成本等优点,后续商业化前景广阔。

　　从商业化进展看,锌空气液流电池和全铁液流电池在技术路线上已得到一定的市场证明和检验,在国外进入了相应的商业化应用阶段,但在国内还处于技术研发阶段,尚未进行商业化推进和产品开发,还需要继续关注这两种技术的经济性、适用性。

　　综上,可以看出目前储能市场对于液流电池技术呈关注度逐渐加深、认可度逐步加大的态势,液流电池装机量也在快速提升。在选取的技术体系方面,国内对于全钒液流电池的商业化推进进展较快,但其余技术的商业化进展落后于国外。表 3.11 为各类液流电池商业化进展比较。

表 3.11　各类液流电池商业化进展比较

液流电池分类	循环寿命(次)	能量效率(%)	国内商业化发展	国际商业化发展
全钒液流电池	20 000	80	百兆瓦时级大规模商业化应用	百兆瓦时级大规模商业化应用
铁铬液流电池	10 000	70～75	兆瓦时级商业示范	兆瓦时级商业示范
锌溴液流电池	6 000	70	兆瓦时级商业示范	百兆瓦时级大规模商业化应用
锌铁液流电池	15 000	80	百千瓦时级技术示范	兆瓦时级商业示范
全铁液流电池	20 000	75	技术开发	十兆瓦时级大规模商业化应用
锌空气液流电池	20 000(ZINC8) 5 000(EOS)	65 75	技术开发	百兆瓦时级大规模商业化应用
锌镍单液流电池	10 000		十千瓦时级技术示范	十千瓦时级技术示范

来源:《液流电池商业化进展及其在电力系统的应用前景》——宋子琛,张宝锋,童博等。

参考文献

[1] 丁明,陈忠,苏建徽,等.可再生能源发电中的电池储能系统综述[J].电力系统自动化,2013, 37(1):19-25,102.

[2] 蒋凯,李浩秒,李威,等.几类面向电网的储能电池介绍[J].电力系统自动化,2013,37(1):47-53.

[3] 孙丙香,姜久春,时玮,等.钠硫电池储能应用现状研究[J].现代电力,2010,27(6):62-65.

[4] 丁明,徐宁舟,毕锐,等.基于综合建模的3类电池储能电站性能对比分析[J].电力系统自动 化,2011,35(15):34-39.

[5] 温兆银,俞国勤,顾中华,等.中国钠硫电池技术的发展与现状概述[J].供用电,2010,27(6): 25-28.

[6] 谢聪鑫,郑琼,李先锋,等.液流电池技术的最新进展[J].储能科学与技术,2017,6(5):1050-1057.

[7] 李逢兵.含锂电池和超级电容混合储能系统的控制与优化研究[D].重庆:重庆大学,2015.

[8] 李先锋,张洪章,郑琼,等.能源革命中的电化学储能技术[J].中国科学院院刊,2019,34(4): 443-449.

[9] 方铮,曹余良,胡勇胜,等.室温钠离子电池技术经济性分析[J].储能科学与技术,2016,5 (2):149-158.

[10] 缪平,姚祯,LEMMON J,等.电池储能技术研究进展及展望[J].储能科学与技术,2020,9 (3):670-678.

[11] 王晓丽,张宇,李颖,等.全钒液流电池技术与产业发展状况[J].储能科学与技术,2015,4 (5):458-466.

[12] 梅简,张杰,刘双宇,等.电池储能技术发展现状[J].浙江电力,2020,39(3):75-81.

[13] 胡英瑛,温兆银,芮琨,等.钠电池的研究与开发现状[J].储能科学与技术,2013,2(2):81-90.

[14] 张坤,彭勃,郭姣姣,等.化学储能技术在大规模储能领域中的应用现状与前景分析[J].电 力电容器与无功补偿,2016,37(2):54-59.

[15] 李磊,许燕.锂离子动力电池发展现状及趋势分析[J].中国锰业,2020,38(5):9-13.

[16] 孙文,王培红.钠硫电池的应用现状与发展[J].上海节能,2015(2):85-89.

[17] 廖强强,陆宇东,周国定,等.基于削峰填谷的钠硫电池储能系统技术经济分析[J].电力建 设,2014,35(4):111-115.

[18] 孟祥飞,庞秀岚,崇锋,等.电化学储能在电网中的应用分析及展望[J].储能科学与技术, 2019,8(S1):38-42.

[19] 陶占良,陈军.铅碳电池储能技术[J].储能科学与技术,2015,4(6):546-555.

[20] 贾永丽.锂电池储能特性及关键技术研究[D].唐山:华北理工大学,2015.

[21] 陈晓霞,刘凯,王保国.高安全性锂电池电解液研究与应用[J].储能科学与技术,2020,9(2): 583-592.

[22] 李辰.电化学储能技术分析[J].电子元器件与信息技术,2019,3(6):74-78.

[23] 王君妍.锂电池产业的发展现状研究[J].商场现代化,2019(8):163-165.

[24] 曾林超.柔性锂(钠)硫电池和锂(钠)硒电池正极材料的制备及电化学性能研究[D].合肥: 中国科学技术大学,2016.

[25] 胡英瑛,吴相伟,温兆银.储能钠硫电池的工程化研究进展与展望:提高电池安全性的材料与结构设计[J].储能科学与技术,2021,10(3):781-799.

[26] 景鑫,李霞,韩文佳.全钒液流电池用电极与质子交换膜的研究进展[J].高分子通报,2021(5):1-13.

[27] 刘兰胜.磷酸铁锂电池应用现状及发展趋势[J].电池工业,2021,25(5):263-265.

[28] 胡英瑛,吴相伟,温兆银,等.储能钠电池技术发展的挑战与思考[J].中国工程科学,2021,23(5):94-102.

[29] 鲍文杰.典型液流电池储能技术的概述及展望[J].科技资讯,2021,19(28):33-39.

[30] 白锦文,谭奇特.锂电池储能技术发展方向[J].光源与照明,2021(12):51-53.

[31] 姚祯,王锐,阳雪,等.锌铁液流电池研究现状及展望[J].储能科学与技术,2022,11(1):78-88.

[32] 彭康,刘俊敏,唐珙根,等.水系有机液流电池电化学活性分子研究现状及展望[J].储能科学与技术,2022,11(4):1246-1263.

[33] 阴宛珊,唐光盛,张文军.单体钠硫电池电学性能研究[J].东方电气评论,2020,34(4):1-4.

[34] 欧韦聪.锂电池制造工艺控制及潜在问题分析[J].化工管理,2021(32):173-175.

[35] 严川伟.大规模长时储能与全钒液流电池产业发展[J].太阳能,2022(5):14-22.

[36] 陈福平,曾乐才.钠硫电池安全性影响因素分析[J].上海电气技术,2021,14(1):58-62.

[37] 宋子琛,张宝锋,童博,等.液流电池商业化进展及其在电力系统的应用前景[J].热力发电,2022,51(3):9-20.

[38] 房茂霖,张英,乔琳,等.铁铬液流电池技术的研究进展[J].储能科学与技术,2022,11(5):1358-1367.

[39] 张平,康利斌,王明菊,等.钠离子电池储能技术及经济性分析[J].储能科学与技术,2022,11(6):1892-1901.

[40] 王刚.磷酸铁锂电池储能系统的设计和研究[D].徐州:中国矿业大学,2021.

[41] 张斌伟,魏子栋,孙世刚.室温钠硫电池硫化钠正极的发展现状与应用挑战[J].储能科学与技术,2022,11(9):2811-2824.

[42] 黄丁顺,汪亚明,屠荣平.电池储能系统的动态模型及其控制特性分析[J].电气应用,2014,33(13):42-47.

[43] 蔡旭,李睿.大型电池储能 PCS 的现状与发展[J].电器与能效管理技术,2016(14):1-8.

第4章

储热储能技术

4.1 储热技术概述

4.1.1 储热技术简述

在现有能源形式（如机械能、化学能、电磁能、光能及核能）中绝大多数能量需要经过热能的形式被转化和利用，并且大多数能源，如太阳能、风能、地热能和工业余热废热等，都存在不连续性、波动性等特点，需要利用特定的装置，将暂时不用或多余的热能通过储热材料和装置储存起来，解决热能供求在时间上的不匹配问题。

储热技术应用比较久远和普遍，如我国北方地区的烧炕即是利用固体储热技术进行取暖，其他储能技术是在工业革命尤其是电力革命后才出现的。随着人类能源消费和能源利用水平的提高，储热技术也在不断发展。

热能的储存指热能在物质载体上的热力学特征和状态。无论是显热储热、潜热（相变）储热还是化学反应储热，本质上都是物质中大量分子热运动时的能量，均有量和质的特征，符合热力学中的第一定律和第二定律。表 4.1 为常用储热介质的热力学特性。

表 4.1 常用储热介质的比热容、潜热以及密度的比较

储热介质	储热方式	比热容 [kJ/(kg·K)]	相变/工作温度 (℃)	相变热 (kJ/kg)	储热密度 (kJ/kg)
岩石	显热	0.84～0.92	1 000	—	455～499
金属铝	显热	0.87	600	—	222
金属镁	显热	1.02	600	—	260
金属锌	显热	0.39	400	—	52
40%硝酸钾+60%硝酸钠	显热	1.5	290～550	—	220
液态氮	显热＋潜热	1.0～1.1	−196	199	762
液态甲烷	显热＋潜热	2.2	−161	511	1 081
液态氢	显热＋潜热	11.3～14.3	−253	449	11 987

储热介质	储热方式	比热容 [kJ/(kg·K)]	相变/工作温度 (℃)	相变热 (kJ/kg)	储热密度 (kJ/kg)
硝酸钠	潜热	—	307	182	89
硝酸钾	潜热	—	335	191	97
氢氧化钾	潜热	—	380	150	82
氯化镁	潜热	—	714	452	316
氯化钠	潜热	—	801	479	346
碳酸钠	潜热	—	854	276	203
氟化钾	潜热	—	857	425	313
碳酸钾	潜热	—	897	236	176
38.5%氯化镁 +61.5%氯化钠	潜热	—	435	328	190

4.1.2 储热技术分类

储热的方式主要包括显热储热、潜热(相变)储热和化学反应热储热等,见表 4.2 和图 4.1。近年来,伴随着大规模新能源发电的发展,热能存储技术可用于源-网-荷各环节的削峰填谷、余热回收利用、长时间能量存储等场景,可克服新能源发电的波动性等问题。大规模高温太阳能热发电,中高温工业储热技术已经得到广泛应用,但储热技术的实际应用技术水平和经济性还需进一步提升,如储热材料稳定性、腐蚀性、储热容器和换热器的传热优化、成本降低及安全性提高问题等,可从储热材料和储热系统两个方面展开深入研究,实现储热技术的大规模推广应用。

表 4.2 三种典型储热方式比较

	热化学储热技术	潜热储热技术	显热储热技术
储热密度	～1 500 kJ/kg	～360 kJ/kg	～70 kJ/kg
储存周期	长期储热(无热损)	中短长储热(有热损)	中长期(有热损)
应用规模	实验室和中试规模	中试规模	商业规模

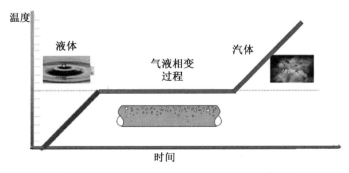

图 4.1 常压水显热-潜热-显热过程示意图

储热材料可通过调节不同盐类的配比,加入金属合金以及其他复合材料,并通过纳微材料合成技术和纳微尺度传热强化技术制备,以解决其传热性能、力学性能和化学稳定性较差等问题。在储热系统方面,研究储热换热器性能和热力系统耦合优化,以提高整个设备和系统的效率、利用率及经济性。不同储热技术种类见图 4.2。

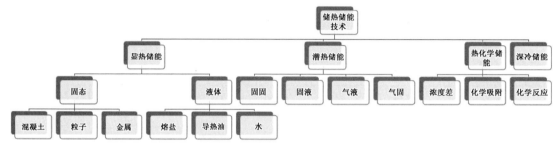

图 4.2 热能存储主要技术种类

广义的热储能除显热储热、潜热储热、热化学储热外,还应包括深冷储能(液体空气储能)。热能存储技术按温度区间可分为零下(<0 ℃)、低温(0～100 ℃)、中温(100～500 ℃)以及高温(>500 ℃),如图 4.3 所示。其中深冷储能技术即利用液态空气作为储能介质的一种储热技术,具有强大的市场潜力。根据国际再生能源总署报道,截至 2019 年底,全球范围储热技术装机容量约为 234 GWH,应用场景为供冷(冰储热、相变储热 12.9 GWH)、供热(水罐储热、固态储热、地下储热 199 GWH)、电力(熔盐储热 21 GWH)。国际再生能源总署预测,热能(热和冷)存储装机量将于 2030 年(预计 800 GWh)达到 2019 年(234 GWh)规模的 3 倍。

不同储热技术的结合以及储热和其他能源技术的结合,对提高能源系统可靠性、灵活性和稳定性将起到重要作用。

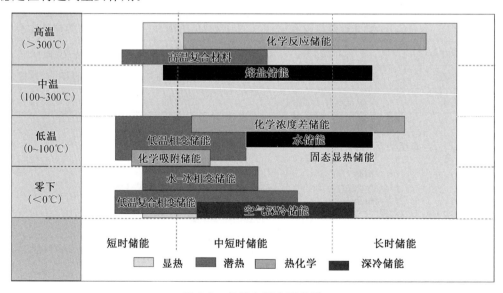

图 4.3 热能存储主要分类

4.2 显热储热技术

4.2.1 显热储热技术原理和系统

(1) 显热储热技术原理

显热储热实际上就是利用储热材料自身的高热容和热导率,通过储热材料温度的升高或降低进行热量的储存和释放。显热储热运行方式简单、成本低廉、使用寿命长、热传导率高,可采用直接接触式换热,或者流体本身就是储热介质,但显热储热的储热材料储热量小、储能密度低、温度变化大,导致储热材料性能和特性对储热系统非常重要,因此显热储热材料一般要求热容量较大。

热能储存的热量为储热材料比热容和本身温度变化的乘积。假设质量为 m 的储热材料的定压比热容大小为 c_p,储热过程中物质载体的温度变化为 ΔT,则在储热过程中物质载体所储存的热量的大小 ΔQ 可计算为

$$\Delta Q = mc_p \Delta T$$

特定材料所储存热量的大小只与温差有关而与绝对温度无关,即储存热量的大小不能反映热量的品位,因而需要借助热力学中的另一个重要参数㶲来衡量所储存热量的质。假设环境温度为 25 ℃,在相同的温度变化的条件下,储冷比储热的质更高。

(2) 显热储热系统

显热储热包括固体显热储热和液体显热储热两大类,表 4.3 列出了三种典型储热材料性能。显热储热不仅要考虑储热材料密度、比热、温度范围等,还要解决材料的稳定性、腐蚀性、导热系数以及储热设备的容量、结构、内部强化换热等,包括储热系统容量与供、用热量的匹配优化、合理调度及智能化控制等问题。

表 4.3 典型储热材料性能比较

	温度范围(℃)	储能密度(kJ/cm^3)	导电率(S/m)
固体氧化镁	≤1 600	1.8	0.98
液态水	30~90	0.21	0.008
液态熔盐	300~600	0.72	850

如图 4.4 所示,利用可再生能源发电的电加热器将来自低温熔盐罐的 150~220 ℃熔盐加热到 500~550 ℃,储存在高温熔盐罐中。需要储热系统提供热量时,利用高温熔盐泵将高温熔盐从高温罐泵出,经过熔盐-水换热器,加热给水提供给热用户。

如图 4.5 所示,利用太阳能聚光镜反射太阳光,聚焦到高塔上的吸热器上,加热从低温熔盐罐输送到吸热器中熔盐,然后将高温熔盐储存到高温熔盐罐中。当阴天、晚上或太阳辐射波动时,可将高温熔盐罐储存的高温熔盐流过蒸汽发生器,产生过热蒸汽,进入汽轮机进行连续、稳定发电。被冷却后的熔盐流回到低温熔盐罐,进行下一个热力循环。

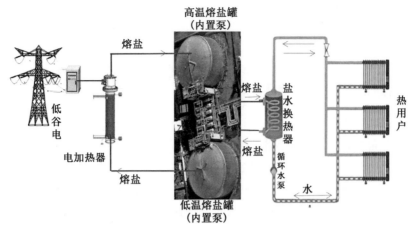

图 4.4 电加热熔盐储热系统

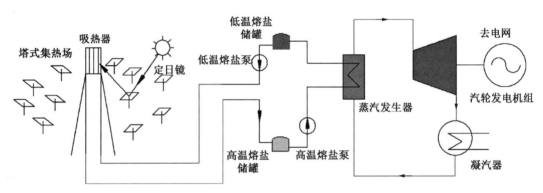

图 4.5 太阳能热发电熔盐储热系统

4.2.2 显热储热材料和装置

固体储热材料主要有硅料、镁砖、熔盐、钢铁、土壤、砖石、混凝土等,经混合高温烧结成型制成储热材料。液体储热材料主要有熔盐,导热油、水蒸气等。

显热储热材料利用储热材料温度变化来进行充、放热,该过程中温度是不断变化的。储热材料储热密度小,会使得储热设备的体积庞大,成本较高,并且储热效率低。同时,储热装置外表面与周围环境存在温差会造成热量损失,若要长时间存储,需要保温性能好。

(1)液体显热储热材料及装置

1)熔盐储热材料及装置

熔盐材料的选择对储热系统的成本和性能至关重要,熔盐的温度极限可以为 550～650℃,温度越高,温差越大,越有利于提高发电效率和降低成本。熔盐凝固点较高,一般在 140～220℃。典型高温熔盐热物性如表 4.4 所示。熔盐作为储热材料,要求具有凝固点低、运动黏度合适、高温时化学性能稳定、腐蚀小、成本低的特点。一般成本从高到低依次为锂盐、钾盐、钠盐、钙盐。

表 4.4　典型高温熔盐热物性

	Solar salt	Hitec	Hitec XL	MS-1
KNO$_3$	40%	53%	45%	—
NaNO$_3$	60%	7%	7%	—
NaNO$_2$	—	40%	—	—
Ca(NO$_3$)$_2$	—	—	48%	—
比热容[kJ/(kg·K)](300 ℃)	1.50	1.34	1.48	1.55
密度(g/cm^3)(300 ℃)	1.85	1.9	1.99	1.92
导热系数[W/(m·K)](300 ℃)	0.52	0.35	—	0.5
黏度(c_p)(300 ℃)	3.26	3.16	6.37	—
熔点(℃)	220	140	120	85
温度上限(℃)	601	538	500	520
商业应用业绩	多	少	无	无

　　2009 年全球首个成功运行的商业化 CSP 电站为西班牙 Andasol 槽式光热发电配置熔盐储热系统。2010 年,意大利阿基米德 4.9 MW 槽式 CSP 电站成为世界上首个使用熔融盐做传热和储热介质的光热电站。2011 年配置熔盐储热技术的 Torresol 能源公司的 19.9 MW 的塔式光热电站 Gemasolar,首次成功实现 24 小时全天持续发电。一般熔盐储热罐的温度每天仅下降约 1 ℃。目前,熔盐罐,熔盐泵等关键设备已完全实现国产化,见图 4.6。

图 4.6　高、低温熔盐储热罐

(图片来源:http://www.cnstep.org/)

　　以 1 GWh 塔式光热熔盐储能项目(发电功率 100 MW,时长 10 h)为例,其热功率约 2.5 GWh,需要熔盐 30 000 t,设置 2 个熔盐罐,单个盐罐直径 39 m,高度 15 m。储热总占地面积 5 000 m^2,布置熔盐罐和换热器。一般按 10 h 加热到额定热负荷,需要管道电加热器的总功率为 250 MW,分为两路,每路熔盐流量为 1 500 t/h。整个加热储热换热系统总投资约 4.5 亿元(不包括汽轮发电机组),其中,电加热器 1.2 亿元,熔盐 1.3 亿元,冷热盐罐 5 000 万元,冷热盐泵 4 000 万元,储热管道 4 500 万元,蒸汽换热设备 3 500 万元,其他 3 000 万元。

2) 导热油储热材料及装置

导热油的使用温度不超过 400 ℃,凝固点大约为 12 ℃,成本较熔盐高。导热油组分一般是联苯-联苯醚混合物,是一种共熔共沸混合物,常温下为无色透明液体,不溶于水,凝固时体积缩小,形成低共熔结晶。导热油联苯含量是 26.5%,联苯醚含量为 73.5% 时,耐热性最佳,积碳风险小,使用周期长。

联苯-联苯醚导热油根据使用温度的不同,可以用于气相或液相传热系统。液相传热系统导热油温度为 12~257 ℃,气相传热系统导热油温度为 257~400 ℃。采用气相传热时,传热介质为导热油产生的饱和气体,传递热量为气化潜热,传热系数大且比较均匀,能形成封闭自然循环系统,相比导热油液相传热系统,可节省高温循环泵,降低电能消耗和检修费用。

联苯-联苯醚混合物导热油还具有高温下蒸汽压低的特性,如在 300 ℃时,其饱和蒸汽压为 0.24 MPa,在 400 ℃时饱和蒸汽压才超过 1 MPa。联苯-联苯醚虽具有可燃性,但蒸汽的爆炸极限范围下限为 1.15%(V/V),上限为 1.99%(V/V),故安全性较高,几乎不会发生爆炸危险。

联苯-联苯醚混合物导热油,长期使用可通过再生处理,延长使用寿命,提高利用率,减少导热油消耗,降低使用费用。导热油不仅广泛应用于各种工业传热系统,而且因其优异的高温特性,已被应用于光热发电的传热系统中。图 4.7 为 30 t 导热油罐结构及各部件示意图。

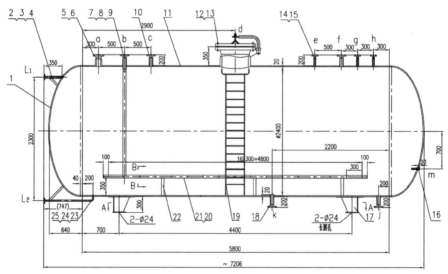

图 4.7　30 t 导热油罐结构示意图

a-液位计接口;b-进油口;c-导热油蒸汽进口;d-人孔;e-压力表口;f-安全阀接口;g-氮气口;h-备用口;j-排污口;k-出泄油口。

图 4.8 为华能三亚南山电厂导热油集热储热系统,该系统中低温导热油罐中的导热油,流经太阳能集热镜场中的集热管,吸收镜面聚光的热量,导热油升温后储存在高温导热油罐

中。需要产生蒸汽时,可利用导热油泵将高温导热油输送至导热油-水换热器,从而产生所需流量和温度的蒸汽。冷却后的导热油流回到低温导热油罐。

图 4.8　高、低温导热油储热罐

3) 水、水蒸汽显热储热材料

水、水蒸汽具有良好的蓄热性能,利用高温、高压水储存热量是常用的蓄热方法。通过降低压力使饱和水部分汽化,释放热量。西班牙 PS10、PS20 电站及中科院八达岭塔式电站的蓄热均采用了此种方法。然而,由于水/水蒸气蓄热系统压力高,对蓄热器的耐压提出较高要求。西班牙 11 MW 的 PS10 电站蓄热容积为 1 000 m³,若建设装机容量更大的电站,须要建造容积更加庞大的蓄热器,这在技术和经济性上都是不可行的。图 4.9 为水储热罐现场图。

(a) 高压水储热罐　　　　　　　　　　　　　　(b) 常压水储热罐

图 4.9　水储热罐

2018 年 10 月中科院电工所开展了基于严寒地区环境的新型低成本集热方式、大型跨季节水体储热池等研究和示范,储热 10 万平方米以上。太阳能资源冬天少,夏天盈余,而采暖需求在冬天比较旺盛,跨季节储热正是解决上述矛盾的关键技术。2018太阳能中温热利用技术大会公布的电工所研发的核心技术有:大容量跨季节储热池低热损及斜温层控制技术;适用于寒冷地区的廉价高效太阳能集热技术;多能互补系统集成优化及智能化控制运维技术。冬季系统出水温度达到90 ℃,热效率达到50%(折算到太阳能采光面积)。

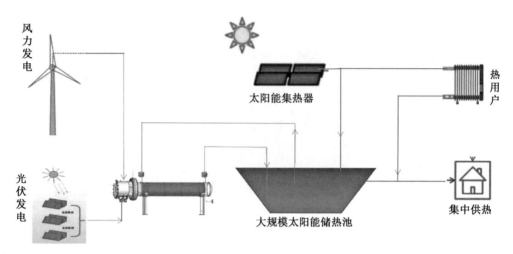

图4.10 季节性储热池

如图4.10所示,通过太阳能集热器或可再生能源电力给跨季节储热水体加热,热电联产的余热也可以储存在跨季节储热水体中,通过热泵可以实现储热水体的热量充分回收和利用,实现可再生能源供热的目标,同时提高系统经济性。

目前,世界前沿的跨季节储热技术主要包括钢罐、大容积水池储热,土壤源储热体,地下水体储热,大型相变储热。其中钢罐储热技术适用的储热体积一般不大于7 000 m³,若继续增加储热体体积,相关的投资、系统的费用等将大幅增加。北欧国家储热钢罐体积一般在7 000 m³以内。

非钢储罐的常规储热体的大型化是发展趋势,随着储热体积的增大,单位热量的造价降低的同时储热性能大幅提高,单位热量的散热表面快速减少。当储热体体积从100 m³增加到10万 m³,单位储热量对应的散热表面积降低到1/12,同时造价也在大幅下降,达到1/25。因此,对于跨季节储热项目而言,储热体体积越大,经济性越好。

(2)固体储热材料及装置

1)混凝土储热材料及装置

混凝土储热系统一般是在混凝土中埋设钢管作为换热流体通道,用导热油或水作为换热流体流经钢管,与混凝土之间进行热量的存储或释放。混凝土储热材料化学性能稳定、成本低,热胀系数与钢材相当,是用于太阳能热发电等系统的理想储热材料之一。

混凝土储热材料中添加了热容较大的玄武岩和铜矿渣等粗骨料,粗骨料的含量不随石墨含量的变化而变化,所以整个材料的比热容值变化不大,在350 ℃时热容值达到4.5 kJ/(kg·K),已经接近甚至超过某些低温下使用的相变材料的比热容值,比热容值在500 ℃附近达到最大值。

表 4.5　不同石墨含量和水泥含量混凝土的抗压强度比较

	石墨含量	0	1%	3%	5%
水泥含量 5%	抗压强度(MPa)	29.9	22.6	19.2	13.6
水泥含量 10%	抗压强度(MPa)	53.4	47.0	41.2	35.1

表 4.5 数据表明,使用 5% 含量水泥制备混凝土时,由于添加了影响强度的石墨粉,所以导致材料的强度急剧下降,且当石墨含量为 5% 时,材料强度仅有 13.6 MPa,不适合于工业应用;水泥含量提高到 10% 时,材料整体强度得到较大提高,当石墨含量 5% 时材料强度仍有 35.1 MPa,基本能满足工业应用。材料整体的热导率随着石墨粉的增加而几乎呈直线上升,墨粉含量为 3% 时热导率为 1.68 W/(m·K)。

华强兆阳张家口 15 MW 光热示范系统中的混凝土固态储热装置直接产生蒸汽进行储热,设计储热时间为 14 h,最高工作压力为 16 MPa,储热材料长期运行条件下最高可耐 550 ℃ 高温。北京兆阳光热技术有限公司开发的储热系统采用兆阳光热专有的配方混凝土,采用的主体材料均为建筑常规使用材料,价格低廉且易得。

挪威科技公司 Energy Nest 与德国 Heidelberg 水泥公司展开合作,研发出一种全新的特殊配方的低成本混凝土材料 Heatcrete,通过用钢管输送的高温传热流体加热这种混凝土存储热能,具有高比热容和高热导率的特性。与传统混凝土储能系统相比,Heatcrete 系统的导热系数提高了 70%,比热容值提高了 15%,可以持续使用 30 至 50 年而不会退化。其储能系统能使整个热电站的成本下降 10%,针对熔盐储能系统则能节约 60% 的成本。

Heatcrete 以模块化方式设计,安装在 20 英尺(6.096 m)的单元中,以便于运输,其储热系统大部分管道都是预制的,所使用的材料丰富、可回收、无害,这样的设计既节能又紧凑,能量密度高,热量损失小,系统容量规模可在几兆瓦时到几吉瓦时不等。2016 年该储热系统在阿布扎比 Masdar 研究所的太阳能热发电平台上实现首次示范应用,示范效果良好。

我国的高温固体电储热技术应用已达到国际领先水平,电加热器和气体管道穿过存储模块,并可在高达 750 ℃ 的高温下将热量传递到存储介质。图 4.11 为高温固体电储热装置,该装置利用电加热设备在电网负荷低谷的低电价时直接将电能转变为热能,并储存于固体储热材料中;在峰值电价时放热,加热热网热水,为热用户供暖。高温固体具有储热密度大、储热温度高、储热体积小等优点,而且兼具环保、高效、节能、安全等多项优势。

2) 镁砖储热材料及装置

氧化镁砖(MgO)是一种碱土金属氧化物,具有宽温度范围、高储能密度、低导电率特性,比热容约为 1 000 J/(kg·℃),温度约 600 ℃,储能密度 1.8 kJ/cm³,导电率 0.986 S/m。在高温高压下,氧化镁性能稳定、绝缘性强,根据氧化镁的纯度,储热工作温度最高可达 2 000 ℃,其适用的储热工作温度几乎能满足 1 600 ℃ 以下的所有储热工况。相比其他储热材料,相同的质量和温升条件下,氧化镁储存的热量更多。

氧化镁材料的线膨胀系数也相对较高,需做成砖体,并堆砌成储热结构体来进行储热,高线膨胀系数会对储热体的结构稳定造成影响,在储放热的过程中,砖体的收缩膨胀可能会

图 4.11　电加热混凝土储热装置

使砖体出现位移,造成储热体变形,稳定性减弱。一般利用布置在氧化镁砖间隙中的电加热丝对镁砖进行加热,将热量储存在氧化镁砖中,释热时,利用风机带动空气流动将镁砖中的热量导出到底部供热系统中,将从水泵来的冷水加热后供给热用户。如图 4.12,高电压电流经过铁铬铝电阻丝发热产生热量,储热时炉内温度可达 550 ℃,使用变频风机进行空气循环,将热量带出加热热网来水。

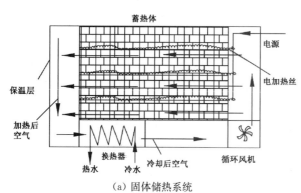

（a）固体储热系统　　　　　　　　　　　（b）氧化镁砖

图 4.12　固体储热装置和氧化镁砖

3）岩土/砂砾储热材料

地下天然土壤（岩石）储热材料一般是土壤、岩石和砂石等,在高温下不会产生相变,密度比水高,但比热容量相比水小很多,约是水的 40%。其显热储存多用堆积床储热,空气穿过固体堆积床空隙进行取热和储热。

① 基岩储热装置

基岩是陆地表层中的坚硬岩层,可作大型建筑工程的地基。基岩储能是将在地下的基岩上打孔,将热量储存在基岩中,待需要时再将热量放出,适用于大规模、长时间、季节性的储能,能量转换过程损耗较少、转化效率高。

芬兰 HelioStorage 公司的跨季节储热系统是通过在基岩中钻出许多 35~45 m 深的孔,通过泵送丙二醇或水来存储和释放热量。在冬季,该系统可提供 30~70 ℃ 的热量,整个系统不使用任何热泵或压缩机。

广东电网有限责任公司广州供电局开发的广州南沙"多位一体"微能源网示范工程采用了该技术,通过太阳能集热、基岩储能、燃料电池的多能源优化调控和有机互动,实现智慧园区跨季节储能、高效供能。

② 固态碎石储热装置

以色列 Brenmiller Energy 公司的核心技术 bGen™ 采用更为廉价可得的固态(碎石)材料作为储热材料。bGen™ 系统的储热时长可达 3 h 以上,最高存储温度可达 750 ℃。具备低成本(可利用低谷电或弃风、弃光电等可再生能源)、使用寿命长(可长达 30 年,实现数万次充电/放电循环)、模块化、少维护、易控制、零碳排放等优点。

③ 火山岩储热装置

2019 年,Siemens Gamesa 在德国北部的汉堡正式投运了用火山石将过剩的电能转化为热能的新型电热储能示范项目。该项目设计容量为 130 MWh,储热温度高达 800 ℃,可实现长达两周的能源储存,且几乎不会造成任何能源流损。

④ 沙子储热技术

2015 年 12 月,阿联酋 Masdar 理工学院研究人员成功证明沙子储热温度可达 1 000 ℃,工作温度的增加可提高系统效率,并且沙子作为储热材料成本很低,沙子储热装置见图4.13。2016 年 7 月,意大利西西里岛全球首个以沙子作为工质的塔式光热电站开始建设,该

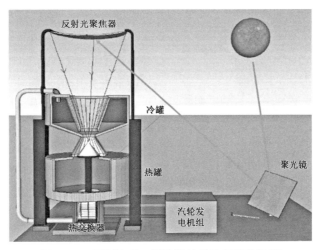

图 4.13 马斯达理工学院设计的沙子储热装置

(图片来源:http://www.CSPPLAZA.com)

电站的主要技术基于流化床装置的沙子吸热储热的太阳能蒸汽发生技术。

美国 Echogen Power Systems 公司开发了一种基于超临界二氧化碳(sCO_2)的电力循环技术与低成本、高度可扩展的存储介质相结合的电热能存储(ETES)系统,先将电能转化为热能,然后将热能转移到沙砾块或混凝土块中进行储存。

4)蜂窝陶瓷储热材料

陶瓷材料可以耐受高温,热惯性大,流动阻力较小且比表面积较大,经常用于储存高温空气及烟气热量。蜂窝陶瓷的大换热面积加快了空气的传热,提高了热效率;蜂窝陶瓷的直流通道结构减少了流体的流动阻力,而且其比热容和热导率都比混凝土高。

蜂窝陶瓷储热材料用于太阳能等系统时,可延长储放热时间,但需要增强蜂窝陶瓷储热体高温时的稳定性。常见的氧化铝质、碳化硅质、莫来石质、钛酸铝质以及它们的复相蜂窝陶瓷在机械强度、耐磨性、耐高温性等方面需要提高。

不同孔型的蜂窝陶瓷换热效果从高到低依次为:圆孔型>六边形孔型>方孔型,阻力从大到小依次为:方形孔>六边孔≈圆形孔。蜂窝陶瓷的比表面积是球体的 5 倍以上,传热能力大于 4～5 倍,气流阻力只有球体的 1/3,透热深度小。综合来看,当储热体的孔型为圆形且当量直径和孔隙率适中时储热体具有最佳的储热效果。

5)高纯石墨储热

澳大利亚 Solastor 采用高纯石墨作为吸热和储热材料的太阳能塔式储热发电技术。该储能技术具有多个低塔、建设难度小,施工运行安全、可长周期储能等优点。江阴润阳储能技术有限公司于 2014 年引进内置式石墨工质塔式光热发电技术,建设了我国首个以石墨为介质,集吸热、储能、热交换为一体的"三合一"内置式石墨工质塔式光热发电示范项目。

6)金属储热

① 钢储热技术

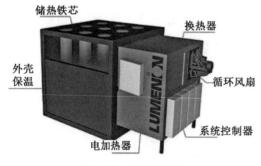

图 4.14 钢储热装置

(图片来源:https://www.chplaza.net/)

图 4.14 是德国公司 Lumenion 开发出的一种金属基热电联产储能系统,该系统可通过可再生能源发电和金属储热来实现可控的电力和热量供应。基于金属储热特性和热电联产可实现极高的效率(高达 95%)。

该系统采用钢金属作为储热介质,并将其加热至 650 ℃的高温来实现热能储存。整个系统的能量充放比为 20%～60%,充热 8 小时可提供长达 48 小时的 80～550 ℃的热能,可以用作工业高温蒸汽,也可用于区域供热。

2019 年,德国储热技术公司 Lumenion 与瑞典国有企业 Vattenfall 合作,在柏林区域热网成功投运一套 2.4 MWh 的钢储热系统。2020 年 11 月,Lumenion 因其高温钢基储能技术获得 2020 年柏林勃兰登堡创新奖。

② 硅储热装置

澳大利亚热储能技术开发商使用熔点高达 1 414 ℃的熔融硅进行热储存。硅储热装置具有低成本、定位灵活、扩展性强和绿色环保等特点。该储热系统命名为 SiBox™。

③ 铝合金储热

瑞典 Azelio 公司开发了一种采用特种铝合金为储热材料的名为 TESpod™ 的热储能系统。系统的储热温度高达 600 ℃,利用铝合金高温下的相变特性来储热,可将来自光伏和风电的多余电力转化为热能进行储存,被储存的热能可通过其斯特林机重新转化为电能。为搭配其斯特林发动机一起使用,Azelio 公司的储热系统规模较小,一般单台机组功率为 13 kW,储热能力为 165 kWh。

④ 磁铁矿储热

磁铁矿在建筑行业中,常用于夜间储热器,也称为非高峰加热器或储热加热器,在加热器单元内部具有由磁铁矿组成的陶瓷储热砖。磁铁矿能够在夜间(或其他非高峰时段)将热量储存在储能加热器砖内,当居民需要时,加热器可以提供温暖。

7) 固体储热材料性能和通用装置

固体储热系统按换热器方式可分为填充床储热、热罐储热等;按储热体结构形状划分,常见的有蜂窝型和球型。

① 填充床储热装置

填充床储热是指热流体流过充满填充材料的填充床,互相换热后完成取热和充热过程,其具有体积传热面积大、充分传热和安全可靠等优点。填充床的热传递包括流体和填充床壁面以及和填充物之间的对流换热、填充物和壁面以及填充物之间的热传导、辐射热以及流体掺混传热,其中最主要的仍然是流体与填充物之间的对流换热。

填充床基本的工作原理是浮力分层原理,该原理允许储罐中顶部和底部区域的流体分离。这个特征使得系统能够从底部开始释热,从顶部开始储热,这意味着和传统的双储罐相比能够节省 33% 的成本。

对于填充床的储热过程,图 4.15 显示了固体颗粒、储罐壁面及传热流体之间的所有传热机制。在储热过程中,热流体从罐体顶部进入,向固体材料传热,以显热的形式积累能量。在释热的过程中,冷流体进入储罐的底部从固体中获取热能。能够存储的能量的多少与质量、比热容以及初始状态和最终状态之间的温度差(也称为温度摆动)成正比。

大多数填充床系统都需要一个包含有储热材料的密封结构,该结构既能促进传热流体(HTF)的流动,又能够承受相当大的循环应力。通常将混凝土作为这种结构的主要建筑材料。因此,墙体一般由几层混凝土组成,在填充床侧具有较高的机械稳定性,在外部是低密度混凝土和绝热层的结合。也考虑使用钢合金层与绝热材料和铝作为外部覆盖。在罐体内,除储热材料外,一些研究建议在罐内和支撑板两侧使用流体均质器,以确保 HTF 在截面上均匀分布,从而提高系统的整体效率。一般来说,填充床容器是圆柱形的,这种形状可以降低机械问题,并使给定的横截面表面的横向表面积最小化,提高流动均匀性。

② 堆积床储热装置

以空气为传热流体,岩石、陶瓷球、石墨等为储热材料的显热堆积床储热系统,由于其结构简单、储热效率高,同时具有良好的经济性,在太阳能热发电系统中被认为是有效的储热方式之一。岩石、金属、混凝土、沙子、砖块等可同时作为低温和高温储热材料。岩石、混凝土等材料的主要优点是成本低,而铝、镁、锌等金属的主要优点是热导率高,且若采用铜渣、铝渣、铁渣等固体工业废料,其成本会明显降低。

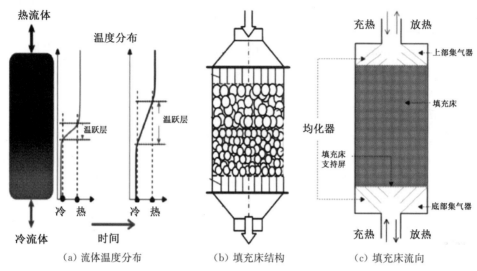

图 4.15 填充床储热装置

砂石堆积床储热采用空气作为流动和传热介质,适用于高温太阳能热发电等系统,运行压力接近于常压,减少了密封泄露等问题;吸热和储热介质相同,热流体直接将热量储存,节省中间换热装置。

表 4.6 常见固体储热和常压水材料特性比较

储热介质	混凝土	氧化镁	熔盐	铁	铝	水
质量密度(g/cm³)	2.5	3	1.87	7.35	2.7	1
导热系数[W/(m·K)]	2.45	4.5	0.52	37	200	0.59
比热容[J/(kg·℃)]	1 100	1 000	1 600	544.3	880	4 200
温差范围(℃)	200~400	200~800	200~550	200~400	200~400	40~90
体储能密度(kWh/m³)	152	500	200	222	132	58
熔点/沸点(℃)	1 000	2 000	220	1 535	660	100
热膨胀系数(×10⁻⁶/K)	12	14	4	12	23	5
导电率(S/m)	—	0.98	1 200	$1.02×10^7$	$3.53×10^7$	0.008
常温耐压强度(MPa)	42	45	—	200	130	—
显气孔率(%)	—	<17%	—	—	—	—
主要成分	水泥,粉煤灰,石子	MgO	NaNO₃,KaNO₃	Fe,C	Al,Si	H₂O
材料质量成本(元/t)	—	4 000	5 000	1 800	12 000	—
材料体积成本(元/m³)	600	12 000	9 350	13 230	27 000	4

4.2.3　显热储热技术应用和发展趋势

(1) 显热储热技术应用

一般火电厂在采暖季因新能源发电增大，要求发电负荷率不大于30％～40％时能获得电力辅助服务收益。储热系统可根据电网调度调峰指令实时切投，在电网低谷时段消纳本厂无法上网的电力，或消纳可再生能源电力转换为热能存储和并入热网，可以实现深度调峰，同时保证供热能力不下降，有效解决调峰与供热兼顾问题。

1）电厂固体储热调峰调频

大容量固体电储热(图4.16)与低压缸零出力技术结合可以实现0～50％负荷的深度调整。热电机组利用储热方式实现深度调峰后，具备快速满足电网尖峰需求。高电压大负荷固体电储热炉，包含10～100 MW的各种负荷需求的模块，可灵活组合搭配，以满足不同深度调峰需求。固体储热核心部件寿命为15～20年，系统简单，电厂系统改造量小，运行监控简单，可提高供热可靠性、安全性。电厂出现机组全停状态，可以从电网受电，不会停暖。在机组已达供热极限时，可迅速使用快放功能为热网供热。

|（a）氧化镁砖|（b）风扇电机|（c）换热器室|

图 4.16　固体电储热装置现场实景

2）电厂电极锅炉调峰调频

图4.17中电极式热水锅炉利用插入水中的高压电极直接对水进行加热，电流通过电极与水接触产生热量，将电能转化成热能并将热能传递给水。将水升至高温，再由循环水泵输送到热用户。当储热装置释放能量时，高温水通过换热器加热热网来水，高温水降温后，返回电极锅炉进行加热。

电极锅炉本身并不能储热，需要配置热水罐作为储热装置。电极锅炉系统产生的热量存储在热水储热罐中，在用户需要时释放出热量。电极锅炉消耗了部分发电机的部分电量，机组在供热期间，实际发电负荷可以不用降至过低；而在机组发电高负荷时，采暖抽汽供热量不足，可以由电极锅炉补充的部分热量，来满足热网热负荷，从而实现机组的热电解耦合和深度调峰。电极锅炉和储水罐结构见图4.17。水储能技术分类见图4.18。

电极锅炉的供电电压等级一般为10 kV，在0～100％范围可做无极调节，出水温度控制范围为±0.5 ℃。电极锅炉调节速率快，可以在几十秒内以99％以上的精度达到设定功率，满足电网 AGC(自动发电控制)调频时间尺度内功率变换要求。同时,设备转换热效率高,其热效率在 99.5% 以上,电极寿命至少为 30 年。

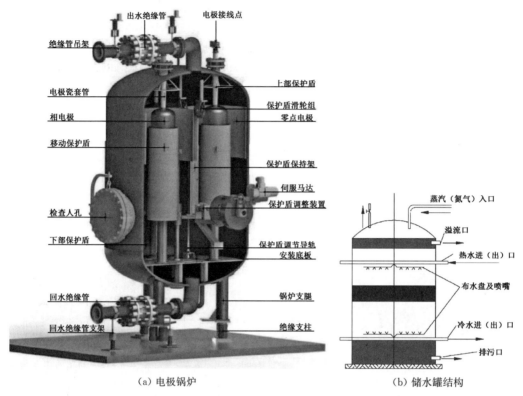

（a）电极锅炉　　　　　（b）储水罐结构

图 4.17　电极锅炉和储水罐

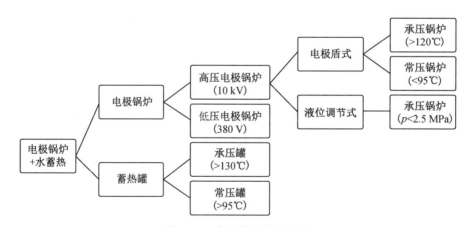

图 4.18　电极锅炉储能分类

3）太阳能热发电熔盐储能

《2021 中国太阳能热发电行业蓝皮书》显示,我国第一批光热发电示范项目的设备、材料国产化率超过 90%,技术及装备的可靠性和先进性在电站投运后得到有效验证。

国务院《2030 年前碳达峰行动方案》明确:积极发展太阳能光热发电,推动建立光热发

图 4.19　太阳能热发电系统熔盐储热装置

（图片来源：http://www.CSPPLAZA.com）

电与光伏发电、风电互补调节的风光热综合可再生能源发电基地。加快建设新型电力系统。目前，在国家补贴退出后，在资源优质区域，通过风电、光伏发电大型综合基地一体化建设等方式，配置建设一定比例的光热发电项目，充分发挥光热发电的调节作用和系统支撑能力。

相比传统能源，太阳热发电存在效率较低、系统复杂等特点，但它是唯一一种可调可控的可再生能源发电形式，可以建立光伏＋风电＋光热等多种能源互补的发电系统，进一步优化能源结构，提高综合能源系统效率。未来的新能源结构将是新能源与太阳能热发电协同发展的结构，目前已有多个清洁能源基地项目均明确要求配套一定容量的光热储能项目，光伏、风电装机规模的不断扩大、成本的进一步下降，都将成为太阳能热起步发展的有利条件。7～15 h 的熔盐储热储能技术在光热发电项目上应用比较成熟。大规模熔盐储能调峰技术也在积极推广应用中。

图 4.20 表明了利用蒸汽加热熔盐时，熔盐最高温度与蒸汽出口温度、夹点温差、熔盐进口温度、熔盐和蒸汽流量等因素有关。如熔盐初始温度为 250 ℃时，20 MPa 过热蒸汽可将熔盐加热到 462 ℃，15 MPa 过热蒸汽可将熔盐加热到 395.3 ℃。而熔盐初始温度为 290 ℃时，20 MPa 过热蒸汽可将熔盐加热到 426 ℃，15 MPa 过热蒸汽可将熔盐加热到 370.7 ℃。因此，火电厂中用蒸汽加热熔盐，电厂熔盐储热储能系统如图 4.21 所示，需要考虑和热力系统的耦合，可选取不同压力等级的蒸汽进行优化设计。

（2）显热储热发展趋势

目前，储热技术发展迅速，据估算，储热系统可为全球节约 30%～40% 能源。风光发电技术是未来碳中和的主要手段，通过储热实现 100% 新能源驱动电供暖可实现零碳供暖。充分利用谷电电价供暖，能有效降低供暖费用。

显热储热技术可利用储热材料将太阳能光热、工业余热、谷电等转化为热能储存起来，在需要热量时释放，可解决时空或强度上的热能供需不匹配问题，提高整个系统的能源效率和利用率。显热储热技术具有储能容量大、存储周期长、成本低等优点，已经非常成熟相对于其他储能技术更适合大规模储能的需求。

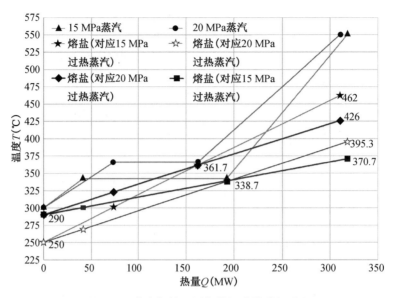

图 4.20　蒸汽加热不同起始温度熔盐温升图

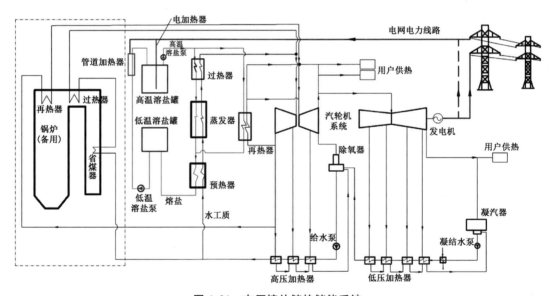

图 4.21　电厂熔盐储热储能系统

4.3　相变储热储能技术

4.3.1　相变储热技术原理和系统

（1）相变储热技术原理

相比于显热储热,相变材料具有储热密度高、相变温度稳定的特点,可以将储能密度提高 50%左右,投资成本降低 40%左右。相变材料分为低温和高温相变材料,其中低温相变储热有石蜡、膨胀石墨等储热材料。高温储热材料(500 ℃以上)主要是无机盐或金属。有相变材料本身的导热系数低,充放热过程中热阻较低,储热介质一般存在过冷、相分离、导热系数较小、易老化等问题。相变储热技术如图 4.22。

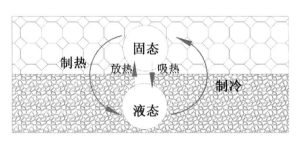

图 4.22　相变储热技术

相变材料储热密度可以达到显热储热的两倍,储热设备结构更加紧凑,充放热温度接近等温,系统调控难度小。目前主要有盐类和金属合金类的相变体系,而复合相变储热材料可以改善单纯相变储热材料结构成型差、有高温腐蚀现象、导热系数低等难题,是相变储热技术研究的发展趋势。

(2) 相变储热技术系统

如图 4.23 所示,相变储热利用谷电对水进行加热,然后经相变储热材料进行加热充热储热。需要放热时,利用冷却水在相变储热装置中进行换热后,在板式换热器中对热网水进行加热。

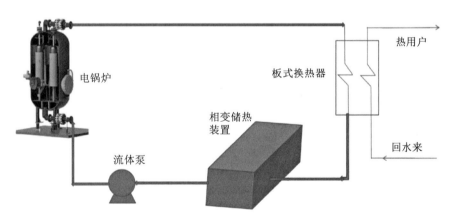

图 4.23　谷电相变储热供暖系统

4.3.2　相变储热材料和装置

国内外相变储热材料(Phase Change Material,PCM)有多种分类方式,见图 4.24,按相变过程可分为固-固、固-液、液-气、固-气储热材料;按照相变温度范围,可分为高温、中温和低温储热材料;按照化学成分,可分为无机类、有机类。理想的相变储热材料应具备相变潜热高、导热性好、相变速率快、可逆性好、体积变化小、性能稳定、价低易得、安全无毒、无腐蚀性等特点。

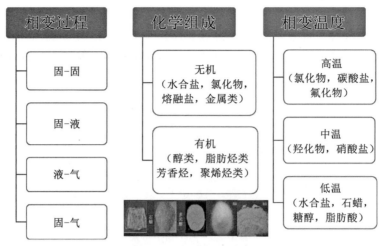

图 4.24 相变储热分类

固-液相变材料价廉易得，但存在过冷和相分离现象，并会导致储热性能恶化，易腐蚀产生泄露，具有环境污染、封装装置价格高等缺点。固-固相变材料在发生相变前后固体的晶格结构会改变而放热吸热，可以直接将材料加工成型，这样膨胀系数较小，也不存在过冷和相分离，毒性腐蚀性小，同时不存在泄露问题，组成稳定，相变可逆性好，装置简单，使用寿命长，其主要缺点是相变潜热较低，价格较高。

根据相变温度，相变材料可分为高、中、低三种相变材料，低温相变储热材料主要有六水氯化钙、三水醋酸钙、有机醇等，可应用于废热回收、空调系统；中温相变储热材料主要有硝酸盐等，主要用于供暖、供气等应用场景；高温相变储热材料主要有高温熔融盐、金属及合金等，主要用于太阳能热发电、航空航天等。

(1) 固-液相变储热材料

固-液相变储热材料分为四类：单纯盐或混合盐、碱、金属及合金。若要大规模应用，需要设计腐蚀性热交换器。主要材料包括结晶水合盐类或熔盐类、金属合金、高级脂肪烃、脂肪酸及有机高分子合成材料等。以下 1)～5)为典型的无机固-液相变材料，6)～8)是常见的有机相变储热材料。

1) 硫酸钠类

十水硫酸钠水合盐（$Na_2SO_4 \cdot 10H_2O$）的熔点为 32.4 ℃，溶解潜热为 250.8 J/g，具有低相变温度、较大潜热值、低成本的特性，适合余热利用场景。但经多次熔化-结晶的充放热后，会产生相分离现象，需加入防相分离的添加剂。

2) 醋酸钠类

三水醋酸钠（$C_2H_9NaO_5$）的熔点是 58.2 ℃，熔解热为 250.8 J/g，属于中低温储热材料。为防止放热时产生过冷，通常要加入添加剂，还要加入明胶、树胶等，防止在多次熔化-凝固可逆相变过程中产生析出而相分离。

3) 氯化钙类

氯化钙的含水盐（$CaCl_2 \cdot 6H_2O$）属低温型储热材料，熔点接近于室温，为 29 ℃，溶解热为 180 J/g。溶液是中性的，无腐蚀性，适合于温室、住宅及工厂低温废热的回收等。氯化钙的含水盐在 0 ℃时其液态熔融物仍不能凝固,防过冷剂为 $CaSO_4$、$Ca(OH)_2$ 及醋酸盐类等。

4) 磷酸盐类

十二水磷酸氢二钠盐($Na_2HPO_4 \cdot 12H_2O$)的熔点为 35 ℃,凝固温度为 21 ℃,溶解热为 205 J/g,一般可用硼砂、细铜粉、石墨以及 $CaSO_4$、$CaCO_3$ 等无机钙盐作为防过冷剂,适合热泵及空调等应用。

5) 液态金属储热材料

液态金属是一类常温下呈液态状态的低熔点合金,如镓(Ga,熔点 29.76 ℃)、铷(Rb,熔点 38.89 ℃)、铯(Cs,熔点 28.44 ℃)、汞(Hg,熔点 −38.86 ℃)、钫(Fr,熔点 27 ℃)、钠钾合金及其衍生金属材料。液态金属材料密度大,导热、导电性好,性质稳定,常温下不与空气和水反应,不易挥发、无毒,工作温度范围较广,温度分布均匀。在相对较低的压力就可以在 1 200 ℃的温度下运行,不易凝固而导致管路堵塞。

作为相变材料,液态金属从固态到液态相变过程中金属键被破坏,所需的能量比其他非金属相变材料大,即体积相变潜热大。因此,液态金属适用于控温精度要求高、体积受限、对均温效果及可靠性要求高的场景,被广泛应用于电子器件热管理领域。但是液态金属材料在高温下的空气中易燃易爆,限制了其在高温传热储热场景的应用。

6) 石蜡

石蜡在室温通常是白色、无味的蜡状固体,在 47~64 ℃熔化,密度约 0.9 g/cm³,熔解热为 336 J/g。石蜡储热性能良好,熔化温度范围较宽,熔化潜热较高,相变较迅速,具有极小的过冷度,化学性质稳定,无毒、无腐蚀性、成本低廉、资源丰富。P - 116 是较受关注的商用石蜡材料之一,其相变温度为 47 ℃,相变焓约为 210 kJ/kg。

7) 脂肪酸类

脂肪酸的熔解热与石蜡相当,在 15~79 ℃熔化。相变潜热值一般在 120~210 J/g。脂肪酸过冷度小,有可逆的熔化和凝固性能,是很好的相变储热材料。之前研究较为深入和全面的脂肪酸类 PCM 主要包括月桂酸、癸酸、棕榈酸、硬脂酸、肉豆蔻酸和硬脂酸等,但它们价格较高,约为石蜡的 2~2.5 倍。

8) 聚乙烯

根据结晶度不同,聚乙烯通常可以分为高密度聚乙烯(HDPE)、低密度聚乙烯(LDPE)和线型低密度聚乙烯(LLDPE)等。HDPE 的相变温度为 130.8 ℃,相变潜热为 178.6 kJ/kg;LDPE 的相变温度为 111 ℃,相变潜热为 159.6 kJ/kg;而 LLDPE 的相变温度为 126.2 ℃,相变潜热约为 165.4 kJ/kg。HDPE 的结晶度可达 75% 以上,由于聚乙烯的结晶度和密度基本上是平行关系,二者呈正相关,故其密度一般也较大,单位体积可获得较高储热量。此外,HDPE 导热性能好,热导率为 0.5 W/(m・K)左右,高于其他常见有机相变储热材料。

(2) 固-固相变储热材料

固-固相变储热材料潜热小,体积变化也小,但因相变后不生成液相,体积变化不大,所以对容器的要求不高。目前固-固相变储热材料主要有三类:多元醇、高分子类相储热材料、层状钙钛矿等,它们都能可逆地吸热、放热。具有不泄露、收缩膨胀小、热效率高等优点,具有 3 000 次以上的冷热循环(相当于使用寿命 25 年),主要应用在家庭采暖系统中。

1）多元醇

多元醇主要有新戊二醇(NPG)、季戊四醇(PE)、二羟甲基-丙醇(PG)等。当达到固-固相变温度时，多元醇分子开始振动无序和旋转无序，放出氢键能；若持续升温，多元醇达到熔点而熔解为液态。多元醇的相变温度较高，为了得到较宽的相变稳定范围，可将两种或三种多元醇按不同比例混合，调节相变温度，也可以将有机物与无机物复合，以满足各种情况下对储热温度的相应要求。

2）高分子类

高分子相变储热材料主要是指一些高分子交联树脂，目前使用较多的是聚乙烯。这类材料成本低廉，易于加工，易于与发热体表面紧密结合，导热率高，尤其是结构规整性较高的聚乙烯，如高密度聚乙烯、线性低密度聚乙烯等，具有较高的结晶度，单位重量的熔化热值较大。

3）层状钙钛矿

层状钙钛矿是一种有机金属化合物。纯的层状钙钛矿以及混合物的固-固转变时相变焓为 42～146 kJ/kg，转变时体积变化较小为 5%～10%，适合用于高温范围内的储能和控温。但层状钙钛矿相变温度高、价格较贵，较少使用。

无机固-固相变一般包括晶体有序-无序转变、非晶-晶体转变、晶体结构转变以及磁性转变等。无机固-固 PCM 种类相对较少，依据目前国内外报道，无机固-固相变储热材料主要是指铁基化合物和各类无机盐，如：典型的铁-钴-铬系列材料，其单位体积热存储量已经超过了水的固-液相变潜热(约 360 J/cm³)；硫氰酸铵(NH_4SCN)相变温度宽泛，过冷程度轻，稳定性好，无液相生成，是一种较有潜力的固-固相变储热材料。

(3) 相变储热换热装置

增加接触面积可提高换热效率和热量，主要方式有增加翅片、添加热管，以及利用微胶囊技术、复合材料吸附技术。其他提高换热效率和热量的方式有直接蓄热、PCM 封装、均匀换热温差技术等。

1）直接蓄热

直接式相变蓄热提升系统传热系数的主要机理即 PCM 与 HTF 可直接接触发生导热和对流换热，无中间热阻，传热系数较大，此外，直接式换热器结构较为简易，省却了间接式蓄热换热器内部的换热器和管路，增大了蓄热器内部空间，提高了储热量。当直接式与间接式储热的容量相等且其他条件相同时，直接式储热的蓄热功率为 2 278 W，间接式储热的蓄热功率为 680 W，换热效率得到了大幅度提升。直接式蓄热具有一定的局限性，即要求 PCM 与 HTF 互不相溶，长期高低温循环工况下二者不发生化学反应。

2）PCM 封装

由前面关于复合 PCM 技术的介绍可知，将 PCM 封装于各类胶囊内部，可以有效防止 PCM 泄漏，避免 PCM 热流体、设备的直接接触，保证了 PCM 和 HTF 不受污染，延长了 PCM 的使用寿命。除此之外，PCM 封装技术在提升相变储热系统传热性能方面也起到了重大作用。PCM 封装主要原理是较小的胶囊具有较大的比表面积，将 PCM 封装于其中可显著提高 PCM 与 HTF 接触面积，增大换热量；此外，选取的胶囊壳层材料的热导率均远高于芯材，复合材料的热导率也得到了显著提升，进而提高了系统传热性能。

3）翅片技术

一般利用翅片来增加储热装置中相变材料与换热流体之间的传热和换热面积,从而提高相变储能系统的热速率等热性能。翅片材料的选择取决于本身的导热系数、成本。翅片管原理如图 4.25 所示。

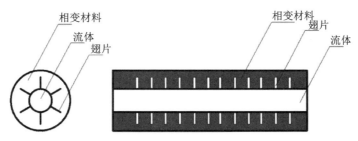

图 4.25　翅片管

4）热管技术

热管技术换热性能强、换热温差小,是增加储能系统吸、放热性能的一种重要技术。具有热管的储热系统具有更高的充放效率。

5）微胶囊技术

微胶囊技术原理是在固-液相变材料表面包覆一层具有良好传热效果的高分子材料,该高分子材料不与相变材料发生反应,也不会发生泄漏,相变材料在其内部吸、放热,从而增加接触面积,提高换热效果和性能,还能避免相变材料对容器的腐蚀。微胶囊技术原理如图 4.26 所示。

6）复合材料吸附技术

通过将导热系数不高的相变材料吸附在导热系数较高的相变材料中,可以提升材料整体的性能。较为常见的复合材料为膨胀石墨/石蜡复合相变材料。

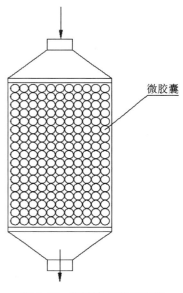

图 4.26　微胶囊储能原理图

7）均匀换热温差技术

均匀换热温差的有效途径之一是将 PCM 进行级联放置,其原理如图 4.27 所示。多PCMS 的目的是在充放热循环中,使换热介质的温差接近恒定,从而提高相变储能系统的各种热性能。

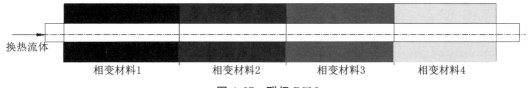

图 4.27　联级 PCM

一般而言,设计高效、紧凑的储换热装置是提高储放热速率的关键技术之一。一套完整的相变储换热装置主要由相变材料、包裹相变材料的容器和传换热界面三部分组成。目前应用研究较为广泛的储换热装置有填充床式、管壳式和板式储热装置,三种装置的结构如图4.28所示。相比传统的单型填充床,多层型填充床床中的相变材料比单类型系统融化得早得多,出水温度也高于单型填充床,温度均匀性也有所提高。管壳式结构换热器的性能研究主要集中在传热流体参数的考察和结构设计的优化上。板式储换热装置相比较其他类型结构具有传热系数高、结构紧凑和热损失小等优点,但也存在密封性差和易堵塞、不易清洗等问题。

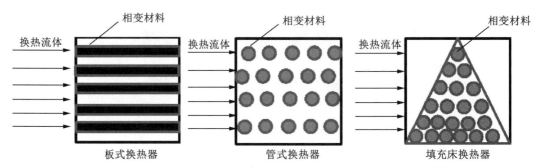

图 4.28　不同类型的相变储换热装置

　　斜温层单罐蓄热系统(thermocline tank storage)见图4.29。该系统利用密度与温度冷热的关系,在罐的中间会存在一个温度梯度很大的自然分层,即斜温层,像隔离层一样,随着熔融盐液的流出流进,斜温层位置会上下移动,当斜温层到达罐的顶部或底部时,输送的熔融盐液的温度会发生显著变化。为了维持罐内温度梯度分层,在罐内合理布置固体蓄热材料以及配置合适的成层设备,如浮动进口、布水器、环壳式换热器等,图中虚线表示储热材料被加热的流程。可以在系统中使用相容性好的液态蓄热材料 $NaNO_3$ 与 KNO_3 的熔融盐混合物与固态蓄热材料石英岩、硅质沙,提高储热和换热性能。

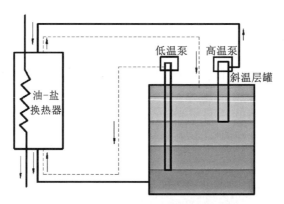

图 4.29　斜温层单罐蓄热系统示意图

4.3.3　相变储热技术应用和发展趋势

(1) 相变储热技术应用

在对 PCM 进行选择时,通常应尽可能按照如下原则进行筛选:① 环保无毒、无腐蚀性、不易燃、不易爆、安全性高；② 具有一定的热物性能、高热导率、高比热容、高相变焓等，熔点一般与工作温度区间相当，同时不能存在明显过冷、相分离、高温挥发、泄漏现象；③ 物理性能良好，如密度大、相变过程中体积变化较小等；④ 化学稳定性良好，如材料经多次蓄放热循环后仍能保持原有化学成分，不易分解、不易变质等；⑤ 从工业应用角度讲，要求成本低廉、原料易得、具有工业化基础等。在 PCM 众多的遴选要求中，核心目标是相变焓值高、相变温度稳定。

1）太阳能供暖系统上的应用

相变储热材料用于储热具有环保、高效、节能、安全等多项优势，非常适合于太阳能供暖系统储热，以替代传统的取暖设备。组合式相变储热单元换热器为方形结构，主要由钢板、折流板、高密度聚乙烯管组成。换热器内部结构由 3 个区构成，每个区内都有几十根高密度聚乙烯管，相变储热材料用石蜡封装在管内，每根管内都留有 5%～10% 的空余空间，以避免储热材料受热膨胀将管胀裂。3 个区内的石蜡相变点温度值是不相同的，沿高温水流动方向依次降低，根据实际需要，各区之间相差 2.5～5.5 ℃。

2）太阳能热水系统上的应用

在低谷电时段启动电锅炉储热，被锅炉加热的高温热水循环流过储热水箱，加热储热水箱内的相变材料，使其由固态变成液态，可储存大量热量；当连续阴雨天太阳能水箱温度无法达到设定温度时，相变储热水箱开始放热，相变材料由液态变成固态，可释放出大量的热，使太阳能水箱内循环水水温升高，而且放热过程平稳。

3）热泵干燥机组中的应用

热泵干燥机组往往通过排放掉一部分热量来维持干燥温度的稳定，利用相变材料（相变温度为 50～52 ℃ 的切片石蜡）相变热效应，回收这部分能量，而且又在机组需要热量时将贮存的能量释放给干燥空气，既能节约能量又可提高产品的质量。

4）工业加热过程的储能应用

在工业加热设备的余热利用系统中相变储热系统主要利用物质在固、液两态变化过程中进行潜热的吸收和释放，相比常规的储热，相变储热系统体积可以减少 30%～50%。

5）相变材料应用于相变储能墙体

建筑围护结构的相变墙体，由适宜的相变材料与建材基体复合而成。具有合适的相变温度和较大相变潜热的相变材料，在相变前后均能维持原来的形状（固态），使换热效率得到很大提高。

由前述对各类相变储热材料的分类、总结可知，除金属/合金类 PCM 外，多数 PCM 的热导率均较低，导致蓄放热速率慢，不能满足工业应用需求，这已经成为制约相变储热系统广泛应用的主要瓶颈之一。因此，传热强化技术一直以来都是储热领域的研究重点之一。

（2）相变储热技术发展趋势

在目前的储热技术中，相变储热兼具技术和应用市场化的先进性，具有良好的发展前景。对相关研究工作进行以下展望：

1）相变材料开发和制备技术

① 通过研究新型复合相变技术、开发新型封装定型材料以降低 PCM 的泄漏、腐蚀、吸

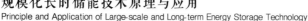

潮、过冷、相分离等的程度。继续开发成本低廉、可靠性耐久性优良的新型复合PCM是相变储热技术未来发展的重要方向之一。

② 固-固相变可以有效避免固-液相变涉及的PCM液相下的泄漏、腐蚀等问题,应继续探索并开发相变潜热值高的固-固PCM,提高材料传热性能。

③ 持续开发在循环工况和高温工况下较为稳定、可靠的相变储热材料。在保证强化性能的基础上应继续探究降低成本、提高经济性的方法,利用各项技术尽快实现大规模工业化应用。

2)长时储热应用场景拓展

① 跨季节相变储热系统大多数属于热电联产锅炉+太阳能+相变储热+区域供热系统,能实现太阳能的有效消纳,降低火电厂调峰负荷。发展跨季节储热是碳中和的重要方向之一。

② 目前,我国正在大力实施和发展清洁供热,但煤改电、煤改气大规模推广有一定弊端:热电厂以热定电,夏季产能闲置,造成资源浪费;热电解耦特性限制了电厂调峰能力。

③ 采用风电、光热、热泵、余热等多能互补,提高可再生能源利用率,才能建立以可再生能源为主体的新型低碳电力系统,实现真正的碳达峰、碳中和。

3)高温相变材料和系统研制

① 有机相变材料的特点是相变热焓大、过冷度小,但高温稳定性差、导热系数低、成本较高。

② 无机储热材料主要有水合盐、无机盐和金属等。水合盐的特点是容易相分离、过冷度大等,无机盐特点是相变热焓高、性价比好,但导热系数较低,且大多数盐高温腐蚀性能严重。

③ 金属合金的特点是导热系数高、密度大,但高温腐蚀性强、易被氧化、成本高昂等。

④ 单一的储热材料往往具有自己的优点,同时具有自身的缺点,要解决这些问题需要采用复合技术。目前制备复合相变储热材料是储热材料研究的趋势,主要的复合技术有包裹、封装、浸渍吸附、混合烧结等方法。

4.4　热化学储热技术

4.4.1　热化学储热技术原理和系统

(1) 热化学储热技术原理

化学反应储存的能量的转换是通过可逆化学反应中的吸热和放热来实现的,热能和化学能的存储是利用分解产物实现的,见图4.30。氢氧化镁化学储能原理见图4.31。只要妥善保存储能物质,热化学储热可实现无热损的长周期大规模储热,具有储能密度高,可长期储存等优点。

用于储热的化学反应过程必须满足:①可逆性好,无副反应;②反应迅速,反应热量大;③生成物易分离且可以稳定保存;④反应物和生成物无毒、无腐蚀、无危险性;⑤反应物成本低。

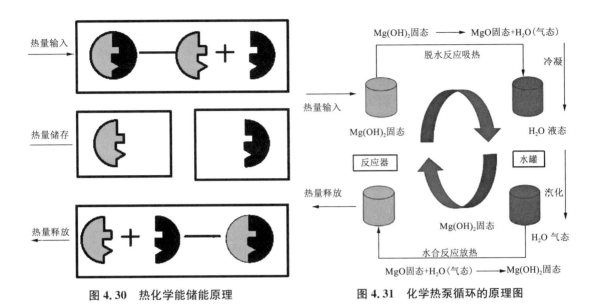

图 4.30　热化学能储能原理　　　　　图 4.31　化学热泵循环的原理图

金属氢化物和氨化物的可逆化学反应多用来作为化学反应储热,在受热和受冷时发生可逆反应,分别对外进行储热或储冷。化学反应储热中,需要求储热材料储热密度高和无污染等,储存容器与系统要求具有一定严密性和安全性,储热材料无腐蚀性。但金属氢化物和氨化物反应过程复杂、一次性投资大。

(2) 热化学储热技术系统

热化学储热和装置可以分为浓度差热储存、化学吸附热储存以及化学反应热储存三类(图 4.32)。

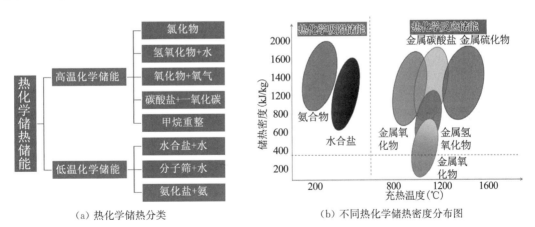

(a) 热化学储热分类　　　　　　　　(b) 不同热化学储热密度分布图

图 4.32　热化学储热分类和储能密度分布图

目前,化学储热反应体系中主要包括金属氧化物、金属氢氧化物、碳酸盐、甲烷重整以及合成氨等。典型的化学储热体系有 $CaO-H_2O$、$MgO-H_2O$、$H_2SO_4 \cdot 10H_2O$ 体系等。这些体系存在的问题为:会出现粉末物体烧结为致密体的结晶过程;化学腐蚀和电化学腐蚀;添加剂改性、反应物及反应器结构等的影响会导致导热性差,反应慢,碳酸化会导致循环性能差。

1）浓度差热储存

浓度差热储存是利用物理化学势的差别，即酸碱盐类水溶液浓度差能量，在浓度发生变化时吸收/放出热量的原理来进行余热、废热储存/释放热能。

图4.33为典型的氢氧化钠-水以及溴化锂-水的吸收式的硫酸浓度差循环系统。STEPHAN等研究了 NaOH-H$_2$O 热变温过程，当 NaOH 溶液的蒸发器温度为 110 ℃时，可吸热温度提高到 155 ℃，储热系统的热效率介于 47%～49%之间。

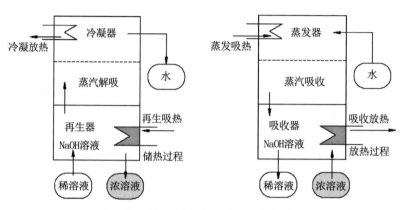

图4.33　氢氧化钠-水浓度差热储存系统

2）化学吸附热储存

化学吸附储热是通过固态吸附材料对特定气体进行捕获和固定完成储放热的过程，实质为吸附剂分子与被吸附分子之间接触并形成或分解强大的聚合力，如静电力、氢键、范德华力等，并释放或吸收热量等。化学吸附储热主要包括以水为吸附质的水合盐体系和以氨为吸附质的氨络合物体系。吸附储热系统如图4.34。

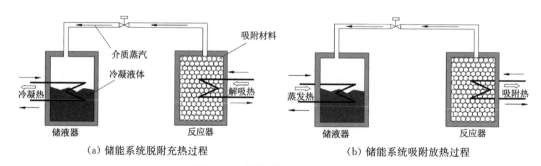

（a）储能系统脱附充热过程　　　　　　　（b）储能系统吸附放热过程

图4.34　热化学吸附储热系统

热化学吸附储能的脱附过程是一个吸热过程。在脱附过程中，热量从外部供应，该过程使吸附剂和吸附质解离，利用外界热量为反应内的储热反应盐提供解吸热使其发生化学分解反应，解析出的工作介质蒸汽进入储液器换热盘管排入环境介质（水/空气），该阶段利用热能向化学吸附势能的转化实现热量的储存。热化学吸附储能的吸附过程是一个放热过程，在吸附过程中，吸附剂和吸附质聚集在一起，反应器内的化学吸附储热反应盐与储液器内的介质发生化学合成反应过程中释放的大量吸附热（反应热）被提供给外界热用户。其中工作介质汽化蒸发的潜热由外界环境介质(水/空气)提供,该阶段通过化学吸附势能向热能的转化实现存储热量的释放。

吸附材料应该有较大的反应热、较强的吸附剂亲和力、较高的热导率和稳定性。分离后的材料可在室温下长期储存,且无毒性和无腐蚀性。

硫化钠(Na_2S)的水合/脱水反应的可逆性和稳定性好,而且对水有很强的吸附性。硫化钠储热能力是相变材料的 10 倍,价格低廉,但腐蚀性较强,能释放出恶臭、有毒的硫化氢气体,必须在高真空状态下运行,需要配备真空泵。为了维持期望的真空,真空泵需要间歇式运行,故而系统的初期投资很高,运行环境差,不利于推广应用。

$MgSO_4/H_2O$ 体系理论储热密度可达 $2\,808\ mJ/m^3$,且 $MgSO_4$ 无毒、无腐蚀性。研究表明,此体系所储存的热量不能全部释放出,且化学反应动力学性能不佳,水合过程异常缓慢。各研究学者采用浸渍法将 $MgSO_4$ 限制在沸石的多孔结构中,扩大了反应的比表面积,可提高反应速度,该体系储热密度为 $648\ kJ/kg$。

3) 化学反应热储存

化学反应热储存利用可逆化学反应中分子键的破坏与重组来实现,储热容量大小由储热材料的质量、化学反应的程度和反应热所决定。

化学储热体系的反应场所是化学储热反应器,在反应器的内部,通过化学储热材料的可逆化学反应来实现热能的储存和释放,如图 4.35 所示。因此,化学储热反应器同时也是热交换的场所,这显著地影响了系统的整体性能。

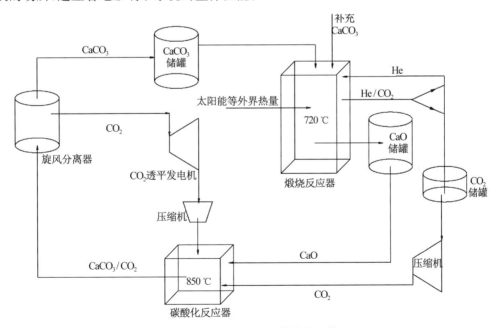

图 4.35　钙循环热化学储能系统

4.4.2　热化学储热材料和装置

化学反应储热是通过可逆化学反应的热能与化学能的转换来储放热。优点是热量高且材料能常温保存,缺点是循环效率低、运维要求高。

(1) 热化学储热材料

热化学储热通过化学反应过程中化学键的破坏与重组来实现热能的储存与释放。与其他储热材料相比,热化学储热材料具有储热密度高、长周期稳定储热等优势。

水合盐热化学储热材料可以高效储存太阳能和工业余热等中低温热源热量,在热化学储热领域具有很高的关注度。纯水合盐材料(如 LiCl、LiBr、$CaCl_2$)液解相对湿度较低,水合(脱水)反应包含固-气水合(脱水)反应,气-液-固三相液解(结晶),液-气吸收三个过程,这种循环过程可显著提高水合盐的储热密度。若吸水量控制不佳则易引起严重的传质和腐蚀问题。液解相对湿度较高、储热密度较高的水合盐,如 $SrBr_2$ 和 $MgSO_4$(见图 4.36),它们传热性能差,孔隙率和渗透率低。

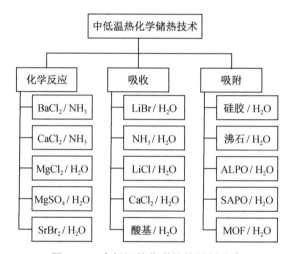

图 4.36　中低温热化学储热材料分类

将水合盐嵌入多孔基质中形成多孔基质水合盐复合储热材料可进一步强化其传热性能,并能同时解决水合盐的潮解结块问题。近年来,人们对多孔基质水合盐复合储热材料进行了深入研究,获得了多种储热密度高、具有良好循环稳定性的复合储热材料。在多孔基质水合盐复合储热材料设计过程中,多孔基质的选择尤为重要,目前研究的热点主要集中于膨胀石墨、沸石、蛭石、硅胶、活性氧化硅等。

典型的高温热化学储能体系根据反应物的不同可分为金属氢化物体系、金属氧化物体系、有机体系、无机氢氧化物体系、氨分解体系、碳酸盐体系等,如图 4.37 所示。

高温热化学储热主要有六类:

1) 金属氢/氧化物的化学储热体系

适合高温热化学储能的金属氧化物主要有三类:钴基、锰基和铜基。钴基体系的储/放热循环特性良好,但资源有限,可用于机理研究但不适合规模应用。锰和铜的资源量大,是作为大规模储能的潜在选择。纯的氧化锰或铜的氧化活性不高,多次循环后易团聚烧结,严重影响储/放热循环的可逆性。

氢化镁具有储热密度大(3 060 kJ/kg)、反应可逆性好、镁价格便宜等优点,特别适宜用作大规模化学储热系统的储热材料,是化学反应储热的研究热点之一。

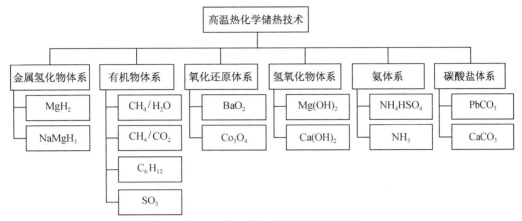

图 4.37　高温热化学储热材料分类

在 500 ℃ 左右,氢化铁镁是极具潜力的化学反应热储存材料。氢化铁镁的体积储热密度比氢化镁高,采用合适的催化剂可使氢化铁镁的分解温度较氢化镁有所下降。

金属氧化物体系非常适用于大规模储能,因为其主要通过氧气的释放和吸收(对应还原和氧化反应,以及金属元素价态变化)完成储能和放热循环。该循环过程在大气环境中即可进行,储能温度可达 850 ℃ 以上,在较小的温度变化范围内,储能密度可达 $300 \sim 1\,000$ kJ/kg(含少量显热),是相应温区显热的 $3 \sim 10$ 倍。

金属氧化物体系具有操作温度范围大、产品无腐蚀性、不需要气体存储等优点,应用前景十分广阔。在特定平衡温度以上,多价金属的金属氧化物发生还原反应,吸收热能,释放氧气变成低价态的金属氧化物;当温度低于特定平衡温度时,低价态的金属氧化物发生再氧化,吸收氧气变成高价态的金属氧化物,释放储存的热能,反应发生的温度一般为 $623 \sim 1\,373$ K。综合金属氧化物体系的循环稳定性、储能密度、材料花费以及反应动力学等因素,目前较具潜力的金属氧化物体系有:Co_3O_4/CoO、MnO_2/Mn_2O_3、CuO/Cu_2O、Fe_2O_3/FeO、Mn_3O_4/MnO 体系等。

2) 有机物(甲烷重整)的化学储热体系

甲烷重整反应包括甲烷与水蒸气的重整反应和甲烷与二氧化碳的重整反应,是强吸热反应。高吸热特性造成高能耗,但高温特性可应用于储存太阳能、核能以及工业的高温废热等。

$$CH_4(g) + H_2O(g) \longrightarrow CO(g) + 3H_2(g)$$
$$CH_4(g) + CO_2(g) \longrightarrow 2CO(g) + 2H_2(g)$$

利用甲烷重整反应可以对温室气体进行循环利用,而且反应的热效应大,在催化剂的条件下,吸热反应温度约为 800 ℃。德国使用甲烷与水蒸气的重整反应储存核能,为用户提供高温热量。

3) 氧化还原化学储热体系

在 $900 \sim 1\,000$ ℃ 的温度范围内利用金属氧化物直接分解进行热储存,仅有极少数金属氧化物可采用聚光集热器实现对太阳能的高温的利用。该储热体系因运行温度太高一般实际应用较少。

4）氢氧化物化学储热体系

关于氢氧化物的化学反应储热研究主要集中于对氢氧化钙和氢氧化镁的研究。$Ca(OH)_2/CaO$ 体系热能储、释速度快,稳定安全,价格低廉且便于处理,被认为是最具潜力的中高温热化学储能体系之一,反应温度约为 510 ℃。

$$Ca(OH)_2(固态) + \Delta h(94\ kJ/mol) = CaO(固态) + H_2O(气体)$$

氢氧化镁的分解温度约为 250 ℃,脱水反应为蓄热过程,水合过程为放热过程,反应界面上水的存在将会极大地影响和迟滞分解反应的进行。反应温度在 350～400 ℃ 之间,$Mg(OH)_2/MgO$ 体系主要用于工业中温余热/废热的储存。

$$MgO(固态) + H_2O = Mg(OH)_2(固态) - \Delta h(81\ kJ/mol)$$

5）氨分解/合成的化学储热体系

澳大利亚国立大学(ANU)的氨化学储热系统实现了将太阳热能收集并储存,系统产生的高温蒸汽进入汽轮机组发电,如图 4.38 所示。此系统的主要优点是反应的可逆性好、无副反应、催化剂便宜易得,系统相对简单、便于小型化,而且储热密度高,反应物为流体便于输送,而合成氨工业已经相当完善,此系统效率高、供热连续性强、结构紧凑,在太阳能中高温热利用中具有广阔的应用前景。该系统需考虑反应生成的气体储存的严密性以及材料的腐蚀等问题。

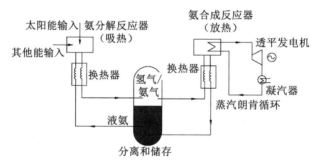

图 4.38　氨化学储热系统

6）碳酸盐分解/合成的化学储热体系

碳酸盐体系反应焓和化学稳定性都比较高,该体系的二氧化碳的储存有以下方法:一是将二氧化碳压缩进行储存;二是采用另一种金属氧化物,使其与产生的二氧化碳进行碳酸化以达到存储二氧化碳的目的;三是采用合适的吸附剂,对二氧化碳进行吸附储存。后两种方式的优点是无须压缩功,系统设计和运行简单,且成本低。碳酸盐化学储热体系不同驱动及化学反应过程见图 4.39。

(2) 热化学储热装置

化学储热体系的反应场所是化学储热反应器,它是整个化学储热系统的核心部件,见图 4.40。按照固体颗粒的运动状态,化学储热反应器可分为固定床反应器、移动床反应器、流化床反应器三大类。目前,对反应器的结构设计和优化仍是这一领域的研究热点。

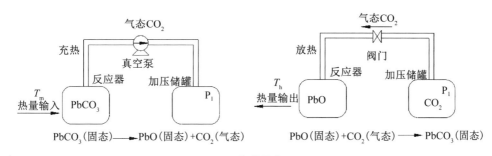

（a）机械驱动

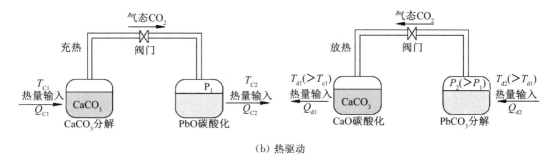

（b）热驱动

图 4.39　碳酸盐化学热泵系统

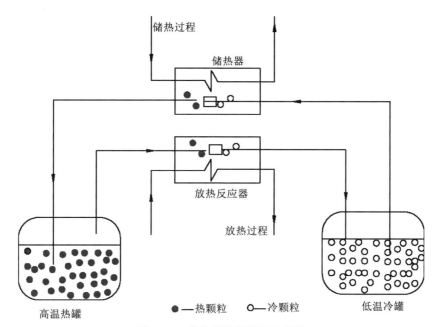

图 4.40　热化学储热流程和装置

1）固定床反应器

固定床反应器是一种结构简单、目前应用广泛的反应器。通过将固体储热材料堆积于储罐内,形成高孔隙的固定床,将导热流体通入固定床内与储热材料进行反应而达到充/放热的目的。气体与储热材料直接接触的反应器称为直接式反应器,间接接触的反应器称为

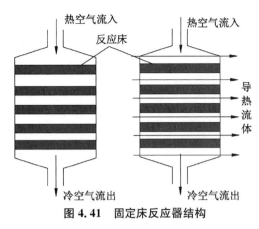

图 4.41 固定床反应器结构

间接式反应器,如图 4.41 所示。

固定床反应器结构简单、成本较低、转化率高,是目前研究较为广泛的反应器形式。基于 $Ca(OH)_2/CaO$ 材料的研究结果表明:反应器的有效储热密度随充热程度的加深而降低,随放热量的增大而提高,总体上放热过程中平均有效储热密度大于储热过程;对以 $Mg(OH)_2$ 为储热材料的管式反应器进行结构参数分析,结果表明:通过增加反应器的长度,可以有效提升反应器的充/放热功率,但这也意味着气体压降的上升;此外固体堆积床式反应器的充/放热速率也受到颗粒的粒径以及气体入口参数的影响。减小粒径、提高气体质量流量有助于提升反应器的充/放热速率。

2) 移动床反应器

与固定床反应器不同,在移动床反应器内部,固体颗粒始终处于一个移动的状态。在移动床反应器顶部连续加入颗粒状储热材料,并于底部连续卸出。在固体物料下移过程中,向反应器内部通入气体,与颗粒储热材料发生反应,以达到充/放热目的。与固定床反应器相比,通过调节固体颗粒和气体的流量,移动床反应器可以实现更灵活的功率输出。根据移动床反应器的结构的不同,可分为包括下落式和回转式两种形式,如图 4.42 所示。基于氧化物反应体系,研究学者通过数值方法,对下落式移动床反应器进行了结构优化研究,出口处材料的反应率可以达到 91%,吸热效率为 76%;基于水合盐反应体系的结果表明:移动床反应器虽然储热效果不及固定床反应器,但是由于其物料连续进出的特性,输出热功率的调节更为灵活。

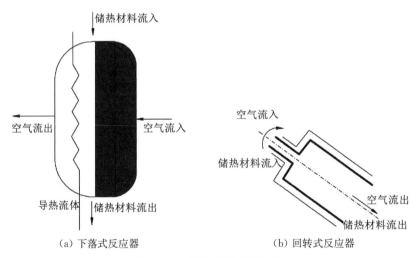

（a）下落式反应器　　　　　　　（b）回转式反应器

图 4.42 移动式反应器结构

总体上移动床反应器的结构较为复杂,对储热材料的粒径和流动性有一定要求,此外在储热材料进入反应器之前,还需要对材料进行预热处理。与固定床反应器相比,移动床反应器运行和维护成本较高。

3）流化床反应器

与移动床反应器相同,流化床反应器内部固体颗粒始终处于一个移动的状态,其结构如图 4.43 所示。不同之处在于,流化床反应器内的气体流速更大,通过气体对固体颗粒层的冲击,使固体颗粒一直处于悬浮运动状态,这种状态也被称为流态化。为了使颗粒流态化,流化床通常对颗粒的粒径有更严格的要求。

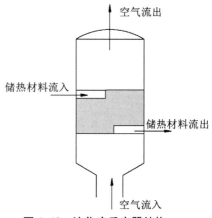

图 4.43　流化床反应器结构

与移动床反应器相同,流化床反应器也需要对颗粒进行预热以达到反应温度。有研究表明,采用流化床反应器,以 $Ca(OH)_2/CaO$ 为反应材料的热功率为 100 MW 的化学储热系统,其有效储热密度可达 260 kWh/m³,净效率可达 63%。

对比其他反应器,流化床反应器内颗粒和气体在床内混合剧烈,传热传质效率高。但其系统结构复杂,且颗粒的流态化需要大量的能量消耗,使得其运行和维护成本较高。

4.4.3　热化学储热技术应用和发展趋势

(1) 热化学储能技术应用

1）氨热解化学储能

澳大利亚国立大学提出的一种储存太阳能的方式叫作"氨闭合回路热化学过程",在这个系统里,氨吸热太阳能分解成氢与氮,储存太阳能,然后在一定条件下进行放热反应,重新生成氨,同时放出热量。天然气的太阳能热化学重整是使低链烃 CH_4 与 H_2O 或 CO_2 发生反应,重整后的产物主要是 CO 和 H_2 的混合物,太阳能通过吸热的化学反应储存为燃料的化学能,使反应产物(混合气)的热值得以提升。

2）甲烷重整化学储能

以色列摩西莱维教授搭建了一座高 54 m 的高塔,在塔内装上甲烷和水,当塔内温度加热到 872 ℃时,塔中的 CH_4 和水蒸气开始发生化学反应,变为 CO 和 H_2,同时吸收大量的热能。但太阳能甲烷重整需要 800～1 000 ℃的高温,对重整器要求很高,同时需要庞大的定日镜场。

3）碳氢燃料热解和重整储能

中温太阳能裂解甲醇的动力系统中太阳能化学反应装置是通过低聚光比的抛物槽式集热器,聚集中温太阳热能,与碳氢燃料热解或重整的热化学反应相结合,将中低温太阳能提升为高品位的燃料化学能,从而实现了低品位太阳能的高效能量转换与储存。

4）可逆的化学吸附/脱附反应储能

2014 年美国南方研究院(southern research institute,SRI)的核心技术包括两个方面:基于闭式循环的反应器设计;综合考虑改良钙基吸收剂的储能密度、材料成本、循环寿命。正常运行温度可达到 900 ℃,储能密度超过 1 MWh/m³。

5）新型碳酸锶热化学储能系统

美国俄勒冈州立大学和佛罗里达大学合作研发出一种基于碳酸锶的新型热化学储能系统，碳酸锶在太阳热能作用下，吸热分解成氧化锶和二氧化碳。氧化锶和二氧化碳合成会释放出储存的热量。该储能系统的材料易获得、不易燃且绿色环保，运行温度高达 1 200 ℃，储热效率提高较多。

6）新型盐结晶储能技术

瑞典 SaltX 科技公司主要利用盐晶体和溶液在不同温度作用下的化学反应来进行储存与释放能量。该技术可应用于光热发电、太阳能制冷和空调领域。

（2）热化学储能发展趋势

太阳能热化学反应循环制氢等也是一种间接蓄能技术。利用太阳能聚光系统提供的高温环境与热化学反应装置，采用金属氧化物作中间物（ZnO、FeO、CoO 等），反应物是水，产物是氢和氧，不产生 CO 和 CO_2，反应温度大约 1 000 K，效率可以达到 30%。

化学储热在充/放热过程的控制难度仍较高，化学反应速率与传热的匹配也还存在技术困难，储热能力和放热速率难以兼得，存在多次循环后，储热材料产生结块的问题。储热系统动态条件下的稳定利用难以实现。长期运行状况下，化学储热的循环稳定性也有待进一步的探究。因此，与其他储热方式相比，目前化学储热的研究仍处于实验室验证阶段。

未来化学储热的研究热点应主要集中于发展大容量、快响应、高效率、长寿命的热化学储热技术上，体现在以下方面：

① 化学储热反应体系的筛选和改性，储热材料制备工艺筛选，微观机理研究；促进内部传热传质，提高储热密度。

② 化学储热反应器的测试与优化设计；研发换热结构，优化材料填装方式；强化换热能力，提高放热速率。

③ 大规模化学储热系统的设计；非稳态特性和经济性分析；配套设备成本控制；功率稳定输出；提高储、放热密度，实现自适应调控。

4.5 深冷储能技术

深冷储能技术一般是将空气进行压缩液化进行存储的一种储能方式。液化空气储能在储能密度、规模、方式等方面具有一定优势，可在调峰、平抑新能源发电间歇性、供电质量提高等方面发挥重要作用。

4.5.1 深冷储能技术原理和系统

（1）深冷储能技术原理

液化空气储能循环是将林德循环（液化过程）与朗肯循环（发电过程）相结合。由液化空气储能循环可知，液化过程所需的功较大，远高于液态空气膨胀所做的功，需要进行液化过程和膨胀过程热量/冷量综合优化，从膨胀机中出来的冷空气被循环利用来冷却膨胀机进口处的空气,以提高整体效率。

液态空气储能系统的工作原理如图 4.44 所示。液化空气储能中的介质空气温度冷却到约 −196 ℃时变成液体,一般 700 L 气态空气可压缩为 1 L 的液态空气,而每单位体积液态空气有效能约为 660 MJ。

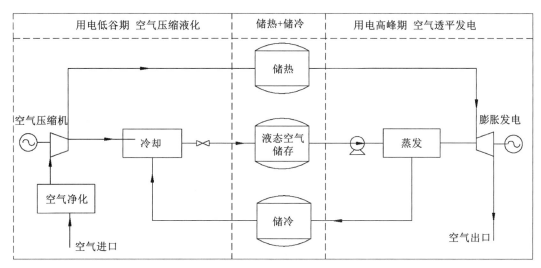

图 4.44　液化空气储能系统原理图

液化空气储能技术特点主要如下(表 4.7):

1) 储能密度高、储能容量大;深冷液化空气储能系统中空气以液态存储,储能密度是高压储气的 20 倍。

2) 存储压力低、寿命长;可以常压存储,低压罐体安全性高,存储成本低;主设备使用寿命约 30 年,全寿命周期成本低。

3) 不受地理条件限制;可实现地面罐式的规模化存储,彻底摆脱了对地理条件的依赖。

4) 充分回收利用了余热、余冷,系统效率可达 50%～60%。

表 4.7　几种空气压缩储能比较

	传统	先进绝热	深冷液化
功率(MW)	100～800	1～800	10～300
能量密度(Wh/L)	1.8～5.1	3～6	60～120
存储方式	洞穴	小规模高压储罐 大规模洞穴	低压储罐式
存储压力(MPa)	7～10	3～30	0.5～1
安全性	差	差	好
占地(m²/MW)	1 200～5 200	600～1 300	140～300
地理条件限制	有	有	无
成本(元/kW)	4 000～6 000	12 000～18 000 4 200～9 100	12 000 4 200～8 000

（2）深冷储能系统

深冷液化空气储能技术将电能转化为液态空气存储。如图4.45，储能时使用电能将空气压缩、冷却并液化，同时存储该过程中释放的热能，用于释能时对空气进行加热；释能时，液态空气被加压、气化，推动膨胀机发电，同时存储该过程的冷能，用于储能时对空气进行冷却。

该系统主要包括空气液化系统（储能子系统）、储冷系统（冷热循环子系统）和发电子系统（释能子系统）。

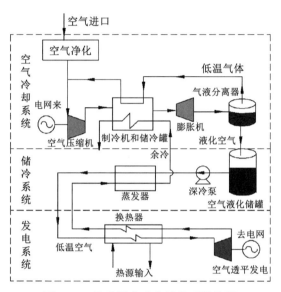

图4.45　深冷液化空气储能系统流程

1）空气液化子系统

空气液化子系统主要进行空气的净化、压缩、加压、降温降压液化及存储。

电网夜间用电低谷时富余的电能驱动液化空气装置，空气先经过主压缩机升压，再通过净化设备去除空气中的灰尘、水和CO_2等，净化后的空气通过循环增压机增压后，流入到换热器中与气液分离器返回的冷空气一起冷却；被冷却的冷空气依次通过膨胀机和节流阀，进行降温降压后成为气液两相状态，最后在气液分离器中被分离，气液分离器使已液化的空气流入液化储罐存储，未液化的深冷空气则回到空气辅助设备进行空气液化。

2）空气储冷和冷热循环子系统

经过换热和膨胀冷却后，空气温度降低至对应的饱和压力条件下的液化点附近温度，被液化并存储到储罐中，如此液化过程中消耗的大部分电能被转化成了液态空气的冷能。

在冷热循环子系统中，热能的储存和利用是回收压缩过程的高温热能，用于提升膨胀机入口的空气温度，提高膨胀发电能力。冷能存储和利用是回收蒸发过程的冷能，用于降低空气液化过程的耗能。

3）空气膨胀发电子系统

膨胀发电子系统主要是将液化空气进行升压、气化，产生的高温高压气体进入膨胀机发电做功。低温储罐中液态空气经低温泵加压后送入气化换热器中吸热气化,通过深冷泵将液体罐中的液化空气加压后送入气化器,在气化器中完成液态空气的气化过程,被气化的空气再通入热交换器中,被进一步加热升温、升压,从热交换器中出来的高压气体到透平中做功发电;从透平里出来的高温空气依次经过热交换器和气化换热器被冷却,然后流到蓄冷装置中与换热器里被压缩机压缩后的空气换热。

4.5.2 深冷储能材料和装置

(1) 深冷储能材料

现阶段的液态空气储能系统中,低温冷能(−196 ℃)存储的介质主要为岩石、甲醇、丙烷、R218(传热介质兼储冷介质)等。甲醇(−185 ℃左右)和丙烷(−75 ℃左右)分别用于低温段和中低温段的储冷,可以有效避免填充床冷能提取不完全的问题,但由于成本较高和安全隐患,目前仍处于理论研究阶段。

岩石作为深冷储能材料具有适宜温度范围宽、成本低和材料易得等优点,其在深冷温区的热物性和循环稳定性是影响蓄冷单元性能的关键。当岩石填充床作为储冷介质时,其存储的冷能无法完全被利用。

相关高校研究结果表明,石灰岩的体积储能密度最大,而花岗岩的最小。在千次储/释冷循环前后,大理石、玄武岩和石灰岩的外观均无明显变化;花岗岩会存在少量的裂纹和脱落,但对岩石的密度、导热系数和比热容均无明显的影响;大理石和玄武岩的抗压强度随着循环次数的增加而基本不变,花岗岩和石灰岩的抗压强度随着循环次数的增加而有较大的提高。

(2) 深冷储能装置

深冷储能装置主要设备构成有空压机组、循环压缩机组、空气净化装置、换热/冷器、制冷膨胀机、储热储冷装置、深冷泵、蒸发器、膨胀发电机组和控制系统等。图 4.46 展示了深冷储能系统中的主要设备结构。

1) 宽范围、高温离心压缩机

深冷液化空气储能系统要求具有宽范围、变工况调节能力,但现有成熟压缩机组运行范围较窄,且各级均进行了级间冷却。不带冷却的压缩机组可获得更高品质的热能,而高品质热能的利用可大大提高系统效率。

2) 高压高速级间再热式透平膨胀机

深冷液化空气储能系统膨胀机入口压力高达上百个大气压,并需在较宽负荷范围内变工况运行。

3) 高能效紧凑化储冷换热器

储冷换热器用于高压空气的冷却和膨胀前段的加热,一般采用管壳式的换热器。蓄冷系统冷能品质越高,储释冷温差越小,深冷液化空气储能系统效率越高。

4) 深冷储罐

储存气化器出口的冷能,并用于制冷,降低液化功耗。采用球状的储冷载体,搭建固定床式储冷换热装置,最低存储温度达−150 ℃。

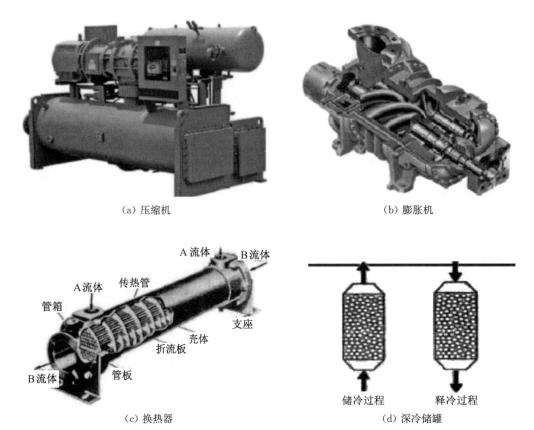

（a）压缩机　　　　　　　　　　　　　（b）膨胀机

（c）换热器　　　　　　　　　　　　　（d）深冷储罐

图 4.46　深冷储能装置

4.5.3　深冷储能技术应用和发展趋势

（1）深冷储能技术应用

液化空气储能技术在储能密度、储能规模、存储方式等方面有独特优势，在电力的发、输、用等领域应用前景广阔。

1）电源侧应用

① 高效消纳新能源

新能源发电具有波动性、间歇性和不可预测性等特点，其大规模接入给电力系统运行带来了巨大挑战。深冷液化空气储能系统中空气以常压存储，没有地理限制，可与光伏电站、风电场等新能源发电基地配套建设，用以平抑风电、太阳能等可再生能源发电的大尺度波动，降低其对电力系统的冲击，配合相应的协同控制技术，可有效提升清洁能源基地调峰能力，促进高效、规模化的新能源电力消纳。

② 配合发电厂调峰

深冷液化空气储能系统容量灵活，可与传统热电厂、生物质能电厂、核电站联合运行，提升电厂的调峰能力及运行效率，解决机组低负荷运行而造成的电厂效率降低、能耗过高等问题；还可有效利用电厂内余热资源，实现深冷液化空气储能系统的高效运行。

2）电网侧应用

深冷液化空气储能系统容量可以达到百兆瓦级,发电时间可达数小时,是大容量能量型储能技术。该系统可用于削减电网负荷峰谷差,提高电网整体的运行效率,促进电网经济稳定运行;同时,还可以提高电力设备的使用率,减小线路损耗,减少电网对发电设备的投资;此外,还具有电网二次调频、调相和应急备用等功能,能改善电能质量,提高供电可靠性。

3）负荷侧应用

深冷液化空气储能系统中的空气液化子系统可产生热能,膨胀发电子系统可产生冷能,在负荷侧配置深冷液化空气储能装置可用于电热冷联供,满足城市综合体、数据中心等重要负荷的综合用能需求,提高能量综合利用效率。

(2) 深冷储能技术发展趋势

液化空气储能技术具有广泛的应用前景,但由于深冷液化空气储能系统流程复杂,设备种类多、参数相互耦合,系统设计需要分析设备关键参数的耦合优化。液化空气储能系统研究重点如下:

1）储冷材料方面

研发超低温蓄冷工质和材料,兼顾高导热系数、低黏度、宽温区传热特性,满足深冷蓄冷系统工作温度低、工作温度范围宽的要求。

2）设备方面

研究宽负荷范围、高温离心压缩机设计技术,提升机组变工况能力及系统热能品质;研究高压高速级间再热式透平膨胀机转子轴系动力学特性,形成高压高速、宽范围透平膨胀机设计技术,提升透平膨胀机效率及变工况工作能力。

3）系统运行控制方面

研究液化空气储能系统接入电网的优化运行控制策略,包括考虑储放状态过程约束下的风光储联合发电优化策略以及深冷空气储能冷热电联供控制策略;另外,还需要研究空气储能的冷热电气联供技术,提高系统综合能效。

4）冷热联供技术及商业运行模式

空气储能除了作为规模化储能外,其压缩过程存储的热可用于膨胀过程空气再热,也可以就近对用户供热、制冷,而膨胀机排出的高洁净度空气可用于新风补充。同时结合商业模式研究,提高空气储能经济价值,使其成为多能源服务的技术手段。

深冷液化空气储能技术作为一种新型的压缩空气储能技术,具有储能密度高、布置灵活、安全可靠等技术优势,未来有很大的发展潜力。随着新能源发电和能源互联网的快速发展,深冷液化空气储能技术可促进能源结构优化,保障以新能源为主体的电网安全、清洁、高效、稳定运行。

□ 参考文献 □

[1] 汉京晓,杨勇平,侯宏娟. 太阳能热发电的显热蓄热技术进展[J]. 可再生能源,2014,32(7):901-905.

[2] XU B，LI P W，CHAN C. Application of phase change materials for thermal energy storage in concentrated solar thermal power plants：A review to recent developments[J]. Applied Energy，2015，160：286-307.

[3] AYDIN D，CASEY S P，RIFFAT S. The latest advancements on thermochemical heat storage systems [J]. Renewable and Sustainable Energy Reviews，2015，41：356-367.

[4] LIU M，STEVEN T N H，BELL S，et al. Review on concentrating solar power plants and new developments in high temperature thermal energy storage technologies [J]. Renewable and Sustainable Energy Reviews，2016，53：1411-1432.

[5] 李永亮,金翼,黄云,等.储热技术基础(Ⅱ):储热技术在电力系统中的应用[J].储能科学与技术,2013,2(2):165-171.

[6] 冷光辉,曹惠,彭浩,等.储热材料研究现状及发展趋势[J].储能科学与技术,2017,6(5):1058-1075.

[7] 姜竹,邹博杨,丛琳,等.储热技术研究进展与展望[J].储能科学与技术,2022,11(9):2746-2771.

[8] 李永亮,金翼,黄云,等.储热技术基础(Ⅰ):储热的基本原理及研究新动向[J].储能科学与技术,2013(1):69-72

[9] 郭茶秀,魏新利.热能存储技术与应用[M].北京:化学工业出版社,2005.

[10] LI Y L，CHEN H S，DING Y L Fundamentals and applications of cryogen as a thermal energy carrier：A critical assessment [J]. International Journal of Thermal Sciences，2010，49(6)：941-949.

[11] 韩瑞端,王沣浩,郝吉波.高温蓄热技术的研究现状及展望[J].建筑节能,2011,39(9):32-38.

[12] JIN Y，LEE W P，DING Y L. A onestep method for producing microencapsulated phase change materials [J]. Particuology，2010，8(6)：588-590.

[13] 张海峰,葛新石,叶宏.相变胶囊的蓄放热特性分析[J].太阳能学报,2005,26(6):825-830.

[14] 方玉堂,匡胜严.纳米胶囊相变材料的研究进展[J].材料导报,2006,20(12):42-45.

[15] BENELMIR R，FEIDT M. Energy cogeneration systems and energy management strategy [J]. Energy Conversion and Management，1998，39(1618)：1791-1802.

[16] 赵岩,王亮,陈海生,等.填充床显热及相变储热特性分析[J].工程热物理学报,2012,33(12):2052-2057.

[17] 朱教群,张炳,周卫兵.显热储热材料的制备及性能研究[J].节能,2007,26(4):32-34.

[18] VACCARINO C，FIORAVANTI T. A new system for heat storage utilizing salt hydrates [J]. Solar Energy，1983，30(2)：123-125.

[19] 贺岩峰,张会轩,燕淑春.热能储存材料研究进展[J].现代化工,1994,14(8):8-12.

[20] 徐二树,高维,徐蕙,等.八达岭塔式太阳能热发电蒸汽蓄热器动态特性仿真[J].中国电机工程学报,2012,32(8):112-117.

[21] THAKARE K A，VISHWAKARMA H G，BHAVE A G，et al. Experimental investigation of possible use of hdpe as thermal storage material in thermal storage type solar cookers [J]. International Journal of Research in Engineering and Technology，2015，4(12)：92-99.

[22] 黄晓梅,宋波.HDPE/炭素材料导热复合材料研究进展[J].山东化工,2019,48(16):65-66.

［23］刘弋潞,王春燕,宿旭昊,等.硬脂酸/钠基有机膨润土相变储能石膏板的性能研究［J］.化工新型材料,2015,43(6):222-224.

［24］冷光辉,曹惠,彭浩,等.储热材料研究现状及发展趋势［J］.储能科学与技术,2017,6(5):1058-1075.

［25］钟秋,张威,赵春芳,等.固固相变储热材料的研究进展［J］.广州化工,2016,44(23):4-6.

［26］李昭,李宝让,陈豪志,等.相变储热技术研究进展［J］.化工进展,2020,39(12):5066-5085.

［27］DA CUNHA J P, EAMES P. Thermal energy storage for low and medium temperature applications using phase change materials: A review ［J］. Applied Energy, 2016, 177: 227-238.

［28］赵岩,王亮,陈海生,等.填充床显热及相变储热特性分析［J］.工程热物理学报,2012,33(12):2052-2057.

［29］JOHNSON M, VOGEL J, HEMPEL M, et al. Design of high temperature thermal energy storage for high power levels ［J］. Sustainable Cities and Society, 2017, 35: 758-763.

［30］JOHNSON M, HÜBNER S, BRAUN M, et al. Assembly and attachment methods for extended aluminum fins onto steel tubes for high temperature latent heat storage units ［J］. Applied Thermal Engineering, 2018, 144: 96-105.

［31］PIZZOLATO A, SHARMA A, GE R, et al. Maximization of performance in multi-tube latent heat storage—Optimization of fins topology, effect of materials selection and flow arrangements ［J］. Energy, 2020, 203: 114797.

［32］DING Y L, PENG Z J, HUANG Y, et al. Numerical investigation of PCM melting process in sleeve tube with internal fins ［J］. Energy Conversion and Management, 2016, 110: 428-435.

［33］PIZZOLATO A, SHARMA A, MAUTE K et al. Design of effective fins for fastPCM melting and solidification in shell-and-tube latent heat thermal energy storage through topology optimization ［J］. Applied Energy, 2017, 208: 210-227.

［34］PIZZOLATO A, SHARMA A, MAUTE K, et al. Topology optimization for heat transfer enhancement in Latent Heat Thermal Energy Storage ［J］. International Journal of Heat and Mass Transfer, 2017, 113: 875-888.

［35］ELBAHJAOUI R, QARNIA H E. Thermal performance of a solar latent heat storage unit using rectangular slabs of phase change material for domestic water heating purposes ［J］. Energy and Buildings, 2019, 182: 111-130.

［36］SAEED R M, SCHLEGEL J P, SAWAFTA R, et al. Plate type heat exchanger for thermal energy storage and load shifting using phase change material ［J］. Energy Conversion and Management, 2019, 181: 120-132.

［37］郭茶秀,张务军,魏新利,等.板式石蜡储热器传热的数值模拟［J］.能源技术,2006,27(6):243-248.

［38］LI C, LI Q, DING Y. Carbonate salt based composite phase change materials for medium and high temperature thermal energy storage: From component to device level performance through modelling ［J］. Renewable Energy, 2019, 140: 140-151.

［39］王志强,曹明礼,龚安华,等.相变储热材料的种类、应用及展望［J］.安徽化工,2005,31(2):8-11.

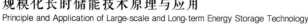
[40] 徐其利,孙杰.用于太阳能光热发电系统的 CaO/Ca(OH)$_2$ 化学储热技术综述[J].华电技术,2020,42(4):1-11.

[41] 吴娟,龙新峰.太阳能热化学储能研究进展[J].化工进展,2014,33(12):3238-3245.

[42] 马小琨,徐超,于子博,等.基于水合盐热化学吸附的储热技术[J].科学通报,2015,60(36):3569-3579.

[43] SAKELLARIOU K G, KARAGIANNAKIS G, CRIADO Y A, et al. Calcium oxide based materials for thermochemical heat storage in concentrated solar power plants [J]. Solar Energy, 2015, 122: 215-230.

[44] YAN J, ZHAO C Y. Thermodynamic and kinetic study of the dehydration process of CaO/Ca(OH)$_2$ thermochemical heat storage system with Li doping [J]. Chemical Engineering Science, 2015, 138: 86-92.

[45] YAN J, ZHAO C Y. Experimental study of CaO/Ca(OH)$_2$ in a fixed-bed reactor for thermochemical heat storage [J]. Applied Energy, 2016, 175: 277-284.

[46] AGRAFIOTIS C, ROEB M, SCHMUCKER M, et al. Exploitation of thermochemical cycles based on solid oxide redox systems for thermochemical storage of solar heat. Part 1: Testing of cobalt oxidebased powders [J]. Solar Energy, 2014, 102: 189-211.

[47] BENITEZ-GUERRERO M, VALVERDE J M, SANCHEZ-JIMENEZ P E, et al. Multicycle activity of natural CaCO$_3$ minerals for thermochemical energy storage in Concentrated Solar Power plants [J]. Solar Energy, 2017, 153: 188-199.

[48] BENITEZ-GUERRERO M, VALVERDE J M, PEREJON A, et al. Low-cost Ca-based composites synthesized by biotemplate method for thermochemical energy storage of concentrated solar power [J]. Applied Energy, 2018, 210: 108-116.

[49] MAMANI V, GUTIÉRREZ A, USHAK S. Development of low-cost inorganic salt hydrate as a thermochemical energy storage material [J]. Solar Energy Materials and Solar Cells, 2018, 176: 346-356.

[50] SCHMIDT M, LINDER M. Power generation based on the Ca(OH)$_2$/CaO thermochemical storage system—Experimental investigation of discharge operation modes in lab scale and corresponding conceptual process design [J]. Applied Energy, 2017, 203: 594-607.

[51] PARDO P, ANXIONNAZ-MINVIELLE Z, ROUGE S, et al. Ca(OH)$_2$/CaO reversible reaction in a fluidized bed reactor for thermochemical heat storage [J]. Solar Energy, 2014, 107: 605-616.

[52] FLEGKAS S, BIRKELBACH F, WINTER F, et al. Fluidized bed reactors for solid-gas thermochemical energy storage concepts—Modelling and process limitations [J]. Energy, 2018, 143: 615-623.

[53] 王泽众,黄平瑞,魏高升,等.太阳能热发电固-气两相化学储热技术研究进展[J].发电技术,2021,42(2):238-246.

[54] 闫霆,王文欢,王程遥.化学储热技术的研究现状及进展[J].化工进展,2018,37(12):4586-4595.

［55］李国跃,林曦鹏,王亮,等.储释冷循环对岩石材料性能的影响［J］.储能科学与技术,2020,9
　　　(4):1074-1081.

［56］刘佳,夏红德,陈海生,等.新型液化空气储能技术及其在风电领域的应用［J］.工程热物理
　　　学报,2010,31(12):1993-1996.

［57］SCIACOVELLI A, VECCHI A, DING Y. Liquid air energy storage(LAES) with packed
　　　bed cold thermal storage—From component to system level performance through dynamic
　　　modelling［J］. Applied Energy, 2017, 190: 84-98.

［58］MORGAN R, NELMES S, GIBSON E, et al. Liquid air energy storage Analysis and first
　　　results from a pilot scale demonstration plant［J］. Applied Energy, 2015, 137: 845-853.

［59］KANTHARAJ B, GARVEY S, PIMM A. Compressed air energy storage with liquid air ca-
　　　pacity extension［J］. Applied Energy, 2015, 157: 152-164.

［60］Ameel B, T'Joen C, De Kerpel K, et al. Thermodynamic analysis of energy storage with a
　　　liquid air Rankine cycle［J］. Applied Thermal Engineering, 2013, 52(1): 130-140.

［61］郭欢.新型压缩空气储能系统性能研究［D］.北京:中科院工程热物理研究所,2013.

［62］刘佳.超临界空气蓄热蓄冷数值与实验研究［D］.北京:中科院工程热物理研究所,2012.

［63］SHE X H, PENG X D, NIE B J, et al. Enhancement of round trip efficiency of liquid air en-
　　　ergy storage through effective utilization of heat of compression［J］. Applied Energy, 2017,
　　　206: 1632-1642.

［64］徐桂芝,宋洁,王乐,等.深冷液化空气储能技术及其在电网中的应用分析［J］.全球能源互
　　　联网,2018,1(3):330-337.

第 5 章

压缩空气储能技术

近年来,可再生能源发电的大规模发展,急需研究和应用大规模长时间的电力储能技术。目前常见的大规模储能方式有很多种,其中,压缩空气储能(Compressed Air Energy Storage,CAES)系统,是重要的大规模、长时间储能技术之一。

从原理上看,压缩空气储能是通过对空气进行多级压缩,将电能转化为空气的内能存储的技术,在电力系统负荷处于低谷时,将电能转化为空气压力势能和储热热能进行存储,并将压缩空气运输至岩石洞穴、废弃盐洞、废弃矿井或者其他有贮气作用的压力容器中。

在电网用电高负荷期间,电网的电价较高,将储气库内高压气体释放,气体在燃烧室与天然气(或其他气体燃料)混合燃烧后,经过换热器加热,升高至一定温度被送至涡轮膨胀机或燃气轮机,将压缩空气的压力势能和热力势能转变为膨胀机或燃气轮机的机械功输出,通过发电机组发电,向电网输送电量,在电网中起到填谷调峰的作用。

压缩空气储能系统至今已有 80 多年的发展历史,是一种极具发展前景的储能技术,尤其对于电力系统而言,可以实现如下功能:

1) 削峰填谷:压缩空气储能系统可以储存用电低谷期的剩余电能,在用电高峰期释放,根据不同时段电能需求调整电能出力,既减少了电能在传输过程中的消耗,又可以提升电能品质,获取更多的经济效益。

2) 耦合新能源:压缩空气储能系统可以耦合新能源实现电能的稳定输出,解决新能源发电的波动性问题,增加新能源发电在电力系统中的份额,降低火电的比重,减少环境污染,实现可持续发展。

3) 调峰调频:火电站调峰调频过程中存在机组经济性下降和煤耗增加的问题,压缩空气储能系统响应速度快,可以参与常规电力系统调峰调频,实现快速调节,减少一定的能源消耗。

4) 备用电源:压缩空气储能可用于特殊情况下的电力供应,如电路检修、会议保电或其他紧急情况,可作为备用电源使用。

按照不同的方式,压缩空气储能系统有以下几种分类:

1) 根据热源的不同,压缩空气储能系统可以分为燃烧燃料压缩空气储能系统、带储热的压缩空气储能系统和无热源的压缩空气储能系统;

2) 根据是否同其他热力循环系统相耦合,压缩空气储能系统可以分为传统压缩空气储能系统、压缩空气储能-燃气轮机耦合系统、压缩空气储能-燃气蒸汽联合循环耦合系统、压缩空气储能-内燃机耦合系统、压缩空气储能-制冷循环耦合系统、压缩空气储能-可再生能源耦合系统；

3）根据储能的规模大小，压缩空气储能系统可分为大型压缩空气储能系统（通常单台机组规模为 100 MW 级）、小型压缩空气储能系统（通常单台机组规模为 10 MW 级）和微型压缩空气储能系统（通常单台机组规模为 10 kW 级）等。

4）根据系统方式不同，可分为补燃式压缩空气储能系统、绝热压缩空气储能系统、等温压缩空气储能系统、水压缩空气储能系统等。

压缩空气储能系统的主要优点为：

1）储能容量大：压缩空气储能系统的储能容量仅次于抽水蓄能系统，非常适合用于如发电厂的削峰填谷等大容量的储能场景。

2）技术成熟：压缩空气储能系统在国外很早就已有实际运用了，技术较为成熟，压气机、燃气透平等都可采用成熟的商品。

3）使用寿命长：压缩空气储能系统压气蓄能和放气发电的热力循环次数可以很多，其使用寿命可达 10～40 年。

4）安全性较好：储气库通常深埋于地下，相对地上来说比较稳定，同时储气库会设置多道安全措施，因此安全系数较高。

压缩空气储能系统的主要缺点为：

1）效率较低：在传统的非绝热压缩空气储能系统中，空气在压缩时所释放的热能并没有被储存起来，这使得压缩空气在进入透平前还需要再次被加热，导致其全过程的效率较低。

2）地理位置受到限制：因为压缩空气储能系统需要很大的地下储气室，对地下储存结构层也有所要求，所以应用地点受到了限制。

目前，压缩空气储能主要处于工程示范阶段，全世界实际投入商业运行的 CAES 电厂仅有两个，新的压缩空气储能电站在设计过程中，仍然缺乏规范的设计标准，需要研究以下问题：

1）研究 CAES 系统中压缩机、储气库和膨胀机经历的变压比绝热压缩或绝热膨胀、储热与放热换热过程的运行特性；

2）根据电网削峰填谷、一次调频等负荷频率控制需求，优化设计储能目标和储能发电速率；

3）在确定的储能目标和储能发电速率下，如何基于压缩机、膨胀机、储热器及换热器成熟制造技术和设备运行特性，优化设计或选择设备技术参数；

4）在选定的设备技术参数下，如何根据电网调峰和一次调频控制要求优化系统运行控制方式，使系统运行经济最大化。

5.1 补燃式压缩空气储能

5.1.1 补燃式压缩空气原理

补燃式压缩空气储能技术始于 20 世纪 70 年代，属于压缩空气储能的第一代技术，它是以燃气发电为基础展开的，系统设计如图 5.1 所示。该系统由储气室、电动机/发电机、压缩机、膨胀机(燃气轮机)、燃烧器和中间换热器等组成,从发电机传出的电能还需要经过功率变换器及变电所/站的转换传输至电网。该系统的主要特征是释能过程中高压空气先在燃烧器内与天然气等燃料参混燃烧,大幅提升温度后进入膨胀机做功。在压缩空气储能技术发展初期,基于燃气轮机工作原理,在透平机入口设置补燃室,利用燃料加热空气增加透平机做功量,该系统可靠且稳定性强,是一种较为成熟的压气储能技术。

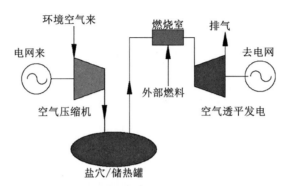

图 5.1　补燃式压缩空气储能系统示意图

在纯燃气轮机的电站,大约三分之二的燃烧释放能量消耗在压缩机上,一台功率为 300 MW 的燃气轮机组,其中近 200 MW 功率消耗于压缩机上,而输向电网的净功率仅约为 100 MW。而对于空气压缩储能电站,燃气轮机(燃烧器和膨胀机组)运行和空气压缩过程是分离的,燃气轮机运行时不需要对空气进行压缩。空气的压缩是在电网处于用电低谷、电价比较便宜的电网运行时间段中完成,这为电网吸纳了多余电量,燃气轮机(燃烧器和膨胀机组)发出的电除去少量的损耗,剩下的均可送往电网。

补燃压缩空气储能系统通常由如下装备组成:

储气室:由于压缩空气储能系统运行所需的空气量很大,系统中必须要有足够的储气空间,常用储存结构有如下三种:地下盐岩矿内的岩洞、现存矿洞或废弃矿井和地下含水的岩石层。

电动机/发电机:压缩空气储能系统中的电动机蓄能时使用富余的电能驱动压气机压缩空气;释能时其作用为发电机,由燃气轮机驱动发电,发电原理与传统燃气轮机无异。

燃气轮机:压缩空气储能系统工作时需要用压气机从外界大气中吸入空气并把空气压缩,然后将压缩后的高压空气送入燃烧室与喷入的燃料混合燃烧产生高温高压的燃气,燃气进入燃气透平中膨胀做功发电。

5.1.2　补燃式压缩空气的应用

(1) 德国 Huntorf 压缩空气储能商业电站

世界上第一座商业运行压缩储能电站是 1973 年由联邦德国 Nordwest Deutsche Kraftwerke 电力公司开始建设的德国 Huntorf 电站,该电站为第一代典型设计,于 1978 年投入商业运行,系统如图 5.2 所示。该电站包括两处地下储气洞穴,在电能储存时空气压缩机组消耗电能制备高压力的空气并注入两处地下储气洞穴中,洞穴容积为 310 000 m³,该容积相当于 10 层高的建筑物。在电能输出时,地下储气洞穴内高压力空气经过阀门稳压实现压力稳定,在燃烧器内与天然气实现参混燃烧与温度提升后直接进入膨胀机做功。尽管一个洞穴就可以满足总容量需求,但是采用两个洞穴有利于机组的稳定运行,两个洞穴可以一运一备,提高电站的可用率。洞穴基本位于深度约为 650 m 的地下盐穴空间,能保证洞穴内高压空气稳定的状态。两台膨胀机之前都设置了燃烧器,末级膨胀机的高温乏气直接通过烟囱排放。

电站设计运行压力为 4.8～6.6 MPa,最高储气压力为 10 MPa,压缩机功率为 60 MW,膨胀机的功率为 290 MW,经改造后,装机容量提高到 321 MW。电站的运行方式为:每天运行一个周期,充气储能时间为 8 h,放气发电时间为 2 h。Huntorf 电站是目前世界上容量最大的压缩空气储能电站。从 1979 年 1 月到 1991 年 12 月,该电站的机组启动并网共计 5 026次,其中失败 119 次,平均可靠率达 97.6%。迄今为止,机组已启动上万次,实际运行效率较低,仅为 42%,平均有效利用率达 86.3%,采用二级补燃加热,由于中间冷却的热量排放至大气环境,故该系统为绝热型。根据 Huntorf 空气压缩储能电站 20 多年的运行表明,Huntorf 压气蓄能电站在技术上是成熟可靠的(表 5.1)。

表 5.1　Huntorf 压气蓄能电站的基本设计参数

项目		数值
输出功率	涡轮功率	290 MW(<3 h)
	压缩功率	60 MW(<12 h)
气能效率	涡轮出力	417 kg/s
	压缩机出力	108 kg/s
	气体质量比	1/4
	气体洞穴数目	2
洞穴位置	深度	顶 650 m、底 800 m
	最大直径	60 m
	井距	220 m
洞穴压力	允许最小值	0.1 MPa
	实际最小值	4.3 MPa(常规);2.0 MPa(例外)
	允许最大值	7.0 MPa
	实际最大值	7.0 MPa
	最大减压值	1.5 MPa/h

"盐岩的力学性能稳定,具有损伤自我恢复功能,能够适应储存压力交替变化。"Huntorf 电站 1978 年投入运行,在成功运行超过 20 年后,2001 年检测了两个储气盐穴的形状,发现其与 1984 年形状并没有太大差别,盐穴体积收缩率为每年 0.15%,平均沉降速率为每年 3.24 mm,未发现气体泄漏,这充分表明盐穴储气技术应用于压缩空气储能的安全性、可靠性、稳定性。

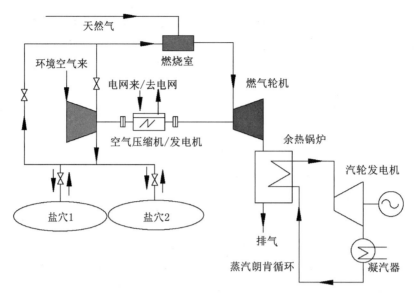

图 5.2　Huntorf 压缩空气储能电站系统示意图

（2）美国 Mclntosh 压缩空气储能商业化电站

美国亚拉巴马州西南部的 Mclntosh 电站是世界上第二座商用补燃式压缩空气储能电站，也是美国首台商业运行的压缩空气储能电站，位于亚拉巴马州的麦金托什，由亚拉巴马电力联合公司（AEC）承建，1988 年开始动工，1991 年投入运营。该电站总造价为 5090 万美元。当时，每千瓦造价为 463 美元，不到同时期抽水蓄能电站每千瓦造价的一半。

该储能电站在德国 Huntorf 电站的基础上增加了膨胀机排气余热再利用系统，通过在膨胀机排气烟道上布置换热器将膨胀机排气携带热量传递给储气洞穴释放的压缩空气气流，以节省天然气耗量，系统能效较 Huntorf 电站有了显著提高，实际运行效率可达 54%。Mclntosh 压缩空气储能电站的储气库是位于地下 450 m 的一个岩洞，容积为 560 000 m³，设计运行压力为 4.5～7.4 MPa，机组的压缩机功率为 50 MW，膨胀机的功率为 110 MW（计划安装 2 台 110 MW 机组）。机组可连续充气最高达 41 小时，连续输出 100 MW 的功率达 26 小时。机组从启动到满负荷约需 9 分钟。

（3）日本压缩空气储能电站

1990 年在日本政府的支持下，Hokkaido（北海道）电力公司会同电力发展公司、电力工业研究院开始研制日本第一台 35 MW 的压缩空气储能电站试验机组。因当地缺乏足够的水资源，该机组采用空冷系统。当地的地质结构没有地下岩盐层，最后地点选择为砂质泥岩地层，挖掘施工难度大大降低，总成本下降。

2001 年在北海道空知郡建成输出功率为 2 MW 的压缩空气储能示范工程，空气存储于储气洞穴的压力为 8 MPa，储气设备的内腔设置了 Air-Tight 薄膜以防止空气泄漏。

（4）ABB 公司补燃式压缩空气储能

ABB 公司计划在瑞士开发建设一座大容量联合循环电站，其蓄能发电功率为 442 MW，空气压力为 3.3 MPa，压气运行时间为 8 h，贮气于硬岩空洞，采用水封方式。电站燃烧室和燃气轮机都有高、低压两部分,另有同轴的高、中、低压 3 个蒸汽轮机。压缩空气和燃气经过高压燃气轮机后进入低压燃烧室和低压燃气轮机,排气后再用来加热蒸汽,蒸汽在高、中、低压汽轮机做功发电,从而最大限度地利用热能,电站建设费用低于抽水蓄能的平均值。

5.1.3　补燃式压气储能发展趋势

传统型的压缩空气储能技术是以燃气发电为基础展开的,以上述的德国 Huntorf 和美国的 McIntosh 电站为例,主要特征是电能输出时从洞穴中排出的高压空气先在燃烧器内与天然气实现掺混燃烧,温度提升后再进入膨胀机做功。这类压气储能技术系统的实际运行效率仅为 42% 和 54%,因此,为了提高运行效率和环保性能,补燃式压气储能技术需要解决以下几个方面的问题:

(1) 解决废气排放问题

补燃式电站运行依赖于大量的天然气等化石燃料的消耗,排放的气体存在环境污染性,致使全球气候变暖加剧,不符合我国能源结构转型策略与趋势。

(2) 发展储气空间的密封技术

补燃式压力储能电站依赖于天然岩石洞穴、废弃矿井等特殊地理条件,总容积大,但因洞穴结构复杂、气密性不良等导致有效容积大大减小。

(3) 提高能量转化应用效率

压缩过程中的压缩热被弃用导致大部分能量损失,相对于抽水蓄能等储能方式,系统循环效率较低。

综上,化石燃料资源的有限性及其燃烧存在的污染性决定了必须发展可替代清洁燃料或其他储能发电方式。就目前而言,补燃式压缩空气储能中可替代天然气的清洁燃料(如氢气),从制备到最终利用尚未形成规模和体系,投资成本的缩小及燃烧等关键技术仍有待进一步研究,同时系统效率也有待提高。

5.2　绝热、蓄热、等温压缩空气储能

5.2.1　绝热、蓄热、等温压气储能原理

从热量的转换过程看,第一代压缩空气技术中,空气压缩产生的热量通过冷却压缩空气被浪费到环境中,排放过程需要外部热源,预热膨胀机上游的压缩空气来防止膨胀机中的冷凝和结冰。这种技术也叫非绝热压缩空气储能 D-CAES(Diabatic Compressed Air Energy Storage system,简称 D-CAES 系统)。

(1) 绝热式压缩空气储能系统 A-CAES

绝热压气储能因摒弃了采用化石燃料等补燃的方式而称为非补燃式或绝热式压缩空气储能系统(Adiabatic Compressed Air Energy Storage system,简称 A-CAES 系统),其主要特征是增加了热回收利用系统,将传统储能方式转变为热压分储,回收利用压缩过程中的压缩热并存储于额外的 TES(thermal energy storage)装置中,使其在膨胀之前被利用,以避免

在释能阶段需要其他热源加热空气,这提高了系统运行的灵活性与经济性。该类系统由压缩机、膨胀机、中间换热器、冷热介质储存容器等组成,原理示意图如图 5.3 所示。

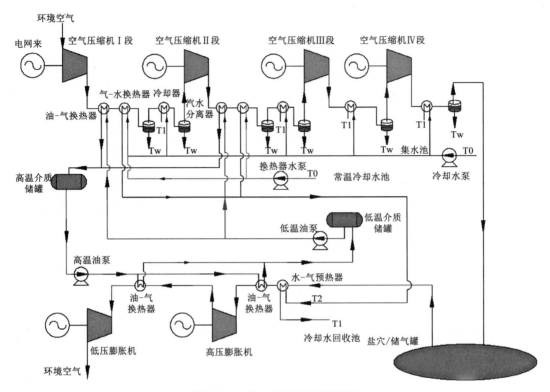

图 5.3　一种 A-CAES 系统流程图

(2) 先进绝热压缩空气储能系统 AA-CAES

先进绝热压缩空气储能(advanced adiabatic compressed air energy storage, AA-CAES)是一种通过回收再利用空气压缩热能,摒弃常规 CAES 技术燃料补燃环节的清洁储能技术。AA-CAES 具有效率高、成本低等特点,是目前 CAES 技术领域的主流趋势之一,其工作原理如图 5.4 所示。储能时,AA-CAES 利用弃风(光)、低谷电等驱动压缩机,经绝热

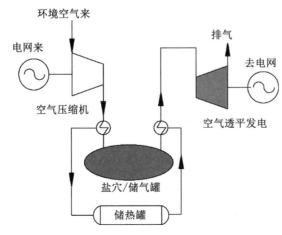

图 5.4　AA-CAES 原理示意图

压缩(压缩系统)回收压缩热,解耦存储空气压力势能(储气库)和压缩热能(蓄热系统);释能时,通过绝热膨胀(透平系统)利用压缩热能,实现空气压力势能和压缩热能的耦合释能发电。蓄热系统(换热器与储热罐)的存在使 AA-CAES 具备了良好的热电联供与联储能力,其既可配置于电能单能流应用场景,也可应用于热电多能流应用场景,具有更强的灵活性。

在理想情况下,压缩热量 100% 地加热膨胀机压缩空气,效率可达到 90% 以上;但实际应用中冷、热介质储存器存在散热损失,换热器存在传热温差,压缩机、膨胀机中存在泄漏和流动损失,同时膨胀机的排气温度可能高于压缩机吸入大气环境温度。通过优化选择热存储介质和优化设计运行参数,该方式的实际能效达到 60% 甚至 70% 以上。

(3) 蓄热式压缩空气储能系统 TS-CAES

蓄热式压缩空气储能系统(CAES with thermal storage,TS-CAES)与绝热式压缩空气储能系统的区别在于其采用了压缩机组级间冷却、膨胀机组级间加热的方式。

由于较理想化的高温绝热式压缩空气储能技术在具体实现方面还有较多问题,目前被广泛应用的储热介质最高工作温度仅为 350~400 ℃,因此压缩机出口温度被限制在 400 ℃ 以下,意味着获得较高的储气压力需要采用多级压缩机和中间冷却方式,这就使蓄热式压缩空气储能系统诞生了,如图 5.5 所示。

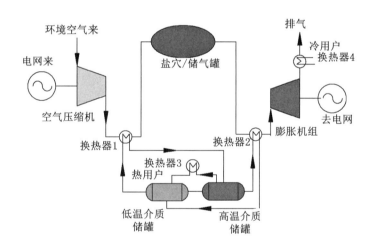

图 5.5 蓄热式压缩空气储能系统

蓄热式技术可回收再利用气体压缩过程所产生的压缩热,使得在压缩空气发电时不需再燃烧化石燃料。这种系统的理论系统效率能达到 70%~80%。储能时,空气被多级间冷压缩机压缩至高压状态,并储存在储气室中,同时,压缩热通过间冷器被来自冷罐的冷水吸收,吸收压缩热后的热水储存在热罐中;释能时,高压空气释放,被来自热罐中的热水加热后进入膨胀机膨胀做功发电,同时,被高压空气冷却后的循环水通过散热器散热至常温,并储存在冷罐中。相较于绝热压缩空气储能,蓄热式压缩空气储能系统的储热温度及储能密度较低,使得系统对蓄热罐和压缩机材料的要求降低,同时压缩侧功率减小,但因增加了多级换热/储热器,导致初期投资成本增加了。

由热力学分析可知,压缩机的功率随压比的减小而减小,蓄热式压缩空气储能系统采用多级压缩,各级分配的压比减小使总功率减小,理论上压此趋近等压缩比时压缩侧总功率最小。级间冷却方式及时将各级压缩机出口的压缩热回收存储,避免更多的热量耗散,如果能够在整个压缩过程进行换热使空气温度始终保持在某一较低值,那这样的过程即为等温压缩,等温压缩将使热量的耗散更低,压缩侧压缩机总功耗减小更多。

为解决压缩侧总功率减小从而不能获得更高的热能存储温度的问题,又有研究者提出了采用熔融盐蓄热的压缩空气储能系统,如图 5.6 所示。该系统储能时仍采用多级压缩方式,级间冷却换热的热量不回收利用,同时通过熔融盐电加热器直接将电能转化为高温熔融盐的热量,熔融盐最高储热温度可达 590 ℃,电加热器的效率一般要大于压缩机,因此,从电能到热能转换过程中的损耗较小。释能时通过熔融盐泵将热介质输送到膨胀侧换热器中加热空气,换热结束再将其存储到低温熔融盐存储罐中,换热器端差等仍可以将膨胀机进口空气的温度提高至 550 ℃左右,提高了系统做功能力。

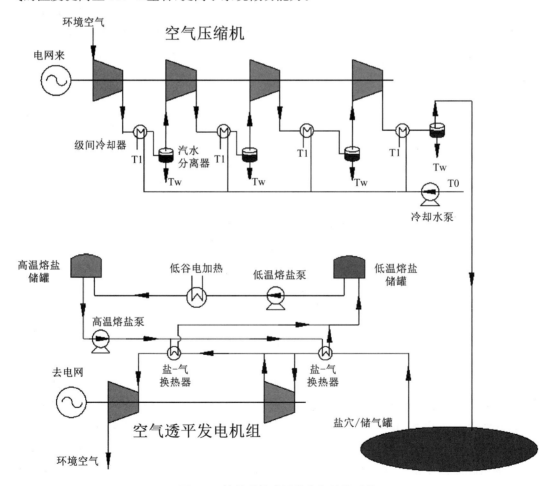

图 5.6　熔盐蓄热式压缩空气储能系统

熔融盐蓄热空气压缩储能系统实现了提高热量利用、降低压缩机功率、提高膨胀机进口温度等,但仍然存在以下问题:一是压缩过程中的压缩热未回收利用,采用 5 级等比压缩将空气从常压压缩至 10 MPa,则各级压缩机出口温度均能达到 120 ℃左右,仍然有很大一部分能量被浪费;二是末级排气直接排向大气环境,存在排气损失。

带外部热源的压缩空气储能系统主要是在蓄热系统上改进,利用外部热源提升储热介质温度,提高空气做功能力。单纯回收利用压缩热很难提高系统对外部负荷波动的抵抗能力,补燃式系统通过将天然气与来自储气罐的高压空气混合燃烧,引进了天然气的能量,非补燃式系统则可以引进太阳能热、电厂余热或工业企业的余热废热等。压缩空气储能本质上是将电能转换为热能和压力势能并进行存储,压力势能一般需要从消耗电能的机械设备转换而来,而热能的来源和转换途径则更为广泛,如可将太阳能直接转换为热能进行存储利用,提高压缩空气储能系统的能量综合利用效率。

图 5.7 为一种太阳能补热型压缩空气储能系统,考虑到太阳能的间歇性和不稳定性,系统采用聚光型太阳能集热器获得 550 ℃以上的高温,通过换热介质吸收热量并存储到蓄热罐,释能时再加热驱动膨胀机做功的空气,解决了太阳能直接发电对电网冲击大等问题。

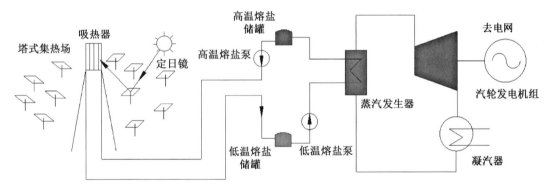

图 5.7　一种太阳能补热型压缩空气储能系统

(4) 等温压缩空气储能系统 I-CAES

等温压缩空气储能(isothermal CAES, I-CAES)技术是通过采取特定控温手段,使空气在压缩及膨胀过程中温度保持在一定范围内的储能技术。

1) 等温压缩原理

等温压缩一般采用活塞机构带动压缩过程,在压缩期间喷射水雾或直接采用液体活塞进行大面积换热,压缩热被冷却介质吸收后被存储,在膨胀过程用以重新加热空气。由于空气在压缩(膨胀)过程中涉及大量热量的产生(吸收)及传递,因而压缩空气储能技术的传热行为在很大程度上能够影响其性能。根据传热性能的好坏,可将压缩空气储能的热力循环分为等温循环、绝热循环以及多变循环。不同循环过程的压缩与膨胀轨迹如图 5.8 所示。等温压缩空气储能系统不依赖化石燃料、压缩耗功少、结构简单、运行参数低,由于一般采用水作为冷却介质,换热后的介质温度一般较低,尽管压缩侧趋近等温压缩而使得总功率达到最小,膨胀侧进口空气温度却不能被加热到较高温度,其装机功率一般较小,严格的等温的

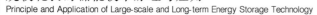
压缩过程和膨胀过程也难以实现,仅适用于小容量的储能场景。

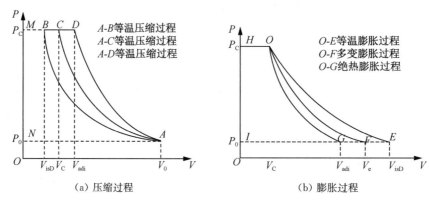

（a）压缩过程   （b）膨胀过程

图 5.8 压缩空气储能的热力过程

等温循环理论上不会产生能量损失,效率可达到 100%,越接近等温循环的多变循环,系统产生的能量损失越少,效率越高。但是,在实际热力循环过程中,由于传热系数、传热面积等因素的影响,不可能完全实现等温压缩与膨胀。提高系统的传热性能使压缩与膨胀过程尽可能接近等温过程是提高系统效率的关键。等温压缩空气储能的控温技术通过强化汽水间的换热,可以大大降低空气在运行过程中的温度变化,使等温压缩空气储能系统在运行过程中尽可能接近等温。截至目前,使用常规机械设备很难实现气体的等温压缩和膨胀,大多 I-CAES 概念都是基于下述四种控温技术,通过相对较慢的压缩或膨胀过程,为热交换留出足够的时间。

2）等温压缩技术

① 液体活塞技术

液体活塞（liquid piston，LP）技术是通过将液体泵入含有一定数量气体的密闭压力容器中以压缩气体的技术,只要液体被泵入压力容器的速度对气液界面没有太大的影响,气相和液相就会因密度的不同而自然分离,从而达到压缩气体的目的。与传统固体活塞相比,LP 技术的主要优点是:可以避免气体泄漏;用黏性摩擦取代滑动密封摩擦,大大减少了由于摩擦导致的能量耗散;气体在压缩过程中产生的部分热量能够被液体吸收,且在膨胀过程中可以从液体中吸收热量,从而减小了压缩和膨胀过程中气体温度的变化,使压缩和膨胀过程更接近等温过程,保证更高的压缩及膨胀效率。

然而,在液体活塞中,气液直接接触会导致部分气体溶解于液体中,从而造成部分压力损失。除此之外,活塞内部气体压力变化较大,可能会导致系统运行不稳定。在压缩过程中,电动机驱动水泵将水逐渐送至压力容器,随着压力容器中水位的升高,空气逐渐被压缩,电能转化为压缩空气的势能进行存储。空气在压缩过程中产生的热量可以被水和外界吸收,大大减小了压缩过程中空气的温升,使压缩过程趋于等温压缩,减小了压缩功的消耗。在膨胀过程中,压力容器内的高压空气逐渐膨胀,推动压力容器内的水进入水轮机做功并带动发电机发电,将压缩空气的势能转化为电能。同时,空气在膨胀过程中可以吸收水和外界的热量以减缓温度降低的幅度,使膨胀过程接近等温膨胀。

② 液体喷雾技术

液体喷雾技术是将部分液体转换为小液滴后使其进入压力容器中与气体进行换热的技术,大量的小液滴可以大大提高气液的总换热表面积,从而达到减缓气体温度变化的目的,其原理如图 5.9所示。

在运行过程中,启动循环水泵将压力容器内的部分液体送入喷雾发生器中,液体在转化为小液滴后再次进入压力容器与气体进行换热。使用液体喷雾技术可以实现压缩效率的提高,选择合适的液滴直径与喷雾流量,使压缩过程的总耗功达到最小非常重要。

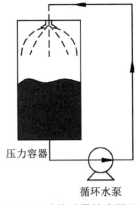

压力容器

循环水泵

图 5.9　液体喷雾技术原理

③ 水泡沫技术

水泡沫技术是通过在活塞底部产生泡沫(含水添加剂),之后泡沫上升到气液界面以增加气液间传热面积,从而达到强化气液间换热的技术。当压比为 2.5 时,使用水泡沫技术可使压缩过程空气温度降低 7~20 ℃,压缩效率提高 4%~8%。但经过几次循环后,残留泡沫的积累可能会改变系统内部的传热特性和流动动力学特性,并可能导致系统某些部分的腐蚀。

④ 多孔介质技术

多孔介质技术是通过将多孔介质插件插入气液中增大换热面积,以强化系统换热性能的技术。将多孔介质技术应用于液体活塞可以提高其压缩及膨胀效率。在压缩状态下,使用多孔介质插件能够使压缩效率提高 18%;在膨胀状态下,使用多孔介质插件能够使膨胀效率提高 7%。虽然使用多孔介质插件能在一定程度上减缓空气在压缩(膨胀)过程的温度变化,但使用多孔介质插件后,由于活塞体积的一部分被多孔介质占据,因此气相空间相对变小,储能能力相对降低。

5.2.2　绝热、蓄热、等温压气储能的应用

绝热压气储能属于补燃压气技术后的新一代技术,AA-CAES 技术通过压缩热回收再利用摒弃透平释能发电环节对燃料的依赖,是当前 CAES 技术研究与工程示范的主流趋势之一。

(1) 国外绝热压缩空气储能研究

2015 年,奥地利研发经济性更高的地下储气方案,构建移动式绝热压缩空气储能系统,启动了 RICAS2020 项目。瑞士 ALACAES 公司研发绝热式的储热技术,对比洞穴储气和隧道储气方案评估了绝热式压缩空气储能技术的经济潜力,2016 年在比亚斯卡建成了一座 1 MW/MWh 的 AA-CAES 示范系统。2017 年,加拿大 Hydrostor 公司和 NRStor 公司宣称联合研发大规模 AA-CAES 技术,在戈德里奇建设一座盐穴储气 1.75 MW/7 MWh 的 AA-CAES 试验系统。2019 年 2 月,澳大利亚可再生能源署已批准为澳大利亚第一个压缩空气储能示范项目并提供约 600 万美元的资金支持,南澳大利亚政府也将提供 300 万美元的资金支持。加拿大 Hydrostor 公司将位于南澳大利亚州阿德莱德东南部斯特拉特拜恩的一处

名为安加斯的废弃锌矿洞穴改造为地下储气洞穴,依托此洞穴建设容量为 5 MW/10 MWh 的压缩空气储能示范电站。该 5 MW/10 MWh 压缩空气储能示范电站建成后,将为南澳大利亚州电网提供削峰填谷及辅助调频等电力服务。

(2) 中科院低温低压空气压缩储能技术

1) 1.5 MW 级先进压缩空气储能研究

2012 年 10 月,在国家电网支持下,清华大学联合中科院理化所、中国电力科学研究院开展 AA-CAES 关键技术研究。中科院工程热物理研究所设立了储能研发中心,由陈海生研究员担任储能研发中心主任,承担了包括国家重点研发计划项目"10 MW 级先进压缩空气储能技术研发与示范"及北京市科技计划项目"大规模先进压缩空气储能系统研发与示范"等在内的多项压缩空气储能研究项目,已于 2013 年在河北廊坊建成 1.5 MW 级压缩空气储能示范项目,系统完成了 168 h 运行试验,各项指标均达到或超过课题考核指标要求,储能系统效率约为 52%。

2) 贵州毕节 10 MW AA-CAES 集成实验与验证平台

2016 年 10 月,中科院工程热物理研究所储能研发中心在贵州毕节建成了国际首台 10 MW AA-CAES 集成实验与验证平台,并在该平台上进行了整体系统的联合调试。该平台具有储能系统的部件研发、流程优化、性能测试与检验等功能,为大规模压缩空气储能系统的投产运行和商业化应用提供了必要的平台环境和技术支撑。2018 年 1 月,在毕节 10 MW AA-CAES 平台的基础上,中科院工程热物理研究所完成了国际首台 10 MW 级高温蓄热平台的调试,依托于该实验平台开展了功率最高可达 10 MW 的蓄热和换热的实验研究和性能检测。

3) 山东肥城 10 MW 压缩空气储能调峰电站

山东肥城压缩空气储能调峰电站项目,总投资约 16 亿元,总占地面积约 170 亩 (0.11333 km²),分两个阶段建设,其中第一阶段建设 10 MW 电站,占地 20 亩(0.01333 km²);第二阶段建设 300 MW 电站,占地 150 亩(0.1 km²)。该项目是国家科技部重点研发计划项目,已经列入全国《首台(套)重大技术装备推广应用指导目录》。肥城压缩空气储能调峰电站一期 10 MW 示范电站项目由中储国能(山东)电力能源有限公司投资建设,于 2019 年 11 月 23 日正式开工建设,2021 年 9 月 23 日正式实现并网发电,这标志着国际首个盐穴先进压缩空气储能电站已进入正式商业运行状态。系统效率可达 60.2%,团队代表性专利之一为"超临界压缩空气储能系统"。

4) 张北县的 100 MW/400 MWh 先进压缩空气储能项目

河北省张家口市张北县的 100 MW/400 MWh 先进压缩空气储能项目,投资 7.07 亿元,占地 85 亩(0.05667 km²),为国际首套百兆瓦先进压缩空气储能国家示范项目,技术提供方为中国科学院工程热物理研究所,由巨人能源旗下张北巨人能源有限公司投资建设。项目规模为 100 MW,系统设计效率为 70.4%,其中压缩机效率约 86%,膨胀机效率约 92%,其他效率损失以热量形式耗散,2022 年 9 月 30 日开始试运行。

该系统的主要工作原理是当需要储能时,电动机驱动多级压缩机将空气压缩至高压并储存至储气装置中,完成电能到空气压力能的转换,实现电能储存。在此过程中,各级压缩机的压缩热通过换热器回收并储存在蓄热介质中,回收热量后蓄热介质储存在热罐中。当释能时,压缩空气从储气装置中释放并通过节流阀将压力降至膨胀机进口压力,随后通入多级透平膨胀做功,完成空气压力能到电能的转换。在此过程中,来自热罐的蓄热介质通入各级膨胀机的级前换热器,加热各级膨胀机进口空气,释放完热量的蓄热介质储存到冷罐中。

空气压缩机分 8 级压缩,每级压缩后空气温度约为 150 ℃,然后冷却到常温,进入下一级压缩机入口,最终压力为 10 MPa。膨胀机分为 4 段膨胀,段间进行再热,即将每段膨胀降温后的空气再加热到 150 ℃,进入下一级膨胀,最终膨胀机出口压力为常压、温度为 −5 ℃。同时利用冷却水将压缩机的级间冷却热量储存在带压水罐中,并用于膨胀机级间的空气再热。

(3)清华大学高温高压空气压缩储能技术

1)清华大学压缩空气储能研究

清华大学电机系压缩空气储能团队由梅生伟教授担任负责人,团队参与了安徽芜湖高新区的"500 kW 压缩空气储能系统示范项目"课题,项目所需的 3000 万资金由国家电网投资,项目于 2014 年 11 月首次发电成功,在国内率先实现储能发电,500kW 非补燃压缩空气储能动态模拟系统 TICC-500 采用双罐式换热流体的蓄热方式,蓄热换热介质则使用加压水。蓄热系统采用梯度蓄热技术,将不同温度的水分级储存在常温水罐、中温水罐和高温水罐中。系统最大发电功率达到了 420 kW,单次循环发电量为 360 kWh,储能初期实验效率为 33%,优化改进后电换电效率达 41%。

若考虑使用带有压缩热的蓄热介质作为外部供热热源(80 ℃),膨胀机的低温排气作为外部供冷冷源(3 ℃),其冷热电的综合利用效率将达到 72%。清华大学电机系储能团队的代表性专利之一为"一种 50 MW 绝热压缩空气储能方法"。2016 年 8 月,清华大学在青海大学智慧微能源网示范园区投运 100kW 光热复合 CAES 试验系统 STHC-100,并完成冷热电三联供试验。

2)江苏金坛盐穴压缩空气储能

我国盐穴资源丰富,主要分布在山东、河南、河北等地。据不完全统计,我国有上亿立方米的盐穴空间,且绝大多数处于闲置状态,这些盐穴承压能力好,密封性能优越,是可作为高压气体储存的极好空间场所。

2017 年 5 月,国家能源局批复立项我国首个 AA-CAES 国家示范电站——江苏金坛盐穴压缩空气储能发电系统国家示范项目。由中盐集团、中国华能和清华大学三方共同建设,一期储能、发电装机均为 60 MW,远期建设规模达到 1 000 MW,储能系统设计效率为 61.2%。2018 年 3 月,国家能源局《2018 年能源工作指导意见》指出,积极推进江苏金坛压缩空气储能项目。2021 年 9 月 30 日一期工程建成发电,是世界首个非补燃压缩空气储能电站,是新型储能技术商业化应用的重要标志。2022 年 5 月 26 日,江苏金坛盐穴压缩空气储能国家试验示范项目正式投入商业运营。

该系统将空气从大气环境下的 1 个大气压,压缩至 140 个大气压,并送到距离储能电站约 1 km 的"茅八井"地下盐穴,盐穴体积约 22 万 m³,井口距地表约 1 000 m,梨形腔体最大直径约80 m,储气工作压力12~14 MPa。盐穴壁光滑,整体形态比较稳定,气密封测试完全能够满足空气储能的要求,最高可承受200个标准大气压,容积相当于105个标准泳池,密闭性好,稳定性高。该系统压缩储能8小时,满负荷发电5小时,压缩储能技术压比较大,级间温度较高,约360 ℃左右,采用3段压缩、2段膨胀,进行压缩机级间冷却和膨胀机级间再热。空气压缩机级间冷却采用导热油、冷却水分级梯级冷却。设置两个高、低温导热油罐,将空气从360 ℃冷却到90 ℃,并进行热量储存。冷却水再将空气从60 ℃冷却到40 ℃。从2022年7月~9月初,储能电站累计完成储能发电周期40次,其中在电网高负荷实现连续运行23个储能循环,累计提供调峰电量1 800万 kWh,运行效率约58.2%。

(4) 等温压缩空气储能的应用

美国SustainX公司完成全球首个兆瓦级等温压缩空气储能系统(ICAES)并开始启用。SustainX公司研究ICAES系统多年并拥有多项专利。1.5 MW的ICAES系统位于在新罕布什尔州的SustainX公司总部。该系统基于喷射水泡沫和液体活塞技术利用电网中的电能驱动压缩空气的发动机并以等温或者几近恒温的温度储存被压缩的空气。在压缩过程中产生的热能被水吸收存储,并在管道中储存有一定温度的气水混合物。当电网有电力需求时,将上述过程反过来,气体膨胀驱动发电机,循环效率可达70%。

图5.10为其工作原理图,电机驱动压气机压缩来自大气环境中的空气,25 bar的压缩空气被储存在储气罐中,通过控制喷水量吸热使温度保持不变,储气罐中的水由水箱回收利用。

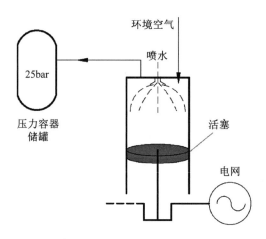

图5.10 往复式压缩机等温压缩示意图

美国Light Sail Energy公司拥有诸多与液滴喷雾冷却技术相关的专利,并利用该项技术将压缩过程中产生的热量收集起来,使系统循环效率达到70%。另外世界上还有多国在该技术领域有所研究,研究内容及技术特点见表5.2。

表 5.2　现有等温压缩空气储能研究及技术特点

项目	时间	国家	循环效率(%)	技术特点
FLASC	2015	马耳他、荷兰	75	该项目建于水下,采用液体活塞技术,且可以与海上风电项目相结合
GLIDES	2015	美国	66~82	采用液体活塞、液体喷雾以及热交换技术以实现等温压缩与膨胀
Gravity Energy Storage	2017	摩洛哥	—	采用液体活塞技术,并将压缩空气储能与重力储能相结合
REMORA	2018	法国	70	该项目在海洋环境中运行,采用液体活塞技术,且可以通过与海水及时换热维持温度恒定
液控 CAES	2019	中国	70~85	采用液体活塞技术与多孔介质技术强化换热
Air-Battery	2020	以色列	81	采用液体活塞、热交换等技术,可建于地下且容量配置灵活

(5)其他空气压缩储能应用

1)平顶山晟光压缩空气储能

2021 年 6 月 30 日,平顶山晟光储能有限公司和中国机械设备工程股份有限公司(简称中设集团)在北京正式签约,将在叶县建设国际首套利用盐穴储气的百兆瓦级先进压缩空气储能电站。该项目所用的技术及装备,均来自中科院工程热物理所的科研和产业化成果。团队最新研发的百兆瓦先进压缩空气储能技术已达到国际领先水平,建成商业化储能电站后,系统设计效率可达 70.4%,比国外同等规模的压缩空气储能电站高出约 10%~20%。2022 年 6 月 14 日,河南平顶山市叶县 200 MW 盐穴先进压缩空气储能电站举行通井开工仪式,这标志着我国首座 200 MW 盐穴压缩空气储能工程进入重要实施阶段。总投资约 15 亿元,项目建成后年发电量约为 5.28 亿 kWh,年产值约 5 亿元,年创税约 7 000 万元,这也是河南省首座百兆瓦级压缩空气储能项目。目前,标志项目已进入实施阶段,计划于 2023 年底建成。

2)湖北应城 300 兆瓦级压缩空气储能电站示范工程

2022 年 7 月 26 日,中国能建投资的世界首台(套)300 兆瓦级非补燃压缩空气储能示范工程,在湖北省应城市举行开工仪式。该工程建成后将在非补燃压缩空气储能领域实现单机功率世界第一,储能规模世界第一,转换效率世界第一。工程总投资 18 亿元,规划建设两台 300 MW/1500 MWh 压缩空气发电机组,一期工程建设周期为 18 个月,建成后预计年发电量可达 5 亿 kWh。该示范工程利用云应地区废弃盐穴作为储气库,采用声呐、综合物探、室内试验、数值模拟等综合手段获取盐穴三维形态和安全运行压力,并进行老井气密封堵、注采井钻井、完井及注气排卤工程,实现盐穴安全可靠储气功能,形成了自主可控、兼顾效率和投资的新型大规模压缩空气储能"能建方案"。其核心技术指标能源转换效率达 70% 以上。

3)国家电网液态压缩空气储能

国家电网的全球能源互联网研究院储能团队致力于液态压缩空气储能技术的研发,储

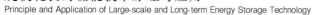
能团队在压缩空气储能领域已取得多项发明专利授权,代表性专利之一为"一种储罐增压型的深冷液态空气储能系统"。另据报道,全球能源互联网研究院压缩空气储能团队在江苏吴江区同里镇开展 500 kWh 的液态压缩空气储能示范工程建设,可为园区提供 500 kWh 电力,夏季供冷量约 2.9 GJ/天,冬季供暖量约 4.4 GJ/天。液态空气储能示范项目包括压缩液化单元、蓄冷及蓄热单元、膨胀机组发电单元。

5.2.3 绝热、蓄热压气储能的发展趋势

随着能源结构清洁化转型及能源网络互联建设进程的深入,全球能源行业对大规模清洁物理储能有着切实和紧迫的需求。AA-CAES 是继抽水蓄能之后最具吸引力的清洁物理储能技术,后期应用研究的重点集中在以下几个方向:

(1) 在 AA-CAES 能效提升方面

研究压缩机、膨胀机、换热器、储气库等组件宽工况运行特性对系统电-电转换效率及能量综合效率及辅助服务能力的影响机制。

(2) 在储能单电能应用方面

研究综合考虑宽工况辅助服务特性的运行技术,解决最优定址与定容问题;研究 AA-CAES 宽工况及辅助服务特性的经济调度问题;研究面向不同市场机制的 AA-CAES 电站电量与备用联合市场竞标策略,提升市场竞争力。

(3) 在热电多能流应用方面

研究设计 AA-CAES 多能流产品定价方案,热电多能流交易市场机理,开展面向热电多能流交易的 AA-CAES 综合能量最优竞报价策略研究,最大化多能流交易收益。

总体来看,先进绝热压缩空气储能是一种清洁储能技术,具有效率高、成本低等特点,并能利用风电光电。随着我国新能源的快速发展,这种储能方式具有广阔的应用空间。

蓄热式压缩空气储能技术提升了系统性能,但也受限于蓄热介质的类型和许用温度;等温压缩空气储能技术着重于减少压缩侧功率,采用资源丰富且成本低的水作为冷却介质,但也意味着膨胀侧进口空气温度不能被加热到较高温度,输出功率减小,最终整体系统功率未必得到提高。蓄热压气储能由于采用热压分储方式,通过引进外部热源对蓄热介质进行加热,提高膨胀机进口空气温度,使系统效率得到提升。而在空气的存储方面,可开发超临界压缩空气储能技术等,以液态或超临界状态存储空气,在一些不具备天然洞穴条件的地区如大型风场和太阳能发电场等建站时,可减少储气罐建造的投资成本。

随着国内外学者的不断研究与创新,压缩空气储能必将朝着低成本、高性能的方向发展。随着我国双碳目标和新型清洁能源的不断发展,压缩空气储能应用领域也由最初的参与电力系统调峰和调频,逐步渗透到可再生能源、分布式能源等方面。压缩空气储能不仅作为电力存储仓库,还充当着电力系统稳压器的角色。由于技术研发门槛较高且起步较晚,已实现应用的压缩空气储能系统规模仍然偏小,大规模化仍然是压缩空气储能的发展趋势。

5.3 水下压缩空气储能

5.3.1 水下压缩空气储能原理和系统

水下压缩空气储能(underwater compressed air energy storage，UW-CAES)是一种具有巨大应用潜力的大规模储能技术，它利用深处海水静压，可以将电能转化的压缩空气机械能储存在水下储气包中。水下压缩空气储能发电示意图如图 5.11。与传统压缩空气储能相比，水下压缩空气储存不受储存空间的地理条件限制，如岩洞、矿洞等，并且无须耐高压的金属罐体来储存高压空气，因而储气装置的成本将会大幅降低。水下压缩空气储能与海上风电在地理上具有天然契合优势，且具有安全性较高、储能规模灵活等特点。与其他压缩空气储能技术相比，水下压缩空气储能技术的特点在于储气容器置于水下，如图 5.12。

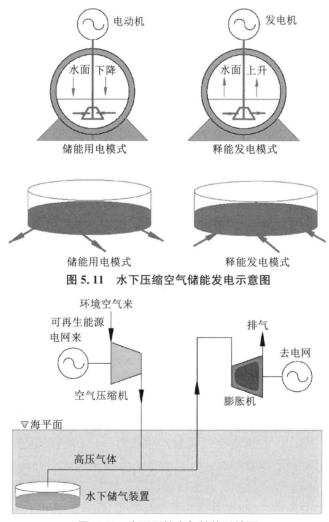

图 5.11 水下压缩空气储能发电示意图

图 5.12 水下压缩空气储能系统图

总的来说,水下储气容器可以分为两大类:刚性容器和柔性容器。刚性容器有固定的外形和容积,压缩空气与水是直接接触的,水可以自由进出储气室,储气室内气体压力恒定,始终保持当前深度的静水压力;柔性储气包(energybag)没有固定的外形,储气包外部形态会随着水深、储气量、水流等因素而变化。柔性储气包又可细分为两种:开式和闭式储气包,开式储气包与刚性容器相似,允许高压水进入储气包,而闭式储气包中压缩空气和水不会直接接触。

UW-CAES 系统的主要部件有:压缩机、膨胀机、换热器、储气装置、电机,以及辅助部件泵和管路等,各部件均遵循质量守恒和能量守恒关系。

5.3.2 水下压缩空气储能关键技术

在水下压缩空气储能领域,柔性容器储气的研究更为成熟,可行性也更高。针对水下压缩空气储能涉及的一些独有的技术特点,总结出以下关键技术点。

(1) 储气包设计与优化

水下储气包是水下压缩空气储能系统的特点和核心关键部件。首先,储气包必须具有足够高的强度、水密性、气密性、耐腐蚀性,并能够长期适应恶劣的水下环境,海洋生物的附着是一个较为严重的问题,同样水下压缩空气储能装置对海洋环境也会产生影响。

储气包设计可以参考气动液压人工肌肉、水下提升气囊、载荷测试水囊以及航空气球的设计方式,并采用多层结构设计。储气包的尺寸有两种选择:大型和小型。规模化存储可以通过多个大型储气包实现,也可以通过大量的小型储气包实现。

大型储气包能够存储大量压缩空气,但是一旦失效,对系统影响很大,且大型储气包尺寸很大,跨越的水深也大,也就导致内部存储的压缩空气压力会有较大变化,若水深度很大则影响相对较小。小型储气包虽然储气量较小,但是一旦某一个储气包损坏失效,对系统的影响较小,且其尺寸小,水深跨度小,在浅水区性能更优。

从恒压特性上看,大型储气包更适合于深水储能,小型储气包更适合于浅水区储能。此外,大储气包与小储气包选择的系统成本还需要分析比较。开式储气包中压缩空气与水直接接触,高盐度和湿度的压缩空气对系统提出了比较高的要求,同时储气包的成本会降低。闭式储气包能够将压缩空气与海水隔离开,对系统耐腐蚀性和密闭性要求比较低,如若需要长期保持闭式储气包的密封性,则其成本必然会增加很多。也可以将储气包融合设计为开式和闭式组合式储气包,使闭式储气包即使密封失效也能像开式储气包一样工作,如图5.13。

(2) 压载、布置与回收技术

水下压缩空气储能最大的难点就是储气包的有效压载,储气包产生的浮力与储气容积是成正比的,如水下 $100 m^3$ 的压缩空气能够产生接近 $100 t$ 的浮力,如果仅仅采用重物压载,不仅成本高,而且不利于布置回收。可参考水下系泊系统的设计与实施方法,如鱼雷锚就具有成本低、安装便捷、竖向抗拔承载力大的优点。同时需要分析大水流等恶劣水文条件下柔性储气包的水动力学特性,研究其受力及流场特性,保证储气包的有效压载和恶劣水文条件下的适应性,见图5.14。

　　储气包的布置与回收技术可以借鉴水下提升气囊和打捞浮筒的布置与回收方式。若储气包布置深度较大,则必须借助于水下机器人进行布置与回收。在储气包设计过程中也要充分考虑其布置与回收的方便性。

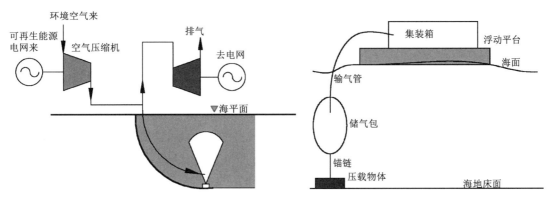

图 5.13　柔性储气包系统　　　　　　图 5.14　海下压载试验系统示意图

(3) 失效后果及处理

　　要实现规模化水下压缩空气储能,需要将诸多储气包进行串并联组合。当单个或少数储气包损坏失效时,必须保证系统其他储气包的有效工作。需考虑失效储气包对其他联系在一起的储气包的影响,失效事故发生时需要阻止高压海水随气动管路进入系统,造成系统的整体事故,另外还需要合理设置气路开关装置,当储气包突然失效时,储气包内气体大量溢出,随着上升过程中压力的降低,气体容积会急剧增加,会对水面上经过的船舶安全造成危害。

5.3.3　水下压缩空气储能应用和发展趋势

　　加州大学圣地亚哥分校的 Seymour 等早在 1997 年就提出了使用刚性容器进行水下压缩空气储能,刚性容器为气动管路,海水能够自由进出管路,在对压缩空气进行存储时,压缩空气将管路内的海水排走,在释放压缩空气时,海水流入管路保持压缩空气压力稳定。Seymour 还提出在美国卡尔斯巴德附近海域建造一处 230 MW 的水下压缩空气储能电站,将 16 km 长的气动管路安置于水下 650 m 深度,气动管路沿海底峡谷布置,既能够缩短离海岸的距离,又能够很好地避免强海底洋流的破坏。据估计,230 MW 的水下压缩空气储能系统能够减少圣地亚哥地区 40% 的电力需求变化。

　　Purtz 于 2010 年提出了带有热存储单元的水下等压绝热压缩空气储能系统,其所在团队同时也提出了系统存在的一些问题,即材料的耐腐蚀性、浮动平台的定位、管路的漂移以及潜在的环境问题。水下绝热管路及蓄热单元的绝热保温性能是需要解决的最大的技术难点。

　　佛罗伦萨大学 Fiaschi 等在其多种储能方式耦合的海上可再生能源平台研究中也提出了使用类似的水下压缩空气储能装置进行压缩空气的水下定压存储。预期项目落成后可为海岛地区提供足够的能量来源。风力发电机、太阳能电池板和波浪能回收装置分别将海上风能、太阳能、波浪能转化成压缩空气能量进行存储,压缩热通过岩床储热单元进行存储,经过储热单元后的压缩空气仍然具有较高的温度,用海水换热器对压缩空气进行冷却,以便能够存储更多的压缩空气。最终压缩空气在储气室内与海水直接接触,因为换热良好,可不设置海水换热器。此系统将压缩空气存储在位于水下 100 m 深度的刚性储气室中,100 m 也是大多数沿海地区大陆架所能达到的深度。分析结果表明,系统每年能够生产 1.77×10^5 kWh 电能。

北卡罗来纳大学 Lim 等提出了一种新的混凝土储气结构,混凝土储能结构完全能够安全地安置在海底,不需要额外的压载,Lim 还在水下压缩空气储能的基础上提出了水下电解储能系统的设想。

当前,水下压缩空气储能技术处于小规模试验探索到初步商业应用阶段。美国 Brayton Energy 公司于 2014 年在夏威夷和当地电网以及风力发电公司建立了一个 6.6 MW 的水下压缩空气储能示范系统,该系统加入了化石燃料辅助燃烧,并采用了模块化结构的储气装置。

加拿大 Hydrostor 公司于 2015 年建设了无燃料水下压缩空气储能技术示范项目,规模为 0.7 MW,采用柔性刚性相结合方式将压缩空气储存在安大略湖水下约 55 m 处。之后,Hydrostor 公司在加拿大 Goderich 建设了第一个商业应用规模的 UW-CAES 项目,规模为 2.2 MW/10 MWh,该项目于 2019 年投入使用并参与电网服务。

图 5.15 为德国海中蓄能(StEnSea)系统蓄能,将多个直径 30 m 的混凝土空心球固定在 $600 \sim 800$ m 深的海床上,每个空心球里都设置有一台水轮发电机和一台水泵。当电网用电负载低时,使用剩余电力,驱动水泵把海水抽出进行蓄能;当电网用电负载高,需要峰值发电时,空心球体的阀门就会打开,让流进的海水驱动水轮机发电。每个空心球使用 5 MW 的水轮发电机,可以最高连续发电 4 h,可以存储 20 MWh 的电力。目前已完成在博登湖中为期 4 周的直径 3 m 混凝土空心球探索性试验。

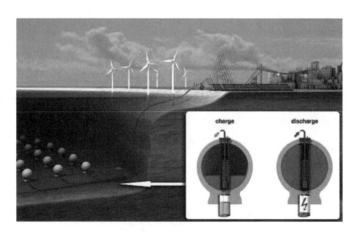

图 5.15 德国海下储能 StEnSea 储能系统

(图片来源:http://www.bw40.net/9736.html)

西安交通大学能源与动力工程学院王焕然教授团队研发提出抽水压缩空气储能技术构想,于 2016 年建立了一套 1 kW 的抽水压缩空气储能系统实验平台,于 2018 年在西安西电电工材料有限责任公司(中国西电集团有限公司)建立了一套 100 kW 的示范系统。该系统兼备了抽水蓄能(pumped hydroelectric storage,简称 PHS)和压缩空气储能(compressed air energy storage,简称 CAES)优点,同时又克服了两者的缺点,故命名为 PHCA。与传统的抽水蓄能系统相比,PHCA 系统对地理环境要求较低,且不需要建造大型水坝,对生态环境没有破坏;与传统的压缩空气储能相比,PHCA 系统利用效率较高的水泵替代传统压缩机进行储能,利用效率较高的水轮机替代传统气体透平进行释能。该系统结构简单,对环境无负面影响。系统的工作流程主要分为预置阶段、储能阶段和释能阶段三部分。

预置阶段:在系统开始工作之前,利用压缩机向水气共容舱内充入一定量的气体,使其内部的压力达到预置压力,即创造出水气界面的高压环境。之后,压缩机仅用来补充系统内部的漏气,不再参与系统的储能与释能。

储能阶段:利用水泵向水气共容舱内部充水。由于气体部分被压缩,温度会缓慢升高,所以调整喷淋阀门,使一部分水通过喷淋的方式进入其内部,加速水与气体部分的换热,调整水气共容舱内部的温度(类似等温压缩空气储能),以此来保持内部压力恒定。

释能阶段:将水气共容舱内部的水放出,水气共容舱内的水位不断降低,上部空气体积增大,空气压力下降。在压缩空气推动水向外做功的过程中,气体膨胀会引起气体温度和压力降低。为保证水轮机在稳定工况下发电,需要保持水气共容舱内在释能过程中压力恒定,可利用蒸汽锅炉向水气共容舱内补充水蒸气。一方面,高压蒸汽使气体温度增加,弥补气体压力的降低;另一方面,液化后的蒸汽会进入水中参与水轮机的做功。多次实验研究证明:抽水压缩空气储能系统的运行效率可以达到 65%,系统储能过程中水气共容腔体内可以实现近等温压缩,释能过程可以实现近等温膨胀,系统的运行效率显著提高。

蒸汽恒压型抽水压缩空气储能系统解决了储能与释能过程中气体压力逐渐降低带来的变工况问题。本系统运行过程中需要消耗热量或蒸汽,对于特定环境下的储能需求具有很大优势,例如产生大量废热或蒸汽的化工过程、传统热电联产机组的辅助系统、储电储热一体的大型分布式能源网络等。与发电过程中消耗燃料的传统压缩空气储能系统不同,PHCA 系统对能源进行梯级利用,运行过程中不额外消耗燃料。

参考文献

[1] 叶真. 世界首个非补燃压缩空气储能电站首次迎峰度夏[N]. 新华日报,2022-08-17(11).

[2] 张彪,李阳海,曹泉. 压缩空气储能系统建模、仿真和控制研究综述[J]. 湖北电力,2022,46(3):1-6.

[3] 韩越,李睿,孙世超,等. 压缩空气储能+的多能耦合技术研究进展[J]. 能源研究与利用,2022(3):25-29.

[4] 梅生伟,张通,张学林,等. 非补燃压缩空气储能研究及工程实践:以金坛国家示范项目为例[J]. 实验技术与管理,2022,39(5):1-8.

[5] 韩中合,孙烨,李鹏,等. 压缩空气/二氧化碳储能系统的运行方式研究[J]. 太阳能学报,2022,43(3):119-125.

［6］陈海生,李泓,马文涛,等. 2021 年中国储能技术研究进展[J]. 储能科学与技术,2022,11(3):1052-1076.

［7］黄恩和. 绝热式压缩空气储能系统热力性能及其优化设计[D]. 南京:东南大学,2021.

［8］何新兵. 先进压缩空气储能系统性能分析与优化研究[D]. 武汉:华中科技大学,2021.

［9］肖钢,梁嘉. 规模化储能技术综论[M]. 武汉:武汉大学出版社,2017.

［10］郭祚刚,马溪原,雷金勇,等. 压缩空气储能示范进展及商业应用场景综述[J]. 南方能源建设,2019,6(3):17-26.

［11］赵攀,王佩姿,许文盼,等. 两级填充床蓄热器式绝热压缩空气储能系统变工况特性研究[J]. 太阳能学报,2022,43(1):294-299.

［12］郭欢,徐玉杰,张新敬,等. 蓄热式压缩空气储能系统变工况特性[J]. 中国电机工程学报,2019,39(5):1366-1377.

［13］李季,黄恩和,范仁东,等. 压缩空气储能技术研究现状与展望[J]. 汽轮机技术,2021,63(2):86-89.

［14］宋卫东. 国外压缩空气蓄能发电概况[J]. 中国电力,1997,30(9):53-54.

［15］刘扬波,陈俊生,李全皎,等. 海上风电水下压缩空气储能系统运行及变工况分析[J]. 南方电网技术,2022,16(4):50-59.

［16］梅生伟,李瑞,陈来军,等. 先进绝热压缩空气储能技术研究进展及展望[J]. 中国电机工程学报,2018,38(10):2893-2907.

［17］王金舜. 水下大型储气装置流体动力学及模态分析[D]. 大连:大连海事大学,2020.

［18］周倩. 压缩空气储能中的蓄热技术及其经济性研究[D]. 北京:华北电力大学(北京),2020.

［19］王志文,熊伟,王海涛,等. 水下压缩空气储能研究进展[J]. 储能科学与技术,2015,4(6):585-598.

［20］魏书洲,李兵发,孙晨阳,等. 压缩空气储能技术及其耦合发电机组研究进展[J]. 华电技术,2021,43(7):9-16.

［21］姚尔人,席光,王焕然,等. 一种新型压缩空气与抽水复合储能系统的热力学分析[J]. 西安交通大学学报,2018,52(3):12-18.

［22］路唱,何青. 压缩空气储能技术最新研究进展[J]. 电力与能源,2018,39(6):861-866.

［23］李丞宸,李宇峰,张严,等. 一种新型蒸汽恒压抽水压缩空气储能系统及其热力学分析[J]. 西安交通大学学报,2021,55(6):84-91.

［24］何子伟,罗马吉,涂正凯. 等温压缩空气储能技术综述[J]. 热能动力工程,2018,33(2):1-6.

［25］韩月. 盐穴压气蓄能围岩短期破坏及长期疲劳变形研究[D]. 重庆:重庆大学,2021.

［26］何青,王珂. 等温压缩空气储能技术及其研究进展[J]. 热力发电,2022,51(8):11-19.

［27］唐晓军. 压缩空气储能技术现状[J]. 能源研究与利用,1995(3):25-27.

第6章

制氢及氢储能技术

氢能是未来能源的重要构成部分,具有低碳、易存储和大规模运输的优势。氢能的利用需要从制氢开始,由于氢气在自然界极少以单质形式存在,需要通过工业过程制取。氢气的来源分为工业副产氢、化石燃料制氢、电解水制氢等途径,差别在于原料的再生性、CO_2 排放、制氢成本。目前,超过95%的氢气来源于化石燃料重整制氢;大约4%～5%的氢气来源于电解水。氢生产过程根据碳排放强度分为灰氢(煤)、蓝氢(天然气)、绿氢(水电解制氢、可再生能源)。氢产业发展符合零或低碳排放的需求,因此,氢能是绿色能源产业未来的发展方向。

随着水电解制氢技术的进步,电解制氢装置的大功率运行有利于适应新能源的波动。新能源与氢能的结合将优化新型电力系统的稳定性和安全性,支持高比例可再生能源电力的发展。从长远来看,必须大规模储存氢能,以实现其对净零排放的巨大贡献潜力。随着可再生能源技术在中国的大规模应用,基于电解水制氢的储氢技术在电力行业中变得越来越重要。电解水制氢可结合分布式集中式光伏、风力发电,以减少可再生能源波动对电网的影响,促进可再生能源的消耗。

依据2022年3月23日国家发改委、国家能源局联合发布的《氢能产业发展中长期规划(2021—2035年)》(以下简称《规划》),文件确定了氢能在中国能源绿色低碳转型中的战略定位、总体要求和发展目标,氢能将作为未来国家能源体系的重要组成部分,是推动交通、工业等用能终端实现绿色低碳转型和高耗能、高排放行业绿色发展的重要载体,同时还是战略性新兴产业和未来产业重点发展方向。《规划》中的氢能应用前景要求在2025年前基本掌握氢能核心技术与制造工艺,加速加氢站的建造,可再生能源制氢量每年不低于20万t,CO_2 减排每年不低于200万t;到2030年,我们将建立相对完善的氢能产业技术创新体系、清洁能源制氢体系和供应体系,如期实现双碳的目标;2035年前,我们将确立氢能综合利用的原则,增加最终能源消耗中制氢的份额。目前,四川水电、新疆电力、内蒙古风电等国内能源行业都在积极投资可再生能源制氢,这将为清洁低碳的规模化生产奠定良好的产业基础。绿色氢技术是坚持走绿色低碳发展道路的必然选择。随着全球氢能产业链中重要核心技术的成熟和完善,燃料电池的交易量逐渐增加,成本不断降低,氢能输送管网、加氢站等国家氢能基础设施建设明显加快。绿色制氢技术以绿色低碳为指导,紧跟碳峰值和碳中和的主题,必将在未来氢能产业中占据重要份额。

氢能存储技术具有多种氢气利用方式和丰富的应用场景,可以将不同的能源和终端用户连接在一起,在未来能源互联网生态架构中,在电、热、燃料的转化中发挥关键作用。氢能在电力、交通、化工、冶金和建筑等领域广泛替代化石能源,助力高碳行业实现深度脱碳,成为实现"零碳"电力能源、打通"源、网、储及荷"的重要载体。可再生能源制取的氢能与已有能源体系能很好地连通、协调和流动,使"电-储-电"模式转化为"电-氢-利用"模式,从而促进和支撑可再生能源的规模化动态消纳。

氢能储存是一种通过电解水制氢将电能转化为氢能的储能方法,包括电解制氢和储氢。前者将水电解成氢气,实现电和氢的转换,是储氢的基础;后者中的氢作为储能介质,不仅可以通过燃料电池技术实现电-氢-电转换,还可以输送到交通运输、化工、冶金、建筑等终端能耗部门,转化为其他形式的能源应用。因此,氢气输送及利用技术也将在一定程度上影响基于电解水制氢的储氢技术的应用。储氢技术作为制氢与利用之间的重要桥梁,其重要性不容忽视。如表 6.1 所示,高压气态储氢技术、固态储氢技术及液态储氢是目前主要的储氢技术。

表 6.1 储氢技术对比

技术分类	储氢量(%)	优点	缺点
加压气态	1~3	成本低,充放气速度快,常温下可以进行	储氢量低,对容器要求高,运输成本高,安全性低
低温液化	>10	体积能量密度大,储存容器体积小	液化能耗高,存储及保养条件要求苛刻
有机液体	5~10	储氢量大,运输安全方便,可以循环使用	催化加氢和脱氢装置费用高,技术操作复杂
金属合金	1~8	较高的安全性和稳定性,操作性好	质量较大,易粉化,运输不方便

自 2021 年以来,中国有 22 个与储氢相关的项目在建或已竣工。已实施的氢能储存项目包括:山西省第一个氢能储存综合能源互补项目、浙江平湖"氢光储能充电"一体化新型智能能源站、张掖市光储氢热产业化示范项目、湖北省秭归县新型电力系统综合示范县配套项目、湖北省新电力系统综合示范县、西安西氢之都实验基地项目、广西上思县"风电和风储氢"1 GW 综合基地、中国国家电网宁波-慈溪氢电耦合直流微网示范项目和安徽六安 1 MW 分布式氢能综合利用站电网调峰示范工程等。

6.1 新能源消纳电解水制氢

6.1.1 电解水制氢原理

中国可再生能源发电装机容量逐年增加。然而,由于可再生能源发电的间歇性和区域分布不均,每年都会有大量的电力被弃。以 2021 年为例,全国弃风电量达 206.1 亿 kWh,弃光电量达 67.8 亿 kWh,造成巨大浪费。电解水装置可直接接入电网,利用可再生能源的废弃电力进行大规模制氢,避免能源浪费。绿色氢是由可再生能源中的水电解产生的,其生产方式基本为零碳排放,满足未来能源需求。目前,可再生能源发电以光伏制氢为主。近年来风力发电的快速发展为绿色制氢提供了新的思路。

(1) 光伏电解制氢

近年来,光伏发电制氢在世界范围内取得了快速发展。现阶段,光伏发电制氢主要利用太阳能光伏板与电解电池连接,分为间接连接和直接耦合两种系统。间接系统主要利用电池能量和相应的转换器来完成电压和电流的调节,从而达到电解槽的相关要求。间接系统能充分实现电解槽的性能,保证电解槽的安全运行,缺点是使用转换器和其他设备在一定程度上增加了系统成本。在制氢过程中,还将发生功率传输损耗,从而降低系统效率。耦合系统通常采用光伏阵列和电解电池之间的有效配合。其优点是系统相对简单,大大降低了故障概率,从而降低了相关的维护成本。应根据该地区的气候、日照等条件对光伏阵列进行合理设计,直接耦合可以进一步提高制氢效率。

(2) 风力发电制氢

风力发电制氢的原理是从海上或陆上风力发电产生的电力电解水制氢,然后将其输送至应用终端。该技术包括两种类型:并网型和离网型。并网型主要是将风力涡轮机直接连接到电网,并利用电网的电力将水电解成氢气,该模型主要用于大型海水或陆上风电场。大多数离网类型将用于分布式制氢技术,而不连接到电网。

(3) 特高压先输电再制氢

目前,1 000 km 特高压输电成本较低,在特高压输电进入配电网的地方,可以考虑电解水制氢。中国计划在华北、东北和西北地区建设数个千万千瓦级的新能源基地。当地消费能力有限,需要进行大规模开发。通过跨省输电网使用超高压交直流输电通道,可以实现新能源与火电的联合输电,可以促进"三北"地区更多地区的消费,大大降低成本。利用低成本电源生产氢气有利于大力发展氢能。

6.1.2 典型电解水制氢技术

电解水制氢技术的原理是直接利用电能使水分解出氢气,它是使用最早也是最典型的绿色制氢技术。基于电解液的种类,该技术主要可分为碱性电解水(AWE)制氢、质子交换膜(PEM)电解水制氢和固体氧化物(SOEC)电解水制氢。

碱性电解水制氢技术是最为成熟的技术,且开发成本也相对较低,现已在国内外实现工业规模化产氢,其主要代表性的产氢企业有中国考克利尔竞立、中船重工 718 所、法国McPhy、瑞士 IHT 等。其中考克利尔竞立已为多个重要项目(如 2022 北京冬奥会项目等)供应电解水制氢设备,还为某企业提供产氢量为 1 300 m³/h 的 AWE 制氢设备。质子交换膜(PEM)电解水制氢技术适应性强、发展较为成熟,已在国外初步实现商业化生产。西门子公司于 2018 年建设了全球首个兆瓦级别 PEM 电解水制氢工厂,主要利用风电来电解水制氢并成功实现盈利。固体氧化物(SOEC)是目前耗能最低、也是能量转化率最高的电解水制氢技术,但该方法受到电极材料稳定性差等限制,目前仍处于实验阶段,尚不具备商业化条件。表 6.2 总结了几种主要电解水制氢技术的特点。

表 6.2 典型制氢技术特点

	AWE 制氢	PEM 制氢	SOE 制氢	AEM 制氢
电解质隔膜	30%KOH 石棉膜	质子交换膜	固体氧化物	阴离子交换膜
电流密度 (A/cm²)	<0.8	1～4	0.2～0.4	1～2
效率 (kWh/Nm³)	4.5～5.5	4～5	—	—
工作温度(℃)	≤90	≤80	≥800	≤60
产氢纯度	≥99.8%	≥99.99%	—	≥99.99%
能源效率(%)	70～80	80～90	90 以上	70～80
制氢成本(元/kg)	27～62	36～85	—	27～62
优点	技术成熟;稳定性好;成本较低;非贵金属材料	设计简单、结构紧凑;电流密度高;产氢纯度高	能量转化率高;氢产量大;非贵金属材料	—
缺点	电流密度低;腐蚀性强;动力学效应低	使用寿命低;酸性环境;贵金属材料;膜成本高	结构复杂、设计难度高;稳定性较低;陶瓷材料易脆	—
技术水平	国内外均已实现大规模工业化生产。	国内处于实验阶段,国外初步实现商业化生产。	国内外均仍处于实验阶段	—
操作特征	需控制压差、产气需纯化	快速启动、仅水蒸气	启停不变,仅水蒸气	快速启停、仅水蒸气
可维护性	强碱腐蚀强	无腐蚀性介质	—	无腐蚀性介质
环保性	石棉膜有危害	无污染	—	无污染
技术成熟度	充分产业化	初步商业化	初期示范	实验室阶段
单机规模 (Nm³/h)	≤1 000	≤200	—	—

(1) 碱性电解槽(AWE)制氢

碱性电解槽制氢是一种比较成熟的电解制氢技术。碱性电解槽安全可靠,使用寿命长达 15 年,已在商业上广泛使用。先进的碱性电解槽特别适合大规模制氢,工作效率一般为 42%～78%。近几年来,碱性电解槽在以下两个方面取得了进展:一方面,改进后的电解槽提高了效率,降低了与电耗相关的运行成本;另一方面,工作电流密度增加,投资成本降低。

1) 碱性电解槽的工作原理

碱性电解槽由两个电极组成,两个电极由气密隔膜分开。电池装配时浸没在高浓度的碱性液体电解质 KOH(20%～30%)中,以使离子电导率最大化,NaOH 和 NaCl 溶液也可作电解液,但使用较少,电解液的主要缺点是具有腐蚀性。电解槽的工作温度为 65～100 ℃,

电解槽阴极产生氢气,生成的 OH⁻ 通过隔膜流向阳极,在阳极表面重新结合产生氧气。

就碱性电解槽电极材料而言,铂系金属是最理想的电解水电极金属。然而,为了降低设备和生产成本,通常使用制备简单、成本低、电化学性能好和耐腐蚀性好的镍合金电极。

目前先进的碱性电解槽极适合大规模的制氢,一些先进的碱性电解槽在单机规模为 $500 \sim 760 \ Nm^3/h$ 时具有非常高的产氢能力,相应的耗电量为 $2\,150 \sim 3\,534 \ kW$。实际上,为防止易燃气体混合物产生,氢气产率限制在额定范围的 $25\% \sim 100\%$,最大允许电流密度约为 $0.4 \ A/cm^2$,操作温度为 $5 \sim 100 \ ℃$,最大的电解压力接近 $2.5 \sim 3.0 \ MPa$。电解压力过高时,随着投资成本的增加,有害气体混合物的形成风险显著增加。在没有任何辅助净化装置的情况下,碱性电解槽电解产生的氢气纯度可达 99%。碱性电解槽电解的水必须是纯净的,为了保护电极和安全操作,电导率不能超过固定值。

在电解水中,纯水由于其电离度小、电导率低,是典型的弱电解质,因此需要添加上述电解质来提高溶液的电导率,以便水能够成功电解成氢和氧。

氢氧化钾是强电解质,溶于水后即发生如下电离过程:

$$KOH \rightleftharpoons K^+ + OH^-$$

通过以上反应,水溶液中就产生了大量的 K^+ 和 OH^-。

金属离子在水溶液中的活泼性不同,按活泼性大小顺序排列如下:

$$K > Na > Mg > Al > Mn > Zn > Fe > Ni > Sn > Pb > H > Cu > Hg > Ag > Au$$

在上述排列中,前面的金属比后面的金属更活跃。按照金属活性的顺序,金属越活跃,就越容易失去电子,反之,情况正好相反。直流电作用于氢氧化钾水溶液时,阴极和阳极分别发生放电反应。

电解液中的 H^+(水电离后产生的)受阴极的吸引而移向阴极,接受电子而析出氢气。电解液中的 OH 受阳极的吸引而移向阳极,最后放出电子而成为水和氧气,图 6.1 为水电解制氢原理图。

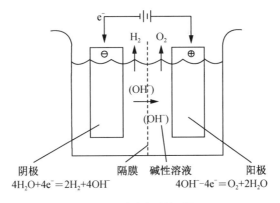

图 6.1　水电解制氢原理

阴阳极合起来的总反应式为:

$$2H_2O \longrightarrow 2H_2 \uparrow + O_2 \uparrow$$

因此，在以 KOH 为电解质的电解过程中，实际上是水被电解，产生氢气和氧气，而 KOH 只起运载电荷的作用。

多数的电解质在电解时易分解，不宜在电解水时采用。硫酸在阳极生成过硫酸和臭氧，腐蚀性很强，不宜采用。而强碱能满足电解水的要求，所以工业上一般都以 KOH 或 NaOH 水溶液作为电解液。KOH 的导电性能比 NaOH 好，但价格较贵，在较高温度时，对电解池的腐蚀作用亦较 NaOH 强。过去我国常采用 NaOH 作为电解质，但是，鉴于目前电解槽的材料已经能抗 KOH 的腐蚀，所以，为节约电能，已经普遍趋向采用 KOH 溶液作为电解液。

在电解水时，加在电解池上的直流电压必须大于水的理论分解电压，以便能克服电解池中的各种电阻电压降和电极极化电动势。电极极化电动势是阴极氢析出时的超电位与阳极氧析出时的超电位之和。电解池中的总电阻包括电解液的电阻、隔膜电阻、电极电阻和接触电阻等。

此外，在电解水的过程中，电解液将含有不断分离的氢和氧气泡，这将增加电解液的电阻。实际上，电解液中的气泡是不可避免的，因此电解液的电阻远大于没有气泡的电解液。当空气含量达到 35% 时，电解液的电阻是无气泡电解液电阻的两倍。氢和氧在电解液中的溶解度使它们通过隔膜再生水，从而降低电流效率。提高工作温度也可以降低电解液的电阻，但这样电解液对电解槽的腐蚀也会加剧。如果温度高于 90 ℃，电解液会严重损坏石棉隔膜，在石棉隔膜上形成可溶性硅酸盐。为了降低电解液的电阻，我们还可以降低电解槽的电流密度，加快电解液循环，并适当缩短电极之间的距离。

2）碱性电解水耗电量

工业上常用的电荷量单位是安培·小时，它与法拉第常数 F 的关系是：$1F = 96\,500/3\,600 = 26.8(A \cdot h)$。

从法拉第定律可知，26.8 A·h 电荷量能产生 0.5 mol 的氢气，在标准状态下，0.5 mol 氢气占有的体积是 11.2 L，则 1 A·h 电荷量在一个电解小室的产气量为：

$$V_{H_2}^0 = \frac{11.2}{26.8} = 0.418 \text{ L/(A} \cdot \text{h)} = 0.000\,418 \text{ m}^3$$

可以根据上式结果计算出氧气的产气量，它正好是氢气产气量的 1/2。

电能消耗 W 与电压 U 和电荷量 Q 成正比，即 $W = QU$

根据法拉第定律，在标准状况下，每产生 1 m³ 的氢气的理论电荷量 Q 为：

$$Q_0 = \frac{26.8 \times 1\,000}{11.2} = 2\,393$$

$$W_0 = Q_0 U_0 = 2\,393 \times 1.23 = 2\,943 \text{ W} \cdot \text{h}$$

式中：U_0 为水的理论分解电压，$U_0 = 1.23$ V。

在电解槽的实际运行中，其工作电压为理论分解电压的 1.5～2 倍，而且电流效率也达不到 100%，所以造成的实际电能消耗要远大于理论值。目前通过电解水装置制得 1 m³ 氢气的实际电能消耗为 4.5～5.5 kWh。工业上电解水的电压一般是 1.65～2.2 V，电流为 1 000 A/m²～2 000 A/m²

3）碱性电解耗水量

电解用水的理论用量可用水的电化学反应方程计算：

$$2H_2O == 2H_2\uparrow + O_2\uparrow$$

$$2\times18 \text{ g} \quad 2\times22.4 \text{ L}$$

$$x \quad\quad\quad 1\,000 \text{ L}$$

式中：x 为标准状况下，生产 1 m³ 氢气时的理论耗水量，单位为 g；22.4 L 为 1 mol 氢气在标准状况下的体积。

$$x/18 = 1\,000/22.4$$

$$x = 804 \text{ g}$$

在实际工作过程中，由于氢气和氧气都要携带走一定的水分，所以实际耗水量稍高于理论耗水量。目前生产 1 m³ 氢气的实际耗水量约为 845～880 g。

4）碱性电解水电解槽

如图 6.2 所示，单极电解槽中的电极是平行的，双极电解槽的电极是串联的。目前，该行业主要使用双极电解槽。为了提高电解槽的转换效率，可以开发新的电极材料、隔膜材料或电解槽结构，以降低电解槽的电压并增加电解槽的电流。

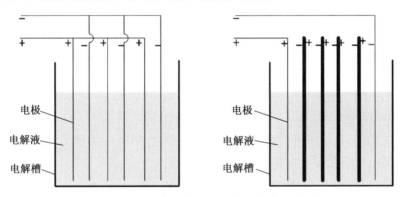

图 6.2 电解槽示意图(左：单极式；右：双极式)

电解槽作为一种电气转换设备，是可再生能源电解水制氢技术的关键装备，当其用于平抑可再生能源波动时，需对可再生能源的不稳定功率输出具有很强的适应性。图 6.3 为电解槽实体图片。

① 起停特性

电解槽开始起动时，由于它的温度不高，达不到产生氢气的温度条件，此时消耗的功率都用来产生热量以提升电解槽的温度；当电解槽的功率不断提升至可以产生氢气，此时的功率为电解槽的保温功率。所以碱性电解槽第一次起动时需要耗时较长，同时电解槽停机时，可以将功率瞬时降至零，作为一种可中断负荷。

② 保温特性

当电解槽阵列退出运行时，电解槽利用温控装置可以在一定的时间内保持温度不发生变化，热备用可保证设备立刻投入使用的能力。

图 6.3　电解槽实体图片

③ 调节特性

电解槽从高温、大功率点往低温、小功率点可实现功率大范围毫秒级时间的快速调节，从低温、小功率点往高温、大功率点调节则需经过分钟级的时间。

④ 氢气安全运行功率

在电解槽处于低功率运行时，由于电解槽内部材料的特性，电解槽的运行功率不能低于某一限值，否则会存在氢、氧互串超过爆炸极限的风险，其限值一般为电解槽额定功率的20%～25%。

⑤ 调节范围（过载特性）

电解槽在工作时，其功率可以短时超过额定功率，达到额定功率的110%～130%，利用此特性可以降低电解槽的配置容量。

(2) 质子交换膜(PEM)电解水制氢

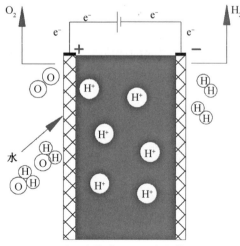

图 6.4　质子交换膜(PEM)电解槽原理示意

20 世纪 60 年代，美国 GE 公司开发了一种基于质子传导概念的水电解槽，该电解槽使用聚合物膜作为电解质。1978 年，通用电气公司将 PEM 电解槽商业化。目前，该公司生产的 PEM 电解槽较少，主要是因为其产氢量有限，寿命短，投资成本高。PEM 电解槽采用双极结构，电池之间的电气连接通过双极板进行，双极板在气体放电中起着重要作用。阳极、阴极和膜组组成膜电极组件(MEA)，电极通常由铂或铱等贵金属组成。在阳极处，水被氧化生成氧气、电子和质子；在阴极处，阳极产生的氧、电子和质子通过膜循环到阴极，氢通过还原反应生成，如图 6.4 所示。

PEM 电解槽通常用于小规模生产氢气,最大产氢量约 30 Nm³/h,耗电量为 174 kW。与碱性电解槽相比,PEM 电解槽的实际产氢率几乎涵盖了整个功率范围。PEM 电解槽可以在比碱性电解槽更高的电流密度下工作,电流密度甚至达到 1.6 A/cm² 以上,电解效率为 48%~65%。由于聚合物膜不耐高温,电解槽温度常低于 80 ℃。

PEM 电解槽的主要优点是氢气产量几乎随提供的能量同步变化,适合氢气需求量变化。Hoeller 公司的电解槽在几秒内可对额定载荷 0~100% 的变化做出反应,该专利技术正在验证性试验。

离子交换膜(AEM)水电解制氢法是 PEM 和传统的隔膜基碱液电解的混合(图 6.5)。在阴极,水被还原产生氢气和 OH^-。OH^- 通过隔膜流向阳极,在阳极表面重新结合产生氧气。AEM 电解槽面临的主要挑战首先是缺少高电导率和耐碱性的 AEM,其次是贵金属电催化剂增加了制造电解装置的成本。同时,二氧化碳进入电解槽薄膜会降低膜电阻和电极电阻,从而降低电解性能。近年来,高度季铵化聚苯乙烯和聚亚苯基 AEM 高性能水电解槽的研究结果表明,在 85 ℃时该电解槽在 1.8 V 电压下的电流密度为 2.7 A/cm²。

(3) 固体氧化物(SOE)水电解制氢

固体氧化物电解槽(SOE)采用高温蒸汽(600~900 ℃)进行电解,其效率高于碱性电解槽和 PEM 电解槽。20 世纪 60 年代,美国和德国开始对 SOE 高温水汽进行研究。SOE 电解槽的工作原理如图 6.6 所示。循环氢和水蒸气从阳极进入反应系统,水蒸气在阴极电解成氢。阴极产生的氧离子通过固体电解质移动到阳极,再结合形成氧气并释放电子。目前,SOE 工业应用的主要障碍是电解槽的长期稳定性,以及电极的老化和失活问题。

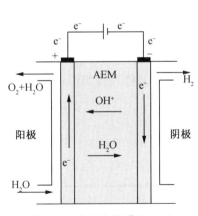

图 6.5　离子交换膜(AEM)电解槽原理示意

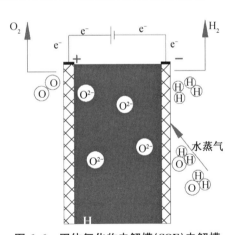

图 6.6　固体氧化物电解槽(SOE)电解槽

6.1.3　电解水制氢应用和发展趋势

可再生能源电解水法制取氢气不会排放污染性气体,具有原料易得、技术工艺简单、产氢量大等优点,能加速全球脱碳步伐。故而未来绿色制氢技术可从以下方面开展更深入的研究:

（1）进一步开发与电解水制氢相关的先进技术。未来，电解水制氢仍将是可再生能源制氢技术的主流技术。

PEM 电解槽已商业化，但存在一些缺点，主要原因是投资成本高，膜和贵金属基电极成本高。此外，PEM 电解槽的使用寿命比碱性电解槽短。未来，PEM 电解槽的制氢能力需要大幅度提高。

AEM 电解槽面临的主要挑战是缺乏高导电性和耐碱性，以及贵金属催化剂导致电解装置制造成本增加。AEM 电解槽的主要发展方向是：① 提高导电性、离子选择性和长期碱性稳定性；② 为了克服贵金属催化剂成本高的问题，需开发无贵金属、高性能的催化剂；③ 通过廉价的原料和减少合成步骤来降低合成成本，从而降低 AEM 电解槽的整体成本；④ 降低电解槽中的 CO_2 含量，提高电解性能。

SOE 电解槽的缺点是电池之间的连接处普遍存在高欧姆损耗，并且由于蒸汽扩散输送的限制而导致的过电压浓度很高的问题。目前，SOE 工业应用的主要障碍是电解槽的长期稳定性，以及电极老化和失活问题，解决相关问题将是下一步发展的主要方向。

（2）探讨可再生能源并网对电解氢生产系统的影响，以降低电能消耗。同时，通过对相关关键材料和核心部件的研发，设计耐用可靠的新型电解槽，以提高能源利用率，增加制氢量。

（3）开发稀土金属、金属有机骨架、二维层状石墨烯等材料，以提高光催化剂在水分解制氢中的活性和稳定性，并提高反应器和其他核心材料的热稳定性。

（4）探索并寻求政府对相关产业的支持，完善相关基础设施和产业链布局。

国外也在积极发展氢能技术，欧盟规划了 PEM 电解水制氢来逐渐取代碱性水电解制氢的发展路径：2020 年 7 月，欧盟委员会发布了涉及氢能的战略规划，重点发展利用风能、太阳能等再生能源来生产可再生氢的技术；2020—2024 年，支持安装超过 6 GW 的可再生氢电解槽，产氢量达 $1.0×10^6$ t；2025—2030 年，建设 40 GW 的可再生氢电解槽，产氢量达 $1.0×10^7$ t；2030—2050 年，可再生氢产业成熟，在众多难以脱碳的行业（如航空、海运、货运交通等）进行大规模应用。此外，德国 2020 年颁布了《国家氢能战略》，提出以可再生氢为重点，规划布局德国绿氢制造。

美国能源部（DOE）提出 H2@Scale 规划，推进氢的规模化应用。2019 年，DOE 大幅提高了对不同电解制氢材料与技术类研发项目的支持力度；2020 年，在 H2@Scale 规划中支持 3M、Giner、Proton Onsite 等公司开展 PEM 电解槽制造与规模化技术研发，涉及吉瓦级 PEM 电解槽的析氧催化剂、电极、低成本 PEM 电解槽组件及放大工艺，资助金额均超过 400 万美元。这表明，美国在制氢规模化方面偏重 PEM 电解的技术路线。另外，DOE 支持了氢冶金、氢与天然气混合输送等技术研发，为氢的规模化应用做全面准备。

6.2 气态储氢

6.2.1 气态储氢原理

气态氢最常用的储氢方法是高压圆筒储氢和地下空间储氢。高压气态氢储存采用高压气瓶作为储氢容器,通过高压压缩储存气态氢,其主要优点是储氢容器结构简单,充放电速度快,是最成熟的储氢技术。近年来,地下气态氢储存也是一个重要的发展方向。地下储氢技术因其储氢规模大,综合成本低而受到广泛关注。

在常温条件下,储气空间当中氢气的压强可以用范德华公式描述:

$$p(V) = \frac{nRT}{V-nb} - a \cdot \frac{n^2}{V^2} \tag{6-1}$$

式中 p 是氢气的压强,V 是氢气的体积,T 是绝对温度,n 是氢气的物质的量,R 是气体常数($R=8.314 \ \mathrm{J \cdot K^{-1} \cdot mol^{-1}}$),$a$ 是偶极子作用或排斥常数($a=2.476 \times 10^{-2} \ \mathrm{m^6 \cdot Pa \cdot mol^{-2}}$),$b$ 是氢摩尔体积,b 的取值为 $b=2.661 \times 10^{-5} \ \mathrm{m^3 \cdot mol^{-1}}$。

氢的质量密度很低。在常温常压下,1 kg 氢气的体积为 11 m³。氢气被压缩进钢瓶后,钢瓶的自重很高,氢气在总重量中的比例很小。例如,对于充气压力为 20 MPa(相当于 200 个标准大气压)的高压气瓶,氢的质量比例仅为 1.6%。与传统天燃气压缩相比,需要更多的压缩功才能将氢气压缩到气缸中。

同时,高压气态储氢要求钢瓶耐高压,防止爆炸。轻型高压储氢罐是高压气态储氢的关键组成部分。另外,由于地下空间量大,地下储氢技术因其储氢规模大,综合成本低而备受关注。

6.2.2 气态储氢材料和装置

(1) 高压气瓶储氢

高压气态储氢采用高压气瓶作为储氢容器储存高压压缩的氢气,其主要优点在于储氢容器结构简单,气体和气体储存速度快。高压气态储氢容器的结构主要包括纯钢金属瓶（Ⅰ型）,钢内胆纤维缠绕瓶（Ⅱ型）,铝内胆纤维缠结瓶（Ⅲ型）和塑料内胆纤维缠绕瓶（Ⅳ型）。

Ⅰ型瓶结构形式为全金属结构,主要由性能较好的高强度无缝钢板构成。一般来说,它们尺寸较大,压力较小。通过增加壁厚,可以增加储存压力,但也可能导致容量与重量比的降低。此外,随着金属材料强度的增加,对氢脆的影响增强,失效风险增加。

Ⅱ型瓶结构采用环形筒的形式,该环形筒采用树脂基复合材料通过缠绕工艺包裹金属内胆。利用圆柱形内压容器的周向应力是轴向应力的两倍的特征,通过在周向上增强复合材料,增加金属球形端盖的承载能力。因此,在相同的体积压力下,和Ⅰ型结构形式相比重量较小。在某种程度上还避免了Ⅰ型瓶大厚壁引起的应力和热处理等问题。

Ⅲ型瓶结构形式是用树脂基复合材料缠绕金属内胆的所有外表面,充分发挥树脂基复合材料的强化作用。由于树脂基复合材料的光照特性和高强度,Ⅲ型结构形式相对于Ⅱ型结构形式的容量/重量比进一步显著提高。

Ⅳ型瓶(图 6.7)的构造形式是将非承压内胆的所有外表面(通常是塑料材料,只有瓶子的嘴部采用金属材料)与树脂基复合材料缠绕。用塑料材料制成气瓶内胆,与金属内胆相比,具有较高的耐疲劳性,所选塑料材料具有较好的氢相容性,能很好地解决高压下内胆材料的氢脆问题,容量/重量比也是目前最高的。

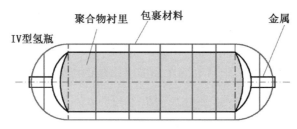

图 6.7　70 MPa 高压氢气瓶的构造

20 MPa 钢制瓶（Ⅰ型）早已实现工业应用，并与 45 MPa 钢制瓶（Ⅱ型）和 98 MPa 钢带缠绕式压力容器组合应用于加氢站中。Ⅰ型和Ⅱ型瓶储氢密度低、氢脆问题严重，难以满足车用储氢容器的要求。目前，车用储氢气瓶主要为Ⅲ型瓶Ⅳ型瓶。

（2）地下空间储氢

目前，地下空间储氢主要有四种类型。通过将水注入覆盖层下的气体驱动的地层而形成的水库具有大的储存能力，但是具有勘探风险并且垫气不能完全被回收；废坑水库容量小，容易泄漏，很少使用；枯竭油气藏储气库是利用原有的油气储存设施；大量的天然气储存器占地下天然气储存器的很大一部分，但地层中过多的空隙体积导致大量的天然气残留，并且对地上设施的要求很高；盐穴储气库是用淡水溶解盐层，形成封闭盐溶洞穴来储存天然气的，日提取量大，但这种储气库容积较小，单位有效容积的建设成本相对较高。

以美国为代表的发达国家正在围绕地下储氢技术进行技术攻坚，并正在迅速发展。英国、德国、加拿大、波兰、土耳其、荷兰和丹麦等也制定了水库计划。与上述国家相比，中国地下储氢研究滞后，近年来，结合江苏地区盐洞综合利用经验和探索方法，取得了很多宝贵成果。另一方面，盐穴储气库由于其高峰值容量，高注气效率和对垫层气量的低需求，以及它们对岩盐的高密封能力和盐结构的惰性，可以防止储存的氢气成为污染且操作灵活，目前被认为是地下储氢最有希望的选择。Walters 于 1976 年验证了使用天然形成的地下结构进行储氢的可行性。Carden 和 Patterson 于 1979 年研究了地下储层的氢损失率，发现每个输注和回收循环可能损失约 1% 的氢，而在第一个循环中，只有 0.4% 的损失是由氢溶解到形成。此外，还有许多将氢气与其他气体（如甲烷）混合的储存项目，说明利用氢气地下大规模储存并将其转化为另一种能量的研究也是储氢的一种方式。

6.2.3　气态储氢应用和发展趋势

（1）气态高压瓶储氢

气态高压瓶储氢是目前最常见的方法之一。然而，极低的存储密度成为其致命的缺点。以目前工业上通用的 40 L 容积的高压氢气圆筒为例，在 15 MPa 的压力下只能储存约 0.5 kg 的氢气，并且气体重量小于 1% 的瓶子重量，使得在 15 MPa 的压力下储氢的模式显然不符合氢燃料汽车的应用标准。为此，各国正在大力开发能够承受更高压力的储氢气瓶。

全复合轻质纤维缠绕储罐Ⅳ型瓶是储氢容器未来发展的重要方向。其内胆采用阻隔性能良好的工程热塑料，外部采用纤维缠绕，进一步降低了氢气瓶质量，提高了储氢质量密度。

目前,国外Ⅳ型瓶制备技术成熟,已实现在燃料电池车领域的应用。近年来 70 MPa 复合材料储氢气瓶已经进入示范使用阶段。国外从事复合材料氢气瓶研发与生产的代表性企业和科研机构有美国 Quantum 公司、美国通用汽车、美国 Impco 公司、加拿大 Dynetek 公司、法国空气化工产品公司、日本汽车研究所和日本丰田公司等。

美国 Quantum 公司与 Thiokol 公司及 LavrenceLivermore 国家实验室于 2000 年首次开发出以聚乙烯为内胆的Ⅳ型储氢瓶,其最高工作压力为 35 MPa,储氢质量密度高达 11.3%;该公司还于 2001 年开发出工作压力为 70 MPa 的储氢瓶。2002 年,Lincoln 公司成功研制了以高密度聚乙烯(HDPE)为内胆的复合材料 Tuffshell 储氢瓶,其最高工作压力为 95 MPa。

日本丰田公司研制出了 35 MPa 和 70 MPa 的Ⅳ型储氢瓶,内胆为高密度聚合物,中层为耐压碳纤维缠绕层,表层为玻璃纤维强化树脂保护层,其中 70 MPa 的Ⅳ型瓶的质量储氢密度为 5.7%。目前,该储氢瓶已应用于 Mirai 系列燃料电池车。2020 年,日本八千代工业株式会社展示了储氢压力 82 MPa、储氢容量 280L 的Ⅳ型储氢罐,这代表了目前高压气态储氢领域的最高水平。但目前的高压气态储氢技术尚未达到 DOE(Department of Energy,美国能源部)的车用储氢技术标准。

中国Ⅲ型瓶技术已经成熟,35 MPa 的Ⅲ型瓶已投入燃料电池汽车的生产和使用中。浙江大学郑津洋小组于 2004 年成功制备了体积为 1.25 L,工作压力为 40 MPa,储氢密度为 3% 的Ⅲ型瓶,并深入研究了它的力学特性和优化理论;在"十一五"期间,该团队解决了 0.5 mm 超薄铝内胆成型、高抗疲劳线匹配和厚纤维伤口固化等关键技术问题,建立了完善的强度分析和"结构-材料-工艺"综合优化设计方案。2010 年,该团队突破了 70 MPa 高压气态储氢系统氢压缩、储存和安全的几项关键技术,成功开发了 70 MPa Ⅲ型瓶,实现了铝内胆Ⅲ型瓶的轻量化,提高了中国高压容器的设计和制造能力。中国汽车压缩氢铝合金内胆碳纤维完全包裹气瓶国家标准(GB/T 35544-2017)的实施,表明 35 MPa 和 70 MPa 的高压储氢瓶趋于成熟,但是气缸制造成本很高。

综上所述,高压、轻质、高强度储氢瓶的开发是保证高压气态储氢安全经济的重要发展方向。总体而言,我国Ⅲ型瓶技术较为成熟,复合轻纤维缠绕Ⅳ型瓶仍处于研发生产阶段,但与国外先进技术水平仍有一定差距。

(2) 地下储氢

从原理上看,地下储氢也属于压缩气体储氢的一种。在地下储氢方面,地下盐穴储氢是地下空间储氢当中最具有发展潜力的方向,近年来,国外对此开展了一系列的研究。2018 年 Tarkowski 和 Czapowski 在波兰筛选了 28 个盐穴,为地下储氢选出了最有价值的 7 个盐穴。同年,Heinemann 等人根据存储容量和地质条件,研究了在英国中部的地下储氢的可能性。Lemieux 等人在 2019 年分析了枯竭的油气藏储气库、盐穴储气库、含水层储气库等的优势,并把盐穴用于加拿大安大略省氢气的季节性储存。

氢气储气库的垫层气以甲烷为主,但氢气和甲烷两种气体易形成气体混合,放出氢气时会同时采出一定量的甲烷,影响氢气的采出纯度。世界上地下存储纯度较高氢气(氢气纯度 ≥95%)的设施大多建立在英国和美国,它们大部分选择盐穴作为储氢地点。如英国 Tees-

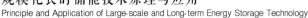

side的储氢工程证明盐穴是一个完美的储氢场所,但是它的运行压力较低,且储氢工程深度仅为356 m,运行压力低会导致盐穴塌陷,所以需要已注入的大部分氢气维持压力,故循环采出的氢气量较小,放出氢气的体积占总体积的8%。

表6.3　地下储氢技术问题

种类	储氢技术问题
材料问题	金属腐蚀,水泥降解,橡胶失效
环境问题	地质反应,微生物反应
容器问题	氢气泄露

表6.3总结了目前地下储氢的主要技术问题。虽然大规模地下储氢拥有广阔的应用前景,但在实施中也不可避免地存在技术问题和科学挑战。要实现安全高效的存储,在项目实施之前,不仅需要考虑存储类型、容量、稳定性和经济效益等因素,还需要对电力生产设施和地质储存潜力进行评估和研究。在项目运行中,氢气的注采过程还对井况和地下环境造成金属腐蚀、橡胶失效、水泥降解、氢气泄露等问题。

1) 氢腐蚀

氢腐蚀严重威胁矿山所用材料的耐久性、储气井的完整性、水库的地质和环境安全。氢气具有化学活性,容易引起钢的氢鼓泡、氢脆和氢开裂。诸如储存的 H_2 或产生的 H_2S 的分子在材料表面上经历分解反应产生氢原子,其在金属表面上形成化学吸附,并且氢可以在金属表面下的缺陷位置累积,引起强的内部压力,使金属产生塑性变形。氢气穿过水泥环也是一个相对潜在的风险点,因为水泥暴露在极端的载荷条件下,由于压力、热膨胀和体积变化导致腐蚀和力学强度降低。

研究人员发现了酸性气体(H_2S-CO_2)和纯 CO_2 在温度、pH 作用下对水泥的孔隙度和渗透率有很大影响。CO_2 对水泥的化学降解作用称为碳酸化。对于地下储氢来说,碳酸化过程将取决于岩石矿物和地层流体中 CO_2 的含量。如果碳酸化作用持续下去,碳酸钙会转化为碳酸氢钙($Ca(HCO_3)_2$),这种水溶性的产物会导致水泥强度降低。此外,氢气环境中的微生物也会参与水泥化学反应,影响水泥材料的性能。

封隔器是完井过程中的密封组件,其主要功能是隔离套管、油管或环空中的流体,通常由橡胶或聚合物制成的弹性体材料组成。高压下,橡胶材料会因为氢气渗透而变得过饱和,影响材料的拉伸强度,并在密封橡胶材料内部产生气泡破裂。当弹性体材料与钻井液、完井液、旋转液、地层盐水或含有各种溶剂、焦散剂、腐蚀性化学品的生产液接触时,弹性体的内部结构会遭到破坏并可能会发生化学降解。盐穴储氢的垫层气以甲烷为主,地下氢气在高压条件下产生甲烷,会加速弹性体的化学降解。

2) 地质反应

注入氢气会改变地层孔隙、溶解气体和岩石基质之间的化学平衡。这可能导致氢气的大量损失、气体污染(例如产生 H_2S)、矿物溶解或沉淀、氢扩散泄露等问题。如果赤铁矿或含铁黏土和云母等矿物与储存的氢气引起氧化还原反应,岩石基质的强度和机械性能就会受到影响。如果在断层和井口注入低温液态氢,将直接导致储层的压力和温度变化,影响地层和井筒的稳定性。

3）微生物腐蚀

微生物在地下的生长情况应纳入储层稳定性评价。除了地下固有群落,在储存过程中从地表气体或钻井液可能引入外来微生物。微生物与氢循环消耗、生产和腐蚀息息相关。微生物是主要的氢消耗者,如产甲烷菌、硫酸盐还原菌、乙酸细菌等能将 H_2 转化为 CH_4 或 H_2S 等气体。在奥地利实施的 Underground Sun Storage 工程中 3% 的氢气被存在的微生物损耗。在法国拜恩斯(Beynes)项目中 H_2 在七个月内减少了 17%,但是 CH_4 的量有所增加,说明 H_2 转化成了 CH_4。随着微生物密度的增加,微生物形成的生物膜或矿物沉淀可能导致孔隙堵塞,从而降低氢气的注入能力。

综上所述,我国地下盐穴储氢应从以下四个方面入手:防氢渗透材料、地面配套设备、检测氢气净化技术和地下监测综合模拟评估。使用含渗透率较低的二氧化硅黏结剂的水泥、含镍的奥氏体不锈钢及氢化丁腈橡胶作为封隔材料,防止气体漏失及套管开裂、腐蚀和脆化,以改善井身条件。在选择储氢库区块位置时需综合考虑安全、经济、地理位置等因素,在气库所在区块位置的相应抗震设防烈度基础上,可以按照高一烈度的要求设计工程。

在氢气的制造、储存、运输环节,除了政策规定和设施得到很好的支持外,氢气的净化过程和检测标准还需要进一步完善。由于地下条件下氢气反应的程度和速率存在很大的不确定性,为了预测化学反应对储存周期的影响,在项目前期,通过从目标储层钻井岩芯进行机械和渗透性能分析,同时使用数值软件模拟地下隐窝中的氢气储存。通常储氢压力太小,储存气体体积小,盐袋可能蠕变收缩;压力太大,氢气可能通过较大的盖子渗入或发生夹层渗透泄漏。储氢压力范围应使储氢具有合理的安全稳定性和经济效益。

6.3　液态储氢

液态储氢分为两种形式:低温液化储氢和液体有机物储氢。虽然储氢物都是以液态形态保存及运输,但是原理上存在较大区别,前者属于物理方式储氢,历史较为悠久。后者属于化学方式储氢,涉及一系列的复杂化学反应,近年来受到广泛关注。

6.3.1　液态储氢原理

(1) 低温液化储氢

图 6.8 为氢的三相图,在极低温区氢以固体形式存在,而在常压力和常温下,氢是密度较轻的气体,即在 20 ℃下密度是 0.089 kg/m³ 的气体,而在 −253 ℃下是密度为 70.8kg/m³ 的液体。从图 6.8 中可以看出,氢气在一定的低温下会以液态形式存在。因此可以使用一种深冷的液氢储存技术——低温液态储氢。与空气液化相似,低温液态储氢也是先将氢气压缩,在其经过节流阀之前进行冷却,经历焦耳-汤姆逊膨胀后,产生部分液体。将液体分离后,将其储存在高真空的绝热容器中,气体继续进行上述循环。

根据以下原则通过不饱和有机液体的可逆氢化和脱氢实现液体有机氢储存:有机液体充当中间体,通过催化剂使制备的氢与有机液体反应,从而允许氢储存在有机液体中;然后,

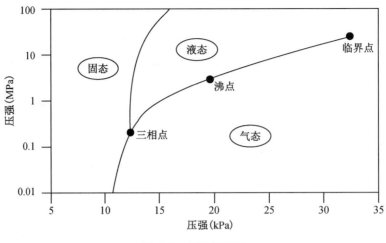

图 6.8　氢的三相图

氢化后的有机液体可以通过一些现有设备运输和储存,并且当需要使用氢能时它可以被有机液体脱氢,从而向用户提供所需的氢气。脱氢之后是有机载体的第二氢化步骤,其允许有机液体的再循环。

　　液态氢存储具有较高的体积能量密度和较小的存储容器尺寸,使其特别适用于存储空间有限的情况,如果仅考虑质量和体积,它是一种非常理想的储氢方式,但它消耗大量能量,最大的问题是液态氢容易泄漏,不能长时间储存,因此不适合在间歇部位使用。为了避免或减少蒸发损失,液化罐需要非常隔热,通常使用真空绝热双壁不锈钢容器,在两壁之间放置薄铝箔,同时保持真空以防止辐射。由于氢气液化能耗高以及液态氢的储存和维护问题,目前这种储氢技术仅用于少数汽车公司推出的燃料电池汽车采样器。

（2）有机液体氢化物储氢

　　有机物储氢技术始于 20 世纪 80 年代。有机液态氢化物储氢技术是借助储氢剂和氢气的可逆反应来实现加氢和脱氢的。烯烃、炔烃、芳烃等不饱和有机液体都可以作为储氢材料,但从储氢过程的能耗、储氢量、储氢剂等方面考虑,芳烃是最佳的储氢剂。常用的有机液体氢化物储氢剂主要有苯、甲苯、甲基环己烷以及萘等。

　　有机液态氢化物可逆储氢排放系统是一个封闭循环系统,包括储氢剂的氢化、氢载体的储存和运输以及氢载体的脱氢过程。氢在通过电解水或其他方法制备后,利用催化氢化装置,将氢储存在氢载体(如环己烷或甲基环己烷)中。将氢气加入这种载体中以形成稳定的氢化物液体。由于氢载体在常温常压下为液体,因此其储存和运输简单易行。经过类似于石油产品的共同储存和运输过程,氢载体被运送到目的地,然后在脱氢催化剂的作用下,携氢有机液体氢储存材料通过催化脱氢,储存的氢气能源被释放给用户,脱氢后,将储氢载体回流回储罐,并返回氢化站以更换新的携氢有机液体储氢。然后在冷却后储存、运输、再循环和再利用储氢剂。整个过程通过热交换完全降低能耗,没有温室气体排放,安全环保。在这些储存和运输过程中,氢化合物以非常稳定的状态存在,几乎没有能量损失。

　　有机液体储氢技术工作原理可分为三个过程:

1) 加氢:氢气通过催化反应被加到液态储氢载体中,形成可在常温常压条件下稳定储存的有机液体储氢化合物中(此部分可在专门的加氢工厂完成)。

2) 运输:加氢后的储氢有机液体通过普通的槽罐车运输到补给码头后,采取类似汽柴油加注的泵送形式,简单、快速地加注到车上的有机液体存储罐中。

3) 脱氢:储氢有机液体的脱氢过程在供氢(脱氢)装置中进行。先通过计量泵输送至脱氢反应装置,在一定温度条件下发生催化脱氢反应,反应产物经气液分离后,氢气被输送至用户,脱氢后的液态载体进行热量交换后进行回收,循环利用。

有机液态储氢材料在使用过程中始终以液态方式存在,可以像石油一样在常温常压下储存和运输,可利用现有汽油输送方式和加油站构架,储运过程安全、高效,未来氢能规模利用的成本大大降低,因此有机液体储氢技术被越来越多的人认可和接受。

6.3.2 液态储氢材料和装置

常用的有机液体氢化物储氢剂主要有苯、甲苯、甲基环己烷以及萘等。近年来,有机液体储氢介质的研究主要集中在萘、菲、乙基咔唑等方面,并取得了一定的进展。与压缩气体储氢和合金储氢相比,液体有机储氢材料具有明显优点。有机液体具有较高的质量和体积储氢密度,一些常用的材料,如环己烷、甲基环己烷、十氢化萘等均可达到规定的标准。环己烷、乙基咔唑等常温为液体,跟汽油类似,这样的话可以在管道中运输且方便存储,可以缓解地区之间能源不均衡的矛盾问题。表 6.4 列举几种不同的有机液体的物理参数和储氢性能:

表 6.4　不同有机液体物理参数及储氢性能[1]

储氢介质	熔点(℃)	沸点(℃)	理论储氢量(%)
环己烷	6.5	80.7	7.19
甲基环己烷	−126.6	101	6.18
反式-十氢化萘	−30.4	185	7.29
咔唑	244.8	355	6.7
乙基咔唑	68	190	5.8

目前,通过理论计算与实验相结合的方式,研究者们已经筛选出了一系列可能的新型稠杂环储氢分子。其中,N-乙基咔唑是首个被发现能够在 200 ℃以下可完全实现脱氢的新型有机液体储氢分子,体积储氢密度和质量储氢密度分别是 55 g/L 和 5.8 wt%(高于美国能源部所制定的目标),是目前研究最多的储氢分子。

新型有机液体储氢分子 N-乙基吲哚良好的储氢性能也受到了诸多关注。该分子熔点为 −17.8 ℃,理论储氢量为 5.23 wt%。该分子可在 160 ℃实现完全加氢、在 200 ℃脱氢 6 h 即可实现 100%脱氢。此外,脱氢过程产生的气体除极少量水分外无其他杂质气体生成。综合来说,N-乙基吲哚分子不仅熔点低,可以实现常温下全液态的运输,而且加氢、脱氢性能也较为优良,是一类较有发展潜力的新型有机液体储氢分子。

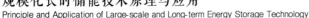
此外,2-甲基吲哚新型储氢分子经190 ℃脱氢4 h可实现完全脱氢。Shaw等人对喹啉及吲哚等新型储氢材料的加氢性能也做了详细的讨论。德国爱尔兰根大学科研团队苄基及二苄基甲苯有机储氢材料,研究证实该类材料熔点低于室温,而且较N-乙基咔唑分子更易于实现全氢化,但是脱氢温度高于300 ℃,相对于燃料电池的工作温度仍然过高。有效降低储氢材料的脱氢温度是推广有机液体储氢技术的首要问题。

我国在液态有机储氢材料方面也开展了一系列研究。自2009年以来,中国地质大学(武汉)研究团队最早在国内研发有别于N-乙基咔唑的新一代高效液态储氢材料及高效加氢脱氢催化剂、基于液态储氢的燃料电池技术等。目前设计筛选的新型混合液体储氢材料闪点高达150 ℃以上,在−20 ℃以上即为液态,安全性大幅优于汽柴油,体积储氢密度约为60 g/L,略低于低温液态氢的储氢密度,但远高于70 MPa高压压缩气体的储氢密度(39 g/L)。开发的相应的加、脱氢催化体系,在160 ℃下150 min即可实现完全脱氢,氢气纯度高达99.99%以上;在140 ℃下60 min可实现完全加氢。浙江大学的安越团队分别针对N-乙基咔唑在雷尼镍和Ru/Al$_2$O$_3$催化剂表面的加氢反应动力学做出了具体研究,并且对影响加氢反应的相关反应条件如反应温度、反应压力等做了详细的探讨。

6.3.3 液态储氢应用和发展趋势

(1) 液化储氢

氢气在液态时的密度为70 g/L,是标准状态下氢气密度的865倍,因此,从提高能量密度的角度上看,采用液态方式储氢无疑比气态方式要好得多。然而,氢气在常压下的液化需要到−253 ℃的超低温才能实现,在70 MPa的压力下液化温度为−196 ℃(液氮温度)。可见要实现氢气液化,也需要消耗大量的能源,这个能源量约为自身存储能量的25%~45%。另外,液氢在存放或者气化时,自身存在着较大的消耗。低温氢气较低的燃烧焓也是液态储氢的技术难题。

(2) 有机液体储氢

有机液体储氢材料最大特点在于常温下一般为液态,与汽油类似,能够十分方便地运输和储存。有机液体储氢技术具备储氢量大、储氢密度高、脱氢响应速度快等优点。

综合考虑有机液体储氢技术的特点,未来该技术在规模化储能方面极具发展潜力。风力、太阳能、潮沙能等发电间歇性和不连续的问题,造成了大量可再生电能的浪费,并且这些能源主要依靠电网进行长距离运输,产生了巨大的能源损耗。有机液态储氢材料能量储存体积密度大,且不受地域限制,可以使用现有的液态输运架构(运油船、输油管道及加油站等)进行运输,可以在规模化储能领域发挥重要作用。

50万~1 000万 kW以上大规模风电场每小时产生的非并网电能电解水制氢可得到7~140 t氢气。若采用液态储氢技术利用现有的燃油输运方式,将储存的能量输送到客户终端,可有效地解决风能储能及输送问题。稠杂环有机液体储氢分子的储能密度大幅高于其他材料,储存10 MWh电能,只需约5 t液态有机储氢材料,如果用抽水蓄水的方式需将14 000 t水抽到约300 m高;压缩空气技术需将约3400 m³空气压缩至20个大气压;电池储能需要约30 m³体积锂离子电池。

6.4 金属合金储氢

6.4.1 金属合金储氢原理

合金储氢从储氢方式上来说属于固态吸附储氢,即通过物理或者化学的办法,将氢分子或者原子,吸附在合金的表面或者使其生成化合物,在适当条件下,氢被重新释放出来并加以利用。从储氢方式上看,合金储氢可以分为物理吸附或化学吸附储氢。

合金化学吸附储氢原理为:氢分子裂解成氢原子,与金属及其合金发生化学反应,生成金属氢化物。主要合金材料分为稀土金属氢化物、过渡金属氢化物、镁基储氢合金、配位金属氢化物等。化学吸附储氢的原理是氢可以同大多数金属元素反应,生成相应氢化物。但并不是所有金属氢化物都能做储氢材料,只有那些能在温和条件下大量可逆地吸收和释放氢的金属或合金才能做储氢材料。

作为储氢合金,其共同的特征是由一种可与氢形成稳定氢化物的放热型金属(La、Ce、Ti、Zr、Mg、V 等)和另一种难与氢形成氢化物但具有氢催化活性的吸热型金属 B(Ni、Co、Fe、Mn、Al、Cu 等)组成。在一定温度和压力下,合金与气态 H_2 可逆反应生成金属固溶体 MH_x 和氢化物 MH_y。反应分三步进行:

① 合金开始吸收少量氢后,形成合氢固溶体,合金结构保持不变,其固溶度与固溶体平衡氢压的平方根成正比;

② 固溶体进一步与氢反应,产生相变,生成氢化物。

③ 再提高氢压,金属中的氢含量略有增加。这个反应是一个可逆反应,吸氢时放热,放出氢气时吸热。不论是吸氢反应,还是放氢反应,都与系统温度、压力及合金成分有关。

与化学吸附相比,物理储氢的原理较为简单。固态物理储氢主要是指依靠氢气和材料之间的范德华力,将氢分子吸附在材料的表面等位置,在适当的条件下全部或者部分释放所吸气体,代表材料有金属有机框架材料(MOFs)。

6.4.2 金属合金储氢材料和装置

在固态储氢领域,合金是较为常用的载体。储氢的合金从成分上可以分为以下几种,如表 6.5 所示:

表 6.5 储氢合金

储氢合金	代表性材料
稀土储氢合金	$LaNi_5$ 为代表
钛系储氢合金	钛铁、钛锰、钛铬
锆系合金	ZrV_2、$ZrCr_2$、$ZrMn_2$
镁基储氢合金	Mg_2Ni

(1) 稀土金属氢化物

早在 1969 年,研究人员发现 $LaNi_5$ 合金可用作储氢材料,其由于第三步反应需要温度较高,实际应用较难实现,总计可利用的氢为 5.6%。$NaAlH_4$ 储氢材料需要添加催化剂,研究人员分析了相应的催化剂 $TiCl_3$,发现随着催化剂的质量分数增加($>9.0\%$ 时),材料的氢化和释氢反应速率都增加,但可逆氢容量降低。此外,研磨时间也对催化性能具有影响。同样,除了 $NaAlH_4$ 外,锂、钾、镁的金属配位物,也存在吸氢/析氢的过程可逆性差的缺点,放氢效率没有达到百分之百,镧储氢量为 1.4 wt%,它的优点是活化能低,分解氢压适中,缺点则是镧的价格昂贵,合金的吸放氢循环退化严重,易粉碎。为降低材料的价格,研究人员把其他稀土金属混合并取代部分的镧来形成稀土合金氢化物,发现它们在 60 个大气压的氢气氛围中,可以和氢气快速发生反应,得到的氢含量比和纯的 $LaNi_5$ 类似,但存在氢分解压过高的缺点,也可用其他金属替代部分镍来降低材料的氢分解压。

(2) 钛系储氢

钛系储氢合金是继稀土系储氢合金之后被发现的另一大类储氢合金,经过数十年的发展,目前已经形成 Ti-Fe、Ti-Mn、Ti-Ni、Ti-V 和 Ti-Cr 等多个分支。其中,Ti-Fe 系储氢合金为 AB 型合金,其他均为 AB_2 型合金。Ti-Fe 系储氢合金是钛系合金中发展最为成熟的一种,最早被合成于 1974 年。同稀土系储氢合金一样,其能在室温下进行可逆的吸放氢。在室温下的理论吸氢量为 1.86 wt%,略高于 $LaNi_5$ 合金。但储氢合金活化十分困难,需要在高温高压(723 K,5 MPa)条件下反复吸放氢才能达到完全活化状态。导致 Ti-Fe 合金活化困难的主要原因是合金表面的 Ti 在空气中极易被氧化生成 TiO_2,这层氧化膜会抑制氢与合金的接触,导致氢化反应中断。

研究表明,用 Zr、V、Ni 和 Mn 等过渡族元素部分替代 Ti-Fe 合金中的 Ti 和 Fe 能够明显改善其活化性能,使合金在室温下经过一段孕育期后即可具备吸放氢能力。

通过调整制备工艺,进行表面处理也可以改善 Ti-Fe 系储氢合金的活化性能。机理分析显示,富相能够作为氢原子进入主相 Ti-Fe 相的窗口,同时增加的相界也能够作为氢原子扩散的通道,加快氢化反应进程,从而改善活化性能,但也存在热稳定性能差的缺点。

(3) 锆系储氢合金

钛、锆系储氢合金主要包括 AB_2 型 Laves 相储氢合金以及 AB 型储氢合金。AB_2 型 Laves 相储氢合金主要是基于两种 Laves 相结构:C_{14} 型($MgZn_2$ 型,密排六方结构)和 C_{15} 型($MgCu_2$ 型,四方结构)。在 AB_2 型合金中,A 是半径较大的元素,一般是第 IVA 族元素,如 Ti、Zr 等;B 是半径较小的过渡族元素,主要是原子序数在 23~26 号之间的元素,如 V、Cr、Mn、Fe 等。

AB_2 型 Laves 相合金具有储氢容量高,电化学容量高,循环寿命长等优点,但也存在一些难以克服的缺点,如活化困难、吸氢平台窄、放氢困难、易粉化等。为了改善 AB_2 型合金的储氢性能,一般采用其他元素置换部分 A 或 B 原子。Kandavel 等研究了 $(Ti_{1-x}Zr_x)_{1.1}CrMn$ 的储氢性能,研究结果表明,用 Zr 部分替代 Ti 可以降低合金的平台压并使平台宽度变宽,同时吸氢量增加,吸氢动力学加快。Ciric 等人研究发现 Ni 部分替代 Fe 降低了吸氢的平衡压力并且改善了动力学过程。然而,最大储氢量随着 Ni 含量的增加而减小,氢化物的放氢温度和形成熔随着 Ni 含量的增加而增加。

（4）镁铝基储氢

美国 Brookhaven 国家实验室的 Reilly 等合成了 Mg_2Ni 合金,和氢气反应的条件为 20 个大气压、300 ℃ 的温度,产物为 Mg_2NiH_4,在常压下加热至 253 ℃ 成功释放出氢气。随着研磨技术提高,镁基储氢有了很大的发展。1999 年 Zaluska 等人将镁-钯合金用于吸氢,吸氢温度在 100 ℃,储氢量达到 6％。Liang 等人在镁中加入钒,制备出镁-钒合金,在 200 ℃、10 个大气压的氢气氛围中,两分钟内吸附的氢气质量达到了 5.5％。在 0.15 个大气压下,脱氢温度是 300 ℃。但由于镁表面易被氧化生成氧化膜,导致镁吸放氢动力学较差,表现为放氢温度高（200 ℃ 以上）且吸放氢速度慢,这阻碍了其应用。

金属配位物储氢的典型的代表是 $NaAlH_4$,氢与金属形成离子键或者共价键,曾被认为其分解放氢反应是不可逆的。1997 年 Bogdanovic 和 Schwickardi 在 $NaAlH_4$ 中掺入了 Ti 元素,发现材料具有了可逆储氢的特性,且产品 H_2 纯度高,无副产物,可循环使用,价廉易得,其所用催化剂价格也相对便宜,非常适合作为车用低温氢燃料电池（80～100 ℃）供氢材料。$NaAlH_4$ 的热分解分三步进行,由于第三步反应需要温度较高,实际应用较难实现,总计可利用的氢为 5.6％。$NaAlH_4$ 储氢材料需要添加催化剂,现已有关于添加各种催化剂的研究。同样,除了 $NaAlH_4$ 外,锂、钾、镁的金属配位物也存在吸氢/析氢的过程可逆性差的缺点,放氢效率没有达到百分之百。

$$NaAlH_4 \longleftrightarrow 1/3Na_3AlH_6 + 2/3Al + H_2$$
$$Na_3AlH_6 \longleftrightarrow 3NaH + Al + 3/2H_2$$
$$NaH \longleftrightarrow Na + 1/2H_2$$

（5）金属有机骨架吸附储氢

常用的物理吸附储氢材料是金属有机骨架材料（MOFs）,它们是通过金属离子连接有机链形成的三维多孔材料。较早发现金属有机骨架材料时,早期测量发现它在温度 77 K、压强 1 bar 的时候吸附 1.3 wt％ 的氢气,当压强升到 50 bar 甚至 100 bar 的时候,储氢量可以升高到 5.1 wt％ 和 10 wt％,对应的体积密度为 66 g/L。改进后的第二代材料在温度 77 K、压强 78 bar 的条件下储氢量也达到了 11.4 wt％,但是体积密度只有 49 g/L。

金属有机骨架材料具有孔洞多、官能团丰富、结构可调的特点,在一定条件下可以达到很高的储氢量,但是由于其中含有金属等重元素,拉低了材料的储氢量,同时需要低温（如 77K）的条件,还需要进一步寻找适合常温常压下储氢的金属有机骨架材料。而用 B、N、Si 等轻质元素替代金属离子的共价有机框架物（COFs）近年来也进入了科研工作者的视野。

6.4.3　金属合金储氢应用和发展趋势

在储存介质中,合金储氢属于固态储氢,可以有效克服气液储存方式的不足,当合金材料的选择合适时,合金储氢不仅储氢量大,而且能量密度高于气态液态储氢,具有安全性高、运输方便等特点。

美国能源部 2015 年储氢材料在车载电源中实际应用的最低储氢标准是储氢重量比不

低于 5.5 wt%,体积密度比不低于 40 kg/L。标准高压钢瓶装有 150 个大气压的氢气,储存量仅为 1.0%(重量)。虽然低温液化储氢具有能量密度高,体积密度比达到 70.8 kg/m³ 的优点,但在大气压条件下需要 21 K 的低温环境,因此氢气液化的能耗超过四分之一本身储存的能量。

就合金中储氢的局限性而言,金属储氢通常采用两种形式,氢化物储存和金属吸附材料储氢。氢化物储氢量虽然很大,但不能循环利用,使用受到限制,主要用于一次性应用场所,例如火箭和喷气飞机;吸附材料储氢是可以填充气体颗粒的金属原子之间包含纳米腔,储氢稳定性好,主要问题是储氢量小,吸附材料的吸附效率低、寿命短和放气率低等,商业化应用还需要做大量的研究。

参考文献

[1] 姜召,徐杰,方涛.新型有机液体储氢技术现状与展望[J].化工进展,2012,31(S1):315-322.

[2] 张微.制氢技术进展及经济性分析[J].当代石油石化,2022,30(7):31-36.

[3] 李亮荣,彭建,付兵,等.碳中和愿景下绿色制氢技术发展趋势及应用前景分析[J].太阳能学报,2022,43(6):508-520.

[4] 沈小军,聂聪颖,吕洪.计及电热特性的离网型风电制氢碱性电解槽阵列优化控制策略[J].电工技术学报,2021,36(3):463-472.

[5] 颜祥洲.可再生能源电解制氢技术及催化剂的研究进展[J].化工管理,2022(23):77-79.

[6] 丛琳,王楠,李志远,等.电解水制氢储能技术现状与展望[J].电器与能效管理技术,2021(7):1-7.

[7] MEHRANFAR A, IZADYAR M, ESMAEILI A A. Hydrogen storage by N-ethylcarbazol as a new liquid organic hydrogen carrier:A DFT study on the mechanism [J]. International Journal of Hydrogen Energy, 2015, 40(17):5797-5806.

[8] LEWANDOWSKI M. Hydrotreating activity of bulk NiB alloy in model reaction of hydrodenitrogenation of carbazole [J]. Applied Catalysis B:Environmental, 2015, 168/169:322-332.

[9] CHAO W, YUE A, CHEN F, et al. Kinetics of N-ethylcarbazole hydrogenation over a supported Ru catalyst for hydrogen storage [J]. International Journal of Hydrogen Energy, 2013, 38(17):7065-7069.

[10] SUN F F, YUE A, LEI L C, et al. Identification of the starting reaction position in the hydrogenation of (N-ethyl) carbazole over Raney-Ni [J]. Journal of Energy Chemistry, 2015, 24(2):219-224.

[11] REN S B, ZHAO R, ZHANG P, et al. Effect of activation atmosphere on the reduction behaviors, dispersion and activities of nickel catalysts for the hydrogenation of naphthalene [J]. Reaction Kinetics, Mechanisms and Catalysis, 2014, 111(1):247-257.

[12] BOWKER R H, ILIC B, Carrillo B A, et al. Carbazole hydrodenitrogenation over nickel phosphide and Ni-rich bimetallic phosphide catalysts [J]. Applied Catalysis A:General,

2014，482：221-230.

[13] FEINER R，SCHWAIGER N，PUCHER H，et al. Chemical loop systems for biochar lique-faction：Hydrogenation of Naphthalene [J]. RSC Advances，2014，4(66)：34955-34962.

[14] ZHANG D X，ZHAO J，ZHANG Y Y，et al. Catalytic hydrogenation of phenanthrene over NiMo/Al₂O₃ catalysts as hydrogen storage intermediate [J]. International Journal of Hydro-gen Energy，2016，41(27)：11675-11681.

[15] 俞红梅,衣宝廉.电解制氢与氢储能[J].中国工程科学,2018,20(3):58-65.

[16] 宋鹏飞,侯建国,王秀林.可再生能源氢储能与氢转化利用技术及发展模式分析[J].天然气化工—C1 化学与化工,2022,47(3):26-32.

[17] 蒋永林.Laves 相合金结构稳定性及储氢性能理论研究[D].广州:华南理工大学,2021.

第7章

机械重物储能技术

7.1 机械重物储能原理和特点

广义的机械重力储能一般指的是利用电能驱动电力机械设备克服重力做功,将电能转化为某介质的重力势能存储起来的一类储能技术。根据介质的类型,又可以分为抽水蓄能、重物储能等。本章所述的机械重物储能指的是除抽水蓄能以外的其他各种形式的重力储能技术。

由于水的质量密度较低,因此建设以水为介质的抽水蓄能电站需要建设较大容积的上、下水库,同时需要寻找具有较大高差的地方建设上、下水库以提高能量存储效率。与抽水蓄能不同,机械重物储能不仅具有类似抽水蓄能技术储能容量大、储能时间长、储能效率高的优点,还具有布置相对灵活、建造周期短等优势,近年来得到蓬勃发展。

常见的机械重物储能技术,一般以高密度的重物作为储能介质,如金属,水泥,砂石等,借助山丘、地下通道、人造结构等作为克服重力做功的路径,电力机械设备一般选择起重机、缆车等。储能时,电力机械设备抬升重物,将电能转换为重物的重力势能,放电时,重物落下驱动发电机发电,将储存的重力势能重新转换为电能。

与其他储能系统一样,重物储能也有一定的转换效率。储能介质在完成释能下放时也将保留一部分的动能,该部分动能也将成为储能系统的损耗。因此,可以将重力势能储能的整体效率 η_s 定义为发电期间提供给消费者的能量 E_g 与储能期间消耗的能量 E_p 之比。显然,整体效率取决于储能效率 η_p 与发电效率 η_g。

$$\eta_s = E_g/E_p = \eta_p\eta_g$$

以储能效率 η_p 将体积为 V 的储能介质送至高度 h 所需能量为:

$$E_p = \rho ghV/\eta_p$$

上式中,ρ 为储能介质质量密度;g 为重力加速度。

从储能特点来看,作为一种能量型储能方式,重物储能启动时间较慢,难以提供电网惯性,但其储能容量大,运行时间长,单位能量成本低,可提高电网二次频率调制能力。重物储能与其他功率型储能(如离心储能、超级电容器储能)相结合,能有效解决新能源电网连接引起的频率和电压不稳定问题,也会影响峰值充盈和谷值充盈,从而解决电力不匹配和新能源消纳的问题。

表 7.1 列举了目前常见的机械重物储能技术,主要包括一些以水为介质的其他型式的重力储能技术,如海下储能和水泵储能等,虽然在功率和储能容量方面不及传统的抽水蓄能,但响应时间短、选址更灵活,如海下储能系统可以合理利用海洋空间,活塞水泵系统可以为城市提供储能服务。此外还包括基于山体落差的机械重物储能系统,如斜坡机车和斜坡缆车等,基于地下竖井和基于构筑物高差的机械重物储能系统,这些以固体重物作为储能介质的储能系统由于不需要水泵、水轮机结构,理论上可以实现比抽水蓄能更高的储能效率,响应时间也更短,可以根据不同地形和需求灵活选择不同储能结构。

本章将重点针对常见的山地重物储能、构筑物重物储能、竖井重物储能等机械重物储能技术的原理与特点展开介绍。常见的主要重力储能系统的技术特点如表 7.1 所示。

表 7.1 多种新型重力势能储能技术对比

项目	储能密度（kWh/m³）	功率	储能量	效率(%)	寿命(a)	适用场合
海下储能	——	5~6 MW	20 MWh	65~70	—	海洋空间
活塞水泵 GPM	1.6	40 MW~1.6 GW	1.6~6.4 GWh	75~80	30+	城市中小功率储能
活塞水泵 HHS/GBES	——	20 MW 2.75 GW	1~20 GWh	80	40+	地质坚硬地区
储能塔 Energy Vault	>1	4 MW	35 MWh	90	—	可灵活选址
斜坡机车 ARES	>1	50 MW	12.5 MWh	75~86	40+	山地地形
斜坡缆车 MGES	>1	500 kW	0.5 MWh	75~80	—	山地地形
地下竖井 Gravitricity	>1	<40 MW	1~20 MWh	80~85	50+	废弃矿井

7.2 机械与重物储能方式和应用

7.2.1 山地重物储能

山地重物储能是依托山坡天然落差存储重物重力势能的一种储能技术。国际应用系统分析研究所的 Hunt 等人最早提出了一种约 20 MW 的长循环储能方法,即山地重力储能（MGEs）。其原理是利用山坡和固体重物提升实现重物储存,山坡比人造建筑更稳定,承载能力更强。

目前的研究主要集中在 Ares 轨道卡车结构、MGEs 电缆结构、绞窄机结构、直线电机结构和运输链结构上。如图 7.1 所示,山地重型储能系统需要两个地形较差的储存点,通常是在陡峭的峡谷和山脉边缘分别建造低储存点和高储存点,每个储存点都有起重机。两个电机通过循环缆绳提升和下降运载料斗。装载和卸载砂或砾石,全自动阀门实现砂砾装载和卸载。发电机位于高存储位置,并且当有足够的功率时,起重机提升存储容器中的砂砾并且电能转换为砂砾势能存储;当存储容器从高处到低处的存储点释放砂砾时,电缆驱动发电机发电,砂砾势能转换为电能。

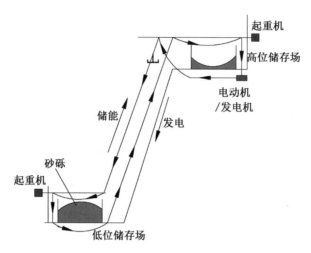

图 7.1 山地重物储能示意图

与抽水蓄能系统相比,使用砾石代替水大大提高了储能系统的可行性,并充分利用了一些特殊地形。由于山地储能系统主要在陡峭地形的基础上储能,地形对系统的储能有重大影响。低位储能点与高位储能点之间的高度差越大,山体越陡峭,山地重物储能系统的作用越明显。2019 年,奥地利在《能源》杂志上发布了一种山地索道结构,该索道可提升和释放重物,以储存和释放能量。储能系统 MGES(山地重力储能)由两个平台连接,每个平台由一个类似矿山的砾石储存站和一个直接位于其下方的填砂站组成。阀门将砂石装入吊篮,然后通过起重机和电机电缆将其运输至高空平台。当沙子和石头被运回山下时,储存的重力势能被转换成电能。与传统的长期蓄水方法(如抽水蓄能电站)相比,MGES 对环境影响较小。系统储能容量设计为 $0.5\sim20$ MWh,发电量为 $500\sim5\,000$ kW,储能平均成本约为 $0.323\sim0.647$ 元/kWh。这种储能系统采用天然山坡和砂砾作为储能介质,以降低施工成本,但缆车承载能力低,室外环境对缆车的运行有很大影响。如何实现稳定高效的能量回收是该系统的难点。

2014 年,一种先进铁路储能(ARES)利用机车可以在上坡和下坡轨道上储存和释放能量。该技术已在加利福尼亚州特哈查比的一个试点项目中成功测试。它的第一个商业部署正在内华达州帕拉姆建设,并将连接到加利福尼亚电网。该存储系统将使用 210 辆货车组成的车队,总重量为 75 000 t。在 10 条长 9.3 km、平均坡度为 7% 的轨道上,电机驱动链条将这些货车拖到山顶。当需要电力时,车辆被送回山下,当它们坠落时,链条驱动发电机发电。ARES 声称,该储能系统可以提供 50 MW 的电力,持续 15 min,效率为 75%~86%。然而,平整山坡的施工成本高,链条传动的稳定性差、易磨损,需要进一步的结构优化。

近 10 年来,中国也在重物储能系统方面进行了一些探索。2014 年,天津大学提出了利用斜坡轨道和堆垛机储存重力势能的想法。卷扬机用于牵引电缆驱动拖车,发电机用于提高整体储能效率。2017 年,中国科学院电气工程研究所提出了两个重型车辆储能方案。一种是采用永磁直线同步电机轮轨支撑结构,由直线电机完成发电;一种是使用多台电动绞车牵引车辆并分段储能。2020 年,中电普瑞电力工程有限公司提出使用传动链提升重物,减少中间能量转换环节,并可以长时间连续工作。

7.2.2　构筑物重物储能

目前的研究主要包括储能塔、支撑架、承重墙等结构。基于建筑高度差异的重力储能在各个方面都具有明显的优势。以储能塔为例,储能塔是一种利用起重机将混凝土砌块堆放到塔内的结构;能量通过混凝土砌块的升降进行储存和释放。储能塔具有选址灵活、能效高、持续放电时间长、响应速度快的优点。因此,该系统足以满足电网侧的调峰需求。建筑高差重力储能系统的核心是克服外界环境的影响,保证毫米级的误差控制。

2018 年,瑞士 Energy Vault 公司推出了塔吊式储能系统。该技术包括一个高度为 110 m 的塔,塔上有六个臂,以及围绕塔同心圆布置的 35 t 混凝土砌块。Energy Vault 公司称之为能源塔,可储存 35 MWh 的能源。所有混凝土砌块分为三部分:第一部分是用于提高能源塔整体高度的底座,在系统运行期间不会移动;第二部分是内圈;第三部分是外圈。当系统储存能量时,塔架上的电机驱动六个臂来提升内环和外环的混凝土块,从而“建造”能量塔;当系统释放能量时,六个臂卸下混凝土块,形成内环和外环,释放能量驱动发电机发电。

从结构角度来看,储能塔是一种使用起重机将混凝土砌块堆放到塔中,并使用混凝土砌块的升降来储存和释放能量的结构。2019 年,第一个 35 MWh 系统在印度部署,该储能系统包括一台超大六臂起重机和大量重达 35 t 的混凝土砌块。混凝土砖塔的容量为 35 MWh,峰值功率为 4 MW。起重机可以在 2.9 s 内发电,据说往返的能效为 90%。该系统可在 8～16 h 内连续放电 4～8 MW,实现对电网需求的高速响应。官方网站称,该技术的基本成本约为 0.32 元/kWh。

2017 年,徐州中国矿业大学提出了使用支架和滑轮组提升重物进行储能的设计方案,并使用固定滑轮组和减速器降低电机成本。2020 年,上海发电设备成套设计研究院提出用行车和承重墙堆放重物的方案,该方案空间利用率高,储能密度高,利用结构高差进行储能,选址灵活,易于集成和规模化,但必须保证塔机和行车的建筑稳定性和精度控制,提升机构、滑轮组和电机的整体效率也需要提高。如何在室外环境中实现毫米级误差控制是制约该技术发展的关键问题。

从原理上看,能量塔的储能和总质量和塔高呈正相关;功率容量与混凝土砌块质量及其下落速度呈正相关。增加混凝土砌块的质量或分别增加塔高和混凝土砌块下降速度,都有利于提高系统的储能和发电能力。然而,提高混凝土砌块的质量必然会增加起重机的负荷,从而增加投资和运营成本,不同方案需要进行优化研究。

7.2.3　竖井重物储能

与地上的重物储能系统受天气和自然环境影响不同,重物储能系统也可以用废弃矿井等竖井来建立重物储能系统。

英国 Gravitricity 公司计划建造一个深井重物储能系统。储能系统通过对现有的废弃竖井进行改造,形成一条能够容纳重物往复运动的通道。当系统储存能量时,外部电网向电机供电,在电机的作用下提升重物;当需要系统电源时,重量下降以释放势能,电机转换为发电机发电。储能系统的响应时间在 0.5 s 内,效率高达 80%~90%,使用寿命可达 50 年。

在 150~1 500 m 长的钻井中,利用废弃的钻井平台和矿山反复升降 16 m 长、500~5 000 t 钻机。当用电低谷时,使用电动绞车将钻机提升至废弃矿井,当用电高峰时,让钻机垂直下降,从而"释放"储能。该系统可以控制重物下落速度,改变发电时间和发电量。储能容量可自由配置为 1~20 MW,输出持续时间为 15 min~8 h。这种储能技术在封闭矿井中工作,减少了自然环境的影响,并且具有较高的安全系数。如何提高电动绞车的工作稳定性,减少重物的旋转和晃动,固定重物是研究的重点。

加州 Gravity Power 公司提出的活塞式重力储能装置是基于抽水蓄能的装置,它利用井筒中的重型活塞代替水体进行储能,如图 7.2 所示。当用电低谷时,水泵水轮机泵水加压、提升重型活塞并储能,即水体不直接储能;发电时,重型活塞下落,其势能转移到水流中,水泵水轮机转换为机械能,驱动发电机工作。由于重物的密度大于水的密度,在相同的高差下,发电水头和能量密度可以增加。与具有相同势能的抽水蓄能电站相比,活塞式重力储能发电技术可以降低建筑高度,减少对地理条件和水资源的依赖,方便电站的选址和布局。该技术方案保留了抽水蓄能机组的核心设备,水泵水轮机抽水发电技术成熟,效率高,具有独特的优势。

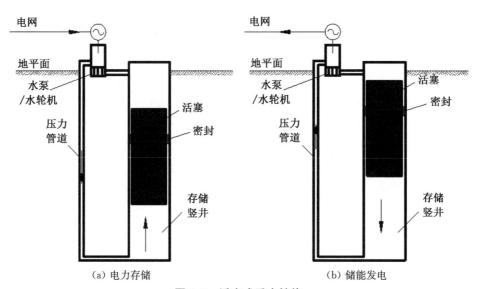

(a) 电力存储　　　　　　　　　　　　(b) 储能发电

图 7.2　活塞式重力储能

但重物活塞和竖井有些技术问题需要探讨,如:技术经济可行的尺寸规模,二者之间的密封方案等。目前来看,活塞式竖井重力储能的容量有限,可能适合一些小型、短时的储能。

同样,近年来国外提出了一种小井重物储能系统,其结构原理与深井重物储能系统相似,但不需要大型矿井。该系统将重物储能与太阳能电池板相结合,适用于小型工业和家庭。深井重物储能系统仅依靠钢丝绳提升和释放重物,钢丝绳在长期循环作用下磨损严重。BERRADA 等人提出了另一种活塞式重物能量储存系统,如图 7.3 所示。活塞式重物能量储存系统主要包括一个装满水的大型密闭容器。密封容器由活塞分为上腔和下腔。上下腔室通过配备涡轮的回流通道连接。涡轮将水从上腔室泵入下腔室,迫使活塞向上移动,此时系统储存能量;当活塞向下移动时,它迫使水以相反的方向流过涡轮。涡轮机驱动两台发电机发电,系统释放能量。EMRANI 等人在活塞式重物储能系统的基础上增加了传统的机械提升系统。电机和涡轮同时利用剩余能量推动活塞提升。与深井重物能量储存系统和活塞式重物能量存储系统相比,安全性得到大大提高。

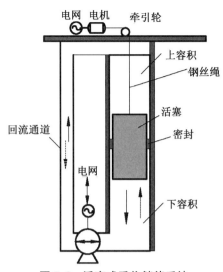

图 7.3　活塞式重物储能系统

　　2018 年,葛洲坝中科储能科技有限公司提出了利用废弃矿井和电缆提升重物的计划(图 7.4),解决了废弃矿井长期不使用的风险和浪费现象,也降低了重物储能系统的建设成本。然而,深井起重机的承载能力有限,重量和单位受井口尺寸的限制;长绳起重块的变形、旋转和摆动仍需优化;废弃矿山资源有限,位置不够灵活,存在瓦斯泄漏等安全隐患。

7.2.4　其他重物储能方式

(1) 重物储能式太阳能飞机

　　太阳能飞机使用太阳辐射作为能源来维持飞机的飞行。当太阳辐射产生的能量除用于飞行之外还有剩余时,通过储能装置储存能量,释放出的能量供飞机在夜间继续飞行而无太阳辐射时使用,如图 7.5 所示。传统太阳能飞机以电池的形式储存能量。当电池容量过低时,电池中储存的电能不能满足飞机的正常飞行时间。如果使用大容量电池,无疑会增加投入成本,大大增加飞机重量,也会带来能源消耗增加的问题。国外提出了重物储能太阳能飞机的概念,它利用太阳辐射的剩余能量使飞机在白天爬升,并利用无动力滑行在夜间继续飞行。对太阳能飞机两种储能形式(重物体储能和传统电池储能)的等效性研究结果表明,在初始高度较低、太阳辐射时间较短的情况下,使用重物体储能量技术可以大大提高太阳能飞机的耐久性能。

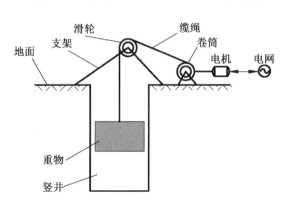

图 7.4　利用废弃矿井和缆绳提升重物储能系统

图 7.5　重物储能式太阳能飞机

(2) 重物压气储能系统

重力势能储存也可以与其他储能系统相结合,形成一个综合储能系统。华能集团于 2020 年提出了重力式压缩空气储能系统,该系统具有储能量密度高、布置灵活等优点。采用柔性材料进行储气室密封,考虑了内部压力对衬砌和支护长期效应的安全性,衬砌在高内压、频繁变应力下的裂隙扩张导致的渗漏风险,压块可采用圆形混凝土,提升机构可采用钢丝卷扬机机构。2021 年,西安热工研究院提出了一种结合电池和重物储能的新能源发电系统。以减少电力传输损耗,避免单个重物材料蓄能模块频繁启停对系统运行的影响。

7.3　机械重物储能的发展趋势

7.3.1　机械重物储能特点

与制氢、电池等其他储能技术相比,机械重物储能发电具有以下突出优势:

1) 纯物理储能,安全性高,环保。在动能或势能等机械储能和机械能发电的工作过程中,不涉及化学反应,操作安全可靠。重物储能发电清洁低碳,对自然环境影响小。在发展过程中,也可以根据可持续和绿色发展的概念,尽可能多地使用建筑垃圾或废弃矿山等可再生材料。

2) 场地适应性强,布局灵活。重物的储存、运输和发电过程没有特殊的条件和要求。因此,重力储能电站基本上不受选址、天气等外部条件的影响,应用非常灵活。除了电力负荷集中的地区外,还可以在风力、太阳能、核能等电站附近配置重物储能电站,可根据电力系统的需求在电网侧和供电侧实现灵活布置。

3) 储能发电循环寿命长,成本低。重物主要由混凝土或当地材料或其他回收材料制成,它们可以循环使用几十年,而且这些重物在使用过程中几乎没有损失。如果材料使用得当,重物成本可以大大降低。技术成熟后,重物储能发电的成本大大降低。

4) 储能时间长,无自放电问题。重物储能电站上下库房扩建相对容易,在储存重物势能时不会产生损失,具有长期储存的便利条件和先天优势。

综上所述,重物储能具有良好的研发价值和广阔的应用前景。

7.3.2　机械重物储能发展趋势

虽然重物储能系统原理简单,但其具体形式多样,可应用于各种地形。与抽水蓄能系统相比,重物储能系统不仅具有抽水蓄能体系储量大、能在电网中削峰填谷的特点,而且比抽水蓄能的选址要求低。山区重物储能系统可建在无水源的山谷或山区;在平原或其他没有明显地形的地区,可以建造塔式起重机式重物储能系统。20 世纪,中国采矿业得到了快速开发,留下的废弃矿山无法得到妥善处理。利用废弃矿山建造悬浮式重物储能系统,不仅可以解决废弃矿山遗留的问题,还可以实现储能。建议根据不同的地形和储能要求设计重型材料储能系统。

对于机械重物储能技术,未来的研究主要集中在:

(1)重点解决大功率电力/发电机及其运行控制、重物储能系统集群运行控制、重物储能系统稳定性和全天候适应性等问题。

(2)研究重物储能选址、方案优化设计、结构支护长期稳定性、部件频繁使用可靠性以及储能系统的技术经济性提高技术。

(3)目前,国内外对重物储能系统的研究尚处于探索阶段,缺乏大规模的实际应用案例,因此有必要加强重物储能系统的研究和实际应用,以探索重物储能系统的稳定发展模式。

参考文献

[1] O'GARDY C. Gravity powers batteries for renewable energy [J]. Science, 2021, 372 (6541): 446.

[2] FRANKLIN M, FRAENKEL P. Gravity-based energy storage system: WO2020260596A1 [P]. 2020-12-30.

[3] 肖立业,史黎明,韦统振,等. 铁路轨道运载车辆储能系统:CN108437808A[P]. 2018-08-24.

[4] 邱清泉,肖立业,聂子攀,等. 一种基于多重物高效提升和转移的重力储能系统: CN114151296A[P]. 2022-03-08.

[5] BERRADA A, LOUDIYI K, GARDE R. Dynamic modeling of gravity energy storage coupled with a PV energy plant [J]. Energy, 2017, 134: 323-335.

[6] BOTHA C D, KAMPER M J. Linear electric machine-based gravity energy storage for wind farm integration [C]//2020 International SAUPEC/RobMech/PRASA Conference. January 29-31, 2020, Cape Town, South Africa. IEEE, 2020:1-6.

[7] 柴源. 基于改进鲸鱼算法的风光重力储能系统优化配置研究[D]. 西安:西安理工大学,2021.

[8] 曾蓉. 山体储能技术及其与风电场联合出力的容量配置研究[D]. 长沙:长沙理工大学,2016.

[9] RUFER A. Design and control of a KE(kinetic energy)—compensated gravitational energy

storage system［C］//2020 22nd European Conference on Power Electronics and Applications (EPE'20 ECCE Europe). September 7-11, 2020, Lyon, France. IEEE, 2020: 1-11.

［10］CHEN Y, HOU H, XU T, et al. A new gravity energy storage operation mode to accommodate renewable energy［C］//2019 IEEE PES Asia-Pacific Power and Energy Engineering Conference(APPEEC). December 1-4, 2019, Macao, China. IEEE, 2020: 1-5.

［11］薛志恒,赵杰,王伟锋,等. 一种新能源发电结合电池及重物储能的系统及方法: CN113315158A［P］,2021-08-27.

［12］陈云良,刘旻,凡家异,等. 重力储能发电现状、技术构想及关键问题［J］. 工程科学与技术, 2022,54(1):97-105.

［13］夏焱,万继方,李景翠,等. 重力储能技术研究进展［J］. 新能源进展,2022,10(3):258-264.

［14］肖立业,张京业,聂子攀,等. 地下储能工程［J］. 电工电能新技术,2022,41(2):1-9.

［15］王粟,肖立业,唐文冰,等. 新型重力储能研究综述［J］. 储能科学与技术,2022,11(5):1575-1582.

［16］卢晓晴. 一种新储能方式:山地重力储能［J］. 中国石油和化工产业观察,2021(9):45.

第8章

储能经济性和商业模式分析

纵观国内外储能行业的发展历史,我们不难看出,储能的经济性也是限制储能技术落地应用的关键因素。很多储能系统从技术上是可行的,但由于建设成本高,导致了该储能技术的发展受限。同时技术与经济往往是相互影响的,因此技术创新的方向应考虑经济性因素,应以降低技术成本、促进技术推广应用为目标开展技术创新。一项好的技术一定是技术上和经济上均可行的。

同时值得指出的是,一项储能技术的经济性很大程度上还受到政策与市场的影响。政策的引导往往能对技术的孵化成熟和建设应用起到催化作用,通过制定政策调控电价、限制上网进而引导电力市场,当电力市场发生变化后,包括电站建设、发电、并网、用电的整个电力行业都会引起相应的变化。同时,电力行业还与煤矿、化工、材料、交通、工业等其他行业广泛交叉,市场上各生产要素的价格变化也会造成电力成本的变化。

此外,商业模式和电力体制等的变革也是影响包括储能在内的电力行业发展的重要因素,包括储能的盈利模式、成本摊销及其在电网中的角色定位等问题。通过不断发展和创新形成一种完善的商业模式和电力体制,对于促进整个电力行业的良性可持续发展具有极其重要的意义。同时也需要注意到,体制改革牵涉面众多,牵一发而动全身,在执行体制改革和出台相关政策制度时,应当坚持以国家的发展为导向,综合考虑行业当前的发展现状,适时稳妥推进包括储能在内的电力行业的改革。

本章从政策、经济性和商业模式等角度,论述了国内外现有的经验和成果,以期为我国储能行业的发展提供借鉴。

8.1 政策性分析

本节首先回顾分析了国外储能行业发展过程中出台的相关政策,在此基础上,结合我国实际情况,总结了我国储能政策的发展历史。

8.1.1 全球储能发展

(1) 澳大利亚

1) 发展概况

2021 年,澳大利亚提出了 2050 年净零排放的目标,类似我国的双碳目标,为此,澳大利亚采取了以下措施:

① 要求购电商每年采购一定配额的清洁能源；

② 鼓励用户侧在屋顶安装分布式光伏系统，用户可以将屋顶所发的多余电量销售给电力零售商，同时鼓励用户安装家用储能；

③ 规划了三种不同类型的储能技术以满足可再生能源比例逐年提高的需求，包括短时储能、中长时储能和长时储能（表 8.1）。

表 8.1　澳大利亚储能技术规划

储能类别	主要技术特点	应用场景
短时储能	含有电池的虚拟电厂、2 h 大规模电池储能	功率型场景，如爬坡和 FCAS（Frequency Control Ancillary Service）
中长时储能	4 h 电池储能，6 h 和 12 h 的抽水蓄能	光伏发电特性和负荷带来的日内能量时移
长时储能	24 h、48 h 的抽蓄和澳大利亚大型抽蓄电站	支持长期可再生能源发电低于预期的情况以及数周或数月的季节性能量转移

澳大利亚储能的应用场景主要集中在家庭和参与 NEM（national electricity market）交易两类：

① 针对家庭储能（包括多个家庭储能聚合后形成的虚拟电厂储能），储能系统的主要收益是配合家装光伏系统节约电费开支。

② 针对参与电力市场 NEM 交易的规模化储能，储能系统收益的最大来源是通过提供辅助服务市场获利。服务类别包括调峰调频等市场化辅助服务和无功调节与黑启动等非市场化辅助服务。

2）政策与市场

在澳大利亚联邦政府层面，为鼓励储能技术的发展，投入资金支持技术示范，通过示范项目验证技术性能和适应场景。各州则主要是通过提供资金贷款和补贴等激励的方式推动储能项目在本州的落地。

澳大利亚能源市场运营机构 AEMO（Australian energy market operator）利用预测及调度工具以 5 min 为间隔跟踪电力需求、发电商报价和电网线路容量，并按照价格由低到高对发电机组进行调度排序，直到满足负荷需求。在此过程中储能系统的盈利模式主要包括两种：

① 通过用电和放电获取峰谷电价差收益。NEM 市场空间维度采取区域电价，每个州一个电价，时间维度以 30 min 为一个计算周期。随着可再生能源发电的不断增长以及化石燃料发电设施的退役，系统对使用灵活且响应迅速的技术的需求越来越强烈，30 min 为一个结算周期的价格机制已经无法反映价格的快速波动。为此，澳大利亚探索了采用 5 min 结算机制的方案，一方面与目前的 5 min 调度间隔更匹配，另一方面也意味着增加结算周期的粒度，能够呈现更准确的价格信号，增加储能系统的盈利能力。

② 参与辅助服务市场获利。澳大利亚对辅助服务进行了细分类，分为了市场化和非市场化两个大类和八个小类。额定容量在 5 MW 及以上的储能电站均可以参与辅助服务市场，通过提供相应的辅助服务获利，并对各种服务进行成本摊销，即将支付给储能系统参与

调峰调频等辅助服务的费用摊分给造成负荷和频率偏差的市场参与者进行支付,即由"肇事者"承担,包括发电商和卖电商等。表 8.2 中展示了澳大利亚辅助服务成本的回收方式。

表 8.2　澳大利亚辅助服务成本回收方式

项目	辅助服务类型	支付方式	支付对象	成本疏导方式	成本摊销主体
市场化辅助服务（FCAS）	调节调频（regulation FCAS）	基于市场出清价格和每个调度间隔提供的服务量进行支付	接受调度的（scheduled）相关市场发电商/市场用户	"肇事者"承担,如有剩余,剩余部分由所有市场用户按照用电量分摊	向上服务成本由市场发电商和市场小型发电聚合商分摊；向下服务成本由市场用户分摊
	应急调频（contingency FCAS）	基于市场出清价格和每个调度间隔提供的服务量进行支付	接受调度的（scheduled）相关市场发电商/市场小型发电聚合商/市场用户	按相关市场参与者用电/发电的比例进行分摊	由市场参与方或市场用户承担
非市场化辅助服务（NMAS）	NSCAS（Network Support Control Ancillary Services）	基于 AEMO 和注册市场参与方之间的合同协议条款进行支付	签订合同的相关市场注册参与方	按照受益区域内相关市场参与方的用电量按比例进行分摊	仅市场用户承担
	SRAS（System Restart Ancillary Services）	基于 AEMO 和注册市场参与方之间的合同协议条款进行支付	签订合同的相关市场注册参与方	按照受益区域内相关市场参与方的用电量按比例进行分摊	市场用户和市场发电商按照 50%/50% 进行分摊

此外,澳大利亚也在积极推进储能市场机制改革,除 5 min 结算制外还包括:

① 储能市场主体身份确定。传统储能市场中储能系统通常以发电商和用户两种身份参与 NEM 交易,随着储能系统的增多,这种双角色身份的问题也逐渐暴露出来,于是澳大利亚引入了一个新的市场主体注册类别,即综合资源供应商,并明确了储能这种混合系统的调度义务(包括完全调度、半调度和不调度发电单元),该主体身份能够以发电和负荷的形式提供市场辅助服务。

② 系统完整性保护。为避免因机组脱网、市场失调等导致的停电事故,2016 年南澳大停电事故后,在 AEMO 的支持下,南澳开发并实施了系统完整性保护计划,包括电池储能放电、负荷削减和脱网成孤岛等步骤。

3）对我国的借鉴

澳大利亚储能行业发展的过程与我国有很多相似之处,其中不乏一些经验是值得我国储能行业后续发展借鉴的,包括:

① 应明确储能参与电力市场的主体身份,如果同一个储能系统分别以发电商和用户进

行注册,不仅流程复杂,而且由于其双重角色的身份,容易造成与其他市场参与者不公平竞争的情况,因此,未来随着电力市场储能占比的增多,应综合考虑多种因素,合理界定储能系统的身份属性和调度结算机制等。

② 应明确储能盈利模式。澳大利亚储能在市场中主要以赚取电价差或服务费进行获利,而我国电价不完全由市场供需关系决定,电价水平长期不变,无法及时反映电价因供需等导致的差异,电力供需平衡主要通过计划调度的方式实现,因此应探索符合我国电力市场和电力体制的储能盈利模式。

③ 应细分辅助服务品种并进行成本摊销。澳大利亚在给储能系统支付服务费时,一方面进行了服务类别细分,并在此基础上秉承"肇事者"原则进行了成本摊销,未来随着我国新能源占比的不断增加,调节服务将变得更加频繁和多样,因此,应着手考虑辅助服务的细分结算方案和成本疏导机制。

(2) 美国

1) 发展概况

美国同样设立了2035无碳发电和2050年碳中和的目标,美国的电力结构主要以天然气发电为主,占比达到40%左右。近年来,美国可再生能源装机容量也在大幅提升,2020年,美国可再生能源(包括风、光、水、生物质和地热)发电达到了8 340亿kWh,约占总发电量的21%,首次超过了核能(7 900亿kWh)和煤炭(7 740亿kWh)发电,伴随可再生能源的高比例增长,美国储能市场也在迅速发展,截至2020年底,美国储能累计装机达到2.7 GW/5.8 GWh,成为全球仅次于韩国的第二大储能市场,其中加州是美国最大的储能市场,装机占全美的60%。从储能技术来看,抽水蓄能仍占据主力,占比达到92%,度电成本最低,但受地理位置的约束,大多抽水蓄能电站是1970~1980年代投建,2000年新增装机极低;电化学储能技术在快速发展,占储能市场3%,且电化学储能发展增速快,占到新增装机的90%左右,电化学储能中以锂离子电池为主,占比约90%。电化学储能中,62%是独立运行,30%是与风光共建,8%是与化石燃料电池共建,未来光储共建将是新的增长点。

2) 政策与市场

政策支持叠加市场化的成熟,是促进美国储能市场快速发展的重大推动力,美国政府出台的一系列政策主要包括:

① 2006年,联邦政府提出ITC(税收抵免)政策,鼓励用户安装可再生能源发电,可用于税收抵免,后续ITC进一步覆盖到新能源+储能的混合项目,最高可以抵减30%的前期投资额,促进了新能源配置储能;

② 2018年,美国电力市场监管会发布了841法案,在联邦政府层面制定了储能参与电力批发市场的市场规则与应用模式,消除了储能参与容量和辅助服务市场的障碍,明确了储能系统的独立主体地位,通过成熟的电力现货及辅助服务市场,储能系统可以通过分时电价机制的峰谷电价差和参与辅助调节获利;

③ 2020年,美国能源部推出储能大挑战路线图,预算116亿美元用于解决技术障碍,要求到2030年建立并维持美国在储能利用和出口方面的全球领导地位,建立起弹性、灵活、经济、安全的能源系统。2021年9月,能源部公布长时储能攻关计划,宣布争取在10年内将

10 h 以上的储能系统成本降低 90%。

同时储能市场化机制也逐步成熟,经济性快速提高,主要包括:

① 美国电力市场的主体是 RTO(区域传输组织)或 ISO(独立系统运营方),其中 RTO 负责电能买卖,ISO 负责管理最终市场,组织供需平衡。电力的发、输、配、售由市场内独立或一体化的公司承担。其中发电企业负责生产和出售电能,同时提供电力辅助服务;输电公司拥有输电资产,在 ISO 的调度下运行输电设备;配电公司负责运营配电网络。

② 在用户端,大用户可以通过批发市场与发电企业直接通过竞价购电,有的大用户可以作为负荷调节资源参与辅助服务,有些大用户也可以通过售电公司零售商购买电力。不愿意或者不能参加批发市场买卖的小用户可以通过售电公司零售商购买所需的电力资源。

③ 美国储能市场的应用场景包括电表前(Front of the Meter, FTM)和电表后(Behind the Meter, BTM),电表前通常指的发电侧和电网侧,电表后指的是家庭和工商业。其中电表前市场分属于不同的区域电力市场,如 PJM(主打功率,由 IPP 主导)、CAISO(主打能量,由 IOU 主导)、ERCOT 等,储能市场的参与方包括 IPP、IOU 等,储能在电表前市场的应用主要包括调频、备用和黑启动等。电表后市场由于 ITC 政策、SGIP 自发电激励计划政策等,用户可以获得一定数量的成本补贴,叠加峰谷收益等,具备良好的经济性。详细介绍见表 8.3:

表 8.3　美国的表前表后市场

市场	主要作用	占比	市场机制			发展趋势
			经济性	收益方式	资源模型	
电表前	调峰、调频、旋转备用、备用电源、存储过剩的可再生能源发电、平滑可再生能源出力、负载管理等	2020 年新增占比 80%	电表前市场储能的经济性提高依赖于储能系统成本的降低。目前成本较低的方式为抽水蓄能和锂电池储能。2020 年,全球储能电站的度电成本为 300 美元	能量市场:通过日前和实时市场竞价,获得出清收益	加州定义了代理需求响应资源(PDR)、分布式能源(DER)和非发电资源(NGR)三个储能资源模型准入市场。不同的储能系统可以根据自身的容量、储能市场、功能特性等选择特定的模式。PDR 模式以需求侧为主,根据价格信号调整出力,主要应用于能量市场和备用市场。DER 模式为小型储能系统通过聚合的形式形成一个虚拟节点,参与电力市场,但由于涉及输电,且每个系统都需要配置监控与遥测设备,导致成本较高,占比较少。目前加州主要采用 NGR	在新能源发电配置储能的市场,考虑到光伏发电的波动性为日内波动,风电波动多为季节性波动,光伏配置短时储能的适配度更高,未来表前市场的增长主要来自新能源＋储能和独立储能电站参与电力辅助服务
				电力辅助服务:其中调频和备用实行实时市场调度、需求响应系统配置,黑启动实行签订协议获得收益		
				峰谷套利:目前美国峰谷价差较大,在 0.1～0.2 美元/kWh		
				输配电价:美国大多大型电力公司均为发输配售一体化,部分储能成本可以通过输配电价传送到用户端。市场将电量与调频、备用联合		

续表

市场	主要作用	占比	市场机制			发展趋势
			经济性	收益方式	资源模型	
				出清,终端需按照辅助服务负荷占总负荷的比例购买相应服务,将电力现货与辅助市场联系起来,将成本传递到用户端,可以获得输配电价、辅助服务、备用的收益	模式,该模式是储能主要的收益来源,定义为"具有连续运行区间,既可以发电又可以耗电的资源"。为促进储能在电力市场的灵活使用,加州制定了专门的调频能量管理方案(REM),允许储能资源参与双边容量市场,电能量市场和辅助服务市场。	
电表后	与光伏发电等捆绑,调峰,存储过剩的可再生能源发电,用电平衡	2020年新增占比20%		电网不稳定和经济性利好造就了电表后市场的快速发展。税收减免、储能本身成本的降低、峰谷价差的逐渐拉大、光储系统自发自用等,都大大提高了安装储能的经济性。 家庭安装光储系统可以获得明显的经济收益。亚利桑那州、加州等提供额外的光储系统退税,用户可以通过峰谷套利、自发自用等方式节省用电费用。 由于美国电网系统相对独立,不能跨区进行大规模调度,且超过70%的电网系统已经建成25年以上,系统老化明显,出现了供电不稳定、高峰输电阻塞、难以抵抗极端天气等问题,叠加2021年疫情和暴风雪叠加造成的德州大面积长时间停电的影响,居民提升用电可靠性的需求大幅提高,户用储能需求提升。		光储系统是未来表后市场的热点发展方向

3)对我国的借鉴

从发电量来看,美国天然气和燃煤的发电量占比接近60%,也提出了类似我国"30、60"的"35、50"双碳目标,美国在储能政策和市场方面的一些经验有不少值得我们借鉴的地方,主要包括:

① 除电源测、电网侧的储能发展外,应结合分布式光伏电站的建设,促进用户侧光储系统的提前规划和装机;

② 应在加快建设抽水蓄能电站的基础上,有序推进电化学储能的发展,充分发挥抽水蓄能电站大容量、大规模储能的优势和电化学储能灵活配置的优势;

③ 应同步完善电力宏观管控机制和市场机制,逐步建立覆盖电源、电网和用户侧的储能商业盈利模式,逐步通过市场激励和引导储能行业的发展;

④ 应基于各区域的装机情况,提前规划配置储能容量,合理分配不同时长、不同类型的储能系统,以满足未来该区域电力系统的调节需求。

(3)其他国家的储能政策参考

除澳洲、美国以外,其他国家的主要储能政策罗列见表8.4。

表 8.4　其他国家的储能政策

国家	主要政策
英国	2017 年颁布《英国智能灵活能源系统发展战略》,消除储能参与电力市场交易的障碍
德国	2016 年颁布政策支持光储一体化项目投资额的 19％,2018 年将其削减至 10％
日本	福岛事件后,颁布《电气修改法》,发展储能技术助力电力系统改革;资金方面,为安装储能的家庭和商业用户提供 2/3 的费用补贴
西班牙	对不同体量的储能进行阶梯式补贴,对大、中、小型企业分别补贴储能设施成本的 45％、55％、65％
意大利	2020 年开始针对光储系统进行税收优惠,对于翻新项目税收减免提高至 110％
瑞典	2021 年起向安装家用储能系统的个人提供税收减免

8.1.2　我国双碳目标与能源革命

（1）双碳目标

为实现双碳目标,我国近年来出台了一系列政策方针,详见表 8.5。

表 8.5　我国关于双碳目标的政策汇总

政策文件	内容摘要
2021 年 10 月 24 日发布《关于完整准确全面贯彻新发展理念做好碳达峰碳中和工作的意见》	实现碳达峰、碳中和,是以习近平同志为核心的党中央统筹国内国际两个大局做出的重大战略决策,是着力解决资源环境约束突出问题、实现中华民族永续发展的必然选择,是构建人类命运共同体的庄严承诺。为完整、准确、全面贯彻新发展理念,做好碳达峰、碳中和工作,现提出如下意见,目录提纲包括: 一、总体要求 二、主要目标 三、推进经济社会发展全面绿色转型 四、深度调整产业结构 五、加快构建清洁低碳安全高效能源体系 六、加快推进低碳交通运输体系建设 七、提升城乡建设绿色低碳发展质量 八、加强绿色低碳重大科技攻关和推广应用 九、持续巩固提升碳汇能力 十、提高对外开放绿色低碳发展水平 十一、健全法律法规标准和统计监测体系 十二、完善政策机制 十三、切实加强组织实施
2021 年 10 月 24 日发布《2030 年前碳达峰行动方案》	为深入贯彻落实党中央、国务院关于碳达峰、碳中和的重大战略决策,扎实推进碳达峰行动,制定本方案。目录提纲包括: 一、总体要求 二、主要目标 三、重点任务 四、国际合作 五、政策保障 六、组织实施

2022年8月发布《科技支撑碳达峰碳中和实施方案（2022—2030年）》	提出了10大行动,具体包括: 一、能源绿色低碳转型科技支撑行动 二、低碳与零碳工业流程再造技术突破行动 三、城乡建设与交通低碳零碳技术攻关行动 四、负碳及非二氧化碳温室气体减排技术能力提升行动 五、前沿颠覆性低碳技术创新行动 六、低碳零碳技术示范行动 七、碳达峰碳中和管理决策支撑行动 八、碳达峰碳中和创新项目、基地、人才协同增效行动 九、绿色低碳科技企业培育与服务行动 十、碳达峰碳中和科技创新国际合作行动

（2）能源革命

着眼新时代的发展要求,2014年6月中央财经领导小组第六次会议上,习近平总书记创造性地提出"四个革命、一个合作"能源安全新战略,亲自指导推动能源消费革命、能源供给革命、能源技术革命和能源体制革命,全方位加强国际合作,着力构建清洁低碳、安全高效的能源体系,其基本内涵见表8.6。

表8.6 能源安全新战略基本内涵

组成	基本内涵
能源消费革命	推动能源消费革命,抑制不合理能源消费。坚决控制能源消费总量,有效落实节能优先方针,把节能贯穿于经济社会发展全过程和各领域,坚定调整产业结构,高度重视城镇化节能,树立勤俭节约的消费观,加快形成能源节约型社会
能源供给革命	推动能源供给革命,建立多元供应体系。立足国内多元供应保安全,大力推进煤炭清洁高效利用,着力发展非煤能源,形成煤、油、气、核、新能源、可再生能源多轮驱动的能源供应体系,同步加强能源输配网络和储备设施建设
能源技术革命	推动能源技术革命,带动产业升级。立足我国国情,紧跟国际能源技术革命新趋势,以绿色低碳为方向,分类推动技术创新、产业创新、商业模式创新,并同其他领域高新技术紧密结合,把能源技术及其关联产业培育成带动我国产业升级的新增长点
能源体制革命	推动能源体制革命,打通能源发展快车道。坚定不移推进改革,还原能源商品属性,构建有效竞争的市场结构和市场体系,形成主要由市场决定能源价格的机制,转变政府对能源的监管方式,建立健全能源法治体系
全方位加强国际合作	全方位加强国际合作,实现开放条件下能源安全。在主要立足国内的前提条件下,在能源生产和消费革命所涉及的各个方面加强国际合作,有效利用国际资源

8.1.3 我国储能政策发展

从《可再生能源法》颁布实施以来,风电、光伏、水电及储能等事业获得了长期快速发展,我国储能政策的发展历史总结见表8.7。

表 8.7　我国储能政策发展历史

时间	政策文件	主要内容
2005、2009	《中华人民共和国可再生能源法》	通过立法推动可再生能源的开发利用。修正案将智能电网规划发展、储能技术应用于电网建设纳入法律范畴
2005	《可再生能源产业发展指导目录》	包含两项储能电池项目
2006	《国家中长期科学和技术发展规划纲要(2006～2020年)》	重点研究内容中包含了重点突破的储能等技术与形成基于可再生能源和化石能源互补等的能源供给系统
2010	《电力需求侧管理办法》	以建立峰谷电价制度为出发点,鼓励低谷蓄能,在具备条件地区实行季节电价
2011	《中华人民共和国国民经济和社会发展第十二个五年(2011－2015)规划纲要》	国家将培育发展与新能源相关的战略性新兴产业,包括风电、光电、智能电网、电动汽车、燃料电池汽车等。建设大型水电站、风电基地、光伏发电站等。"储能"作为智能电网的技术支撑在国家的政策性纲领文件中首次出现
	《产业结构调整指导目录(2011年)》	"大容量电能储存技术""动力电池、储能用电池、电池材料及自动化生产成套装备制造等"在鼓励条目中出现
	《国家"十二五"科学和技术发展规划》	在"十二五"期间,我国将大力推动与储能科学和技术相关的产业。促进新能源开发、储能系统等关键技术、装备及系统将达到世界先进水平
	《当前优先发展的高技术产业化重点领域指南(2011年度)》	新能源和储能相关的高技术产业化重点领域包括动力电池及储能电池,风能和太阳能,大规模储能系统作为电网输送及安全保障技术被提出。在优先发展的高技术产业化中,动力电池及储能电池在"先进能源"一项中首次被提出。提到的储能技术有锂离子电池、钠硫电池、钒电池和燃料电池四种。同时也加强了储能技术与电动汽车和电网的关系
	《国家能源科技"十二五"规划(2011～2015)》	我国历史上第一部能源科技规划,提出了突破间歇式电源并网和储能技术与装备成为"十二五"期间重点任务之一。包括兆瓦级空气储能、超级电容器储能、超导储能、钠硫电池储能、液流电池储能等
	《分布式发电管理办法》	强调了储能在分布式发电中的应用
2017	《关于促进我国储能技术与产业发展的指导意见》	指出了未来10年我国储能产业的发展目标,即在未来10年内储能产业的发展分两个阶段推进,第一阶段为:在"十三五"期间,实现储能由研发示范向商业化初期过渡;第二阶段为:在"十四五"期间,实现商业化初期向规模化发展转变
	《可再生能源发展"十三五"规划》	推动储能技术在可再生能源领域的示范应用,实现储能产业在市场规模、应用领域和核心技术等方面的突破。提升可再生能源领域储能技术的技术经济性
2020	《国家发展改革委 国家能源局关于开展"风光水火储一体化""源网荷储一体化"的指导意见》	"风光水火储一体化"侧重于电源基地开发,结合当地资源条件和能源特点,因地制宜采取风能、太阳能、水能、煤炭等多能源品种发电互相补充,并适度增加一定比例储能,统筹各类电源的规划、设计、建设、运营,积极探索"风光储一体化",因地制宜开展"风光水储一体化",稳妥推进"风光火储一体化"

续表

时间	政策文件	主要内容
		"源网荷储一体化"侧重于围绕负荷需求开展,通过优化整合本地电源侧、电网侧、负荷侧资源要素,以储能等先进技术和体制机制创新为支撑,以安全、绿色、高效为目标,创新电力生产和消费模式,为构建源网荷高度融合的新一代电力系统探索发展路径,实现源、网、荷、储的深度协同,主要包括"区域(省)级源网荷储一体化""市(县)级源网荷储一体化""园区级源网荷储一体化"等具体模式
2021	《中华人民共和国国民经济和社会发展第十四个五年规划和2035年远景目标纲要》	在类脑智能、量子信息、基因技术、未来网络、深海空天开发、氢能与储能等前沿科技和产业变革领域,组织实施未来产业孵化与加速计划,谋划布局一批未来产业。加快电网基础设施智能化改造和智能微电网建设,提高电力系统互补互济和智能调节能力,加强源网荷储衔接,提升清洁能源消纳和存储能力,提升向边远地区输配电能力,推进煤电灵活性改造,加快抽水蓄能电站建设和新型储能技术规模化应用
	《国家发展改革委国家能源局关于加快推动新型储能发展的指导意见》	到2025年,实现新型储能从商业化初期向规模化发展转变,装机规模达3 000万kW以上
	《抽水蓄能中长期发展规划(2021—2035)》	结合本地区实际情况,统筹电力系统需求、新能源发展等,按照能核尽核、能开尽开的原则,在规划重点实施项目库内核准建设抽水蓄能电站。到2025年,抽水蓄能投产总规模较"十三五"翻一番,达到6 200万kW以上;到2030年,抽水蓄能投产总规模较"十四五"再翻一番,达到1.2亿kW左右;到2035年,形成满足新能源高比例大规模发展需求的,技术先进、管理优质、国际竞争力强的抽水蓄能现代化产业,培育形成一批抽水蓄能大型骨干企业
2022	《"十四五"新型储能发展实施方案》	到2025年,新型储能由商业化初期步入规模化发展阶段,具备大规模商业化应用条件。新型储能技术创新能力显著提高,核心技术装备自主可控水平大幅提升,标准体系基本完善,产业体系日趋完备,市场环境和商业模式基本成熟。其中,电化学储能技术性能进一步提升,系统成本降低30%以上;火电与核电机组抽汽蓄能等依托常规电源的新型储能技术、百兆瓦级压缩空气储能技术实现工程化应用;兆瓦级飞轮储能等机械储能技术逐步成熟;氢储能、热(冷)储能等长时间尺度储能技术取得突破

8.2 经济性分析

8.2.1 储能市场

技术的应用取决于市场的需求。作为解决电力系统在能量时空不匹配问题方面的一种技术产品,储能系统的价值取决于储能系统能否很好地解决电力系统的调节需求。在电力市场和政策的综合影响下,储能通过能量搬运的形式在电力系统中提供技术服务与支持,并在此过程中获取收益,最终目的是使电力系统能够按照用电负荷的需求长期安全稳定运行。

（1）储能技术主要应用场景

依据储能技术的配置端的不同，可将储能技术的主要应用场景分为电源侧储能、电网侧储能和用户侧储能。我国电网侧储能已经相对成熟，以抽水蓄能技术为主，伴随风光等新能源的发展，以抽水蓄能、压缩空气、电化学等为主的电源测储能也在快速发展，同时，随着分布式能源、微电网和电动汽车等的广泛应用，用户侧储能也正在蓬勃发展。截至 2021 年底，抽水蓄能装机达到 3 639 万 kW，新型储能装机达到 400 万 kW。

同时基于储能技术本身调节性能的差异及电力系统对于调节功能的需求，可将储能技术的主要应用场景分为容量型储能、功率型储能等。其中容量型储能技术主要用于完成较长时空尺度电力供应过程中的削峰填谷、时空转移，典型技术包括抽水蓄能、压缩空气、储热、制氢与电化学等，而功率型储能则主要应用于事故备用、频率调节等，典型技术包括飞轮、超导、电容器等。

（2）不同技术方案的市场占比分析

从储能技术来看，截至 2021 年底，以全球市场为例，抽水蓄能仍为主导，占比约为 86.2%，熔融盐储热占比约为 1.6%。其他新型储能技术占比为 12.2%，其中锂离子电池占比为 90.9%，剩余装机较多的依序分别为压缩空气储能、铅蓄电池、钠硫电池、飞轮储能、液流电池。中国储能市场与全球市场基本类似（图 8.1）。

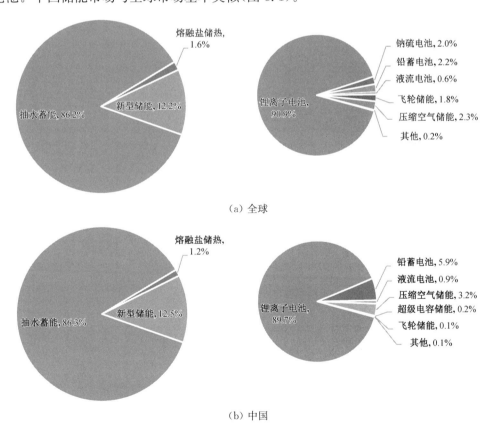

（a）全球

（b）中国

图 8.1　不同储能技术累计装机规模（2000—2021）

8.2.2　成本分析

从储能技术本身的经济性来分析,首先是要分析建设某一储能电站所需要投入的成本为多少,储能成本是决定储能技术产业化应用的关键因素。

(1) 成本构成与指标

一般来说,储能电站全生命期的成本可分为三个阶段的成本(图8.2):

① 规划期成本,包括针对电站建设的勘察设计以及围绕电站建设的相关科研项目的费用;

② 建设期成本,建设期成本是储能电站的主要投资,一般包括建筑材料、机电设备等的材料设备费和安装建设费;

③ 运行期成本,运行期成本主要包括设备折旧费和运行维护费等。

规划期	建设期	运行期
➤ 勘察设计费 ➤ 科研项目经费	➤ 材料设备费 ➤ 安装建设费	➤ 折旧费等 ➤ 运行维护费

图 8.2　储能电站成本构成

根据储能技术应用场景的不同,储能成本的度量指标也不同。对于容量型储能,一般以储能电站全生命期总成本除以其发电量作为衡量其经济性的关键指标,如度电成本,也称平准化成本(Levelized Cost Of Electricity,LCOE),可按下式进行计算:

$$C_E = C_{all}/E_{all}$$

式中,C_{all}、E_{all} 分别为储能电站全生命期内的总成本和总发电量。

而对于功率型储能,由于其主要应用场景是参与辅助电力调频等,一般以储能电站全生命期总成本除以储能电站总调频里程作为衡量其成本的关键指标,如里程成本,一般可按下式进行计算:

$$C_P = C_{all}/L_{all}$$

式中,L_{all} 为储能电站全生命期内调频指令变化的绝对值之和,体现机组完成调频任务量的多少。

也可以按照类似度电成本计算储能电站的功率成本:

$$C_E = C_{all}/P_{all}$$

式中,P_{all} 为储能电站的功率,即装机容量。

(2) 成本评估方法

狭义的成本只考虑项目总投资,不考虑电站的运营能力。实际上,以上提到的度电成本、里程成本和功率成本等指标已经考虑了效益部分的内容,如总发电量和总调频次数等实际上代表的是储能电站建成后的盈利能力,而总发电量与实际的电价的乘积、总调频次数与辅助调节服务费的乘积等就是实际的效益,但是由于电价和辅助费受市场和政策影响较大,因此,实际评价中一般将度电成本等指标直接作为评价储能电站经济是否可行的关键指标。

一般来说,评价一个储能电站是否经济可行的原则为储能电站全生命期内预期产生的总效益应大于其总成本,即能获取一定的利润。因此,评价成本是否可接受的原则应为:

$$P_{all} = B_{all} - C_{all} \geqslant 0 \text{ 或 } \overline{P}_{all} = (B_{all} - C_{all})/C_{all} \geqslant 0$$

对于能量型储能,考虑实际电价的评价原则则可以表示为:

$$\overline{P}_{all} = (E_{all} P_E - C_{all})/C_{all}$$

式中,P_{all}、B_{all}、$\overline{P}_{all}$ 分别为总收益、总效益和总收益率,P_E 为电价,随时间地区变化,实际上由于储能电站是需要消耗电能进行储能之后再次放电的,因此,成本 C_{all} 项实际也与 P_E 有关。

我国电力系统正在进行市场化改革,当前处于"计划电"和"市场电"同时存在的阶段,其中"计划电"主要是基于各区域历史和未来的用电需求,通过电量平衡计算进行规划,制定电力平衡方案下发至各电厂和电网执行。对于"计划电"下的不同电源,国家制订了不同的电价政策,主要包括标杆电价、指导电价、补贴电价和平价等多种定价方式。"计划电"与"市场电"的主要区别在于电网的作用,"计划电"模式下,由电网负责统购统销,根据电网综合发电侧及输配电的成本制定电价;而"市场电"模式下,发电侧与用户侧直接进行电价的协商谈判,电网只起输送电力的作用。

8.2.3 效益分析

除成本之外,储能电站投入运行之后获取的效益值也是评价一个储能电站是否可行的关键指标。储能系统的效益多少取决于其是否满足了电力系统的某项需求,如削峰填谷、调频调相、消纳新能源等。电力系统的调节需求被储能电站满足则储能电站实现价值,获取效益。我国当前在储能方面的盈利模式主要可以分为峰谷电价差和服务费补偿两种主要方式:

① 分时电价机制促进峰谷电价差收益。2021 年 7 月国家发改委发布了《关于进一步完善分时电价机制的通知》,规定最大系统峰谷差率超过 40% 的地方,峰谷电价差原则上不低于 4:1,其他地方原则上不低于 3:1。目前国内已经有 50% 的地区可以达到 3:1 的要求,每度电的峰谷价差值约为 0.5~0.7 元。这为储能系统通过峰谷电价差获取收益进一步创造了有利条件;

② 对储能提供调节服务进行服务费补偿。国家也针对电网调峰调频补偿制度的完善,制定了不同调节服务的准入门槛。调峰服务中,以燃气轮机和抽水蓄能为主,电化学储能也在日益增多,调峰服务费以 0.4~0.6 元/kWh 为主;调频服务方面,主要以容量补偿和里程补偿相结合的 AGC 调频服务补偿方式为主,补偿价格为 5~8 元/MW。

(1) 效益构成与核算

储能电站的效益构成取决于储能电站提供的技术能否满足电力系统的需求,按照调节功能划分,一般包括:

① 削峰填谷。容量型储能电站起的主要作用就是调峰,通过能量的时空转移,利用"供大于需"时的富余电能,填补"供不应求"时的电力缺口。削峰填谷功能效益的核算一般可通过赚取峰谷电价差实现,但当峰谷电价无法全面反映储能系统削峰填谷所提供的价值时,则需要采取其他方法,包括完善电价机制、以辅助服务费核算、进行政策性补贴等。

② 调频等其他服务。除削峰填谷外,储能系统还具有调频调相、黑启动等电力系统调节功能,而这部分价值由于应用时间通常较短,往往无法通过电价体现,因此这部分效益通常通过电力系统提供辅助服务费的方式进行核算。随着储能系统的快速发展,应该研究更加细分合理的辅助服务费清算方法。

③ 消纳新能源。削峰填谷、调频等通常是电网侧储能的需求,是配置在电网侧储能系统的主要功用,未来随着风电与光伏等新能源装机的快速增加,配置在电源测的储能系统还能起到消纳新能源不稳定出力、提高电能质量的作用。因此,未来应探索电源侧储能系统的效益核算机制。

④ 用户侧储能效益。从国外储能技术的发展历史我们不难看出,除电网和电源侧的储能外,用户侧储能也是未来的一大发展方向。通过在用户侧建立分布式储能系统,一方面可以引导用户合理用电,鼓励用户在电力富余时利用电池、电动车等进行储能备用,这部分应以电网侧削峰填谷的效益结算方式对用户进行补偿;另一方面还可以结合分布式能源的建设,建设"光储"系统,实现对分布式新能源的消纳,这部分的效益应以电源侧消纳新能源的结算方式进行结算。

⑤ 碳收益。未来,随着双碳目的的持续推进,碳足迹、碳汇等碳交易市场将逐渐建立完善,风光水等新能源比例将进一步增加,而储能作为解决风光出力随机性、间歇性和不可预测性的主要技术方案,应对其建立碳收益的分红机制。

(2) 效益摊销机制

借鉴美国、澳大利亚等国家关于储能效益摊销的相关制度和法案,我国也应逐步建立储能效益的摊销机制,本着"谁肇事,谁负责"的原则,将付给储能电站的费用分流至相应的"肇事者"。这里的"事"就是电力系统中的供需偏差,"肇事者"就是引起偏差的主体,以下以调峰调频为例进行简要说明(图 8.3):

① 出力的供需偏差。引起电力系统出现电力供需偏差的因素包括用户侧用电负荷的波动、电源侧出力的波动和电网侧调度的不及时等,因此需要储能系统通过储放电的过程对供需偏差进行调节,以平抑出力的供需偏差,实现按需供电。

② 频率的供需偏差。引起电力系统频率出现偏差的因素同样包括用户侧用电对电力系统的冲击、电源侧发电机的不稳定转速等,因此需要通过储能系统的介入对电网频率进行调节。调节频率与削峰填谷的主要区别在于,频率调节的目标基本是固定值,即频率调节的目标是使电网中的频率保持恒定或尽快恢复恒定,以冲抵因用电和供电导致的频率变化,而功率调节的目标即用电负荷本身就是时变的,是一条变化的曲线。

电力系统按照参与方一般包括电站建设、发电主体、电网机构和用户等。以我国为例,电站建设方一般包括以能建、电建为主体的大型央企,而发电主体则包括华能、华电、大唐、国电投、三峡等发电企业,电网则以国网和南网为主,用户侧则主要包括各工商业主体和家

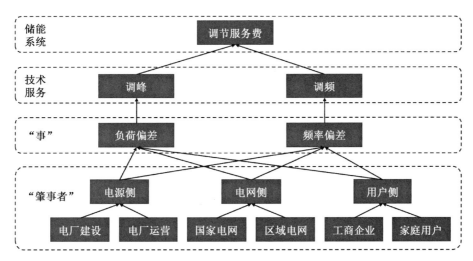

图 8.3　储能系统效益摊销机制

庭用户等。

通过电力效益摊销,一方面可以减轻储能电站投资方的经济压力,提高储能电站的建设积极性,以助力我国双碳目标和能源革命的实现;另一方面,也可以推动建立更加完善良性的电力体制,促进消费侧、供给侧的改革,提高电能质量和供应保证比率,为广大人民的生产生活提供更加稳定优质的电力。

8.3　商业模式分析

储能电站的商业模式指的是储能电站与其他电力相关参与主体形成的各种交易关系和联结关系,包括物流、信息流和资金流等。实际上这也是储能电站这一市场主体协调产品市场、要素市场和资本市场的一种体制机制。对于储能系统,其提供的产品就是电力调节服务,而储能系统作为整个电力系统中的一员,需要在投资方主体的资本支持下,基于各储能技术方案整合包括材料、人力和机电设备等在内的各种生产要素,最终形成一个可提供电力调节服务的产品,通过为电源侧的发电企业、电网侧的电网运行管理结构和用户侧等提供技术服务以实现其价值。

8.3.1　供需平衡盈利模式

如图 8.4 所示,储能系统在电网系统本质上是一种"用-供电"双角色,在其利用电网中富余电力进行储能时作为用电角色(用户),与家庭、工商业企业等其他用户为同类型市场主体;而在其利用存储能量进行放电时则作为供电角色(电源),与风电、光伏等其他电源为同类型市场主体。

因此,一种商业模式是将储能系统分别当作用户和电源对待:

① 当储能电站进行储能时,尤其是长时储能时,其在电网中的角色与家庭、工商业等用户相同,按照储能时的电价为消耗的电能付费;

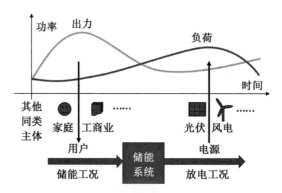

图 8.4　储能系统用-供电双角色示意图

② 当储能电站进行放电时,其在电网中的角色类似于一个常规电厂,按照放电时电网的购电价售电赚取收益。

但这种利用储能满足电力供需平衡需求的盈利模式存在以下明显局限性:

① 储能电站本身存在能量损耗,在电价不变的情况下,储放电一定是亏损的;

② 在电价能反映电能稀缺属性的前提下,即存在合理的峰谷电价差时,则储能电站可通过储能过程和放电过程的电价差获利,但值得说明的是,这部分峰谷电价差获取的收益还需要减掉电站总投资才是储能电站的净利润。

因此,为使该基于"用-供电"双角色来调节电力供需偏差的商业模式具备可行性,应考虑储能电站储放电是为服务于电网调节这一附加价值,对储能电站这一特殊市场主体购电价格和售电价格进行区分制定。毕竟建设储能电站的初衷是为了对电网进行调节,而不是做电力的"中间商"赚差价。

8.3.2　调节服务盈利模式

借鉴国外对于储能电站的市场定位可知,储能电站这一同时具有用户和放电角色的市场主体,其实是一种特殊的市场主体。其本质功用是为电力在电量、频率等供需存在的不匹配时提供调节服务,因此,可以考虑将储能电站作为类似服务业的"技术服务"提供商,而不是"电力"的消费者或生产者,相应地可以采取基于储能电站提供的调节型技术服务进行付费的商业模式。

这种商业模式运作的核心在于技术服务的调度采购方式、技术服务定价机制和评估结算方式:首先是调节技术服务的调度采购方式,需要将不同类型储能电站按照其能够提供的技术服务类型进行属性标定,使其能够按照资质参与技术服务的调度采购响应;其次还需要按照技术服务细分类进行价格标定,以反映在不同时段、不同区域调节技术服务的稀缺性;最后在储能电站按照响应完成调节后需要建立相应的评价指标和结算机制,对本次调节服务进行付费。如图 8.5 所示,这种商业模式执行的一般性步骤包括:

① 按照电力供需偏差细分服务类型,不同储能电站按照其能提供的技术服务类型注册成为电力系统调度发起机构的潜在调度对象;

② 电力系统调度机构基于电力供需偏差的情况,按照需要调节的服务类型向所有具备

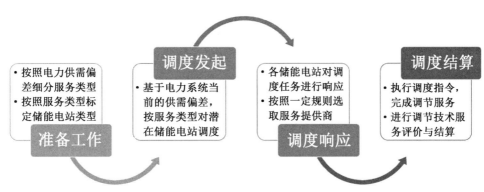

图 8.5　基于调节的服务商业模式

完成该调节任务能力的潜在储能电站发起调度指令；

③ 不同储能电站进行自主调度响应，电力系统调度机构按照一定的规则选择最终进行调节服务的储能电站，可以综合考虑技术服务费报价、服务质量等综合确定；

④ 执行调度指令，储能电站提供电力系统调节服务，服务完成后基于调度任务的完成情况进行评价，并按照事先约定的服务费价格进行结算，并基于当前电力供需的偏差情况开始后续调节调度任务的发起与执行。

这种商业模式将储能电站作为一种特殊地提供电力调节技术服务的市场主体，电力系统调度机构通过调节调度任务的方式接受储能电站提供的调节服务并为之付费，这种模式更好地反映了储能电站的本质属性，但需要制定详细周全的调节任务发起、响应、采购和结算体制机制及调度管理平台。

8.3.3　两个一体化盈利模式探索

除"双角色""技术服务"等商业模式之外，未来随着电力系统的高效协同化和智能化发展，可以通过构建更大范围的综合市场主体进行电力系统的调度与管理，储能只作为综合市场主体中的细分单元。为推动电力系统改革，2020 年国家发展改革委、国家能源局发布了《关于开展"风光水火储一体化""源网荷储一体化"的指导意见》，详细论述了两个一体化的实施建议（表 8.8）。

表 8.8　两个一体化指导意见

指导意见	风光水火储一体化	源网荷储一体化
内容一	强化电源侧灵活调节作用。挖掘一体化配套电源的调峰潜力，完善电力系统调峰、调频等辅助服务市场机制。优化综合能源基地配套储能规模，充分发挥流域梯级水电站、具有较强调节性能水电站、火电机组、储能设施的调峰能力，减轻送受端系统的调峰压力，力争各类可再生能源利用率在 95% 以上	充分发挥负荷侧的调节能力。依托"云大物移智链"等技术，进一步加强电源侧、电网侧、负荷侧、储能的多向互动，通过一体化管理模式聚合分布式电源、充电站和储能等负荷侧资源组成虚拟电厂，参与市场交易，为系统提供调节支撑能力

续表

指导意见	风光水火储一体化	源网荷储一体化
内容二	优化各类电源规模配比。优化送端配套电源（含储能）规模，结合送受端负荷特性，合理确定送电曲线，提升通道利用效率。结合关键装备技术创新水平、送端资源特性、受端清洁能源电力消纳能力，最大化利用清洁能源，稳步提升存量通道配套新能源比重，增量基地输电通道配套新能源年输送电量比例不低于40%，具体比例可在中长期送电协议中加以明确	实现就地就近、灵活坚强发展。增加本地电源支撑，提升电源供电保障能力，调动负荷响应能力，推进局部电力就地就近平衡，降低对大电网电力调节支撑需求；构建多层次的电力安全风险防御体系，以坚强局部电网建设为抓手，提升重要负荷中心的应急保障能力；降低一次能源转化、输送、分配、利用等各环节的损耗，提高电力基础设施的利用效率
内容三	确保电源基地送电可持续性。充分考虑送端地区中长期自身用电需求，统筹综合能源基地能源资源禀赋特点和生态环保约束，合理确定中长期可持续外送电力规模。对于煤电开发，必须在确保未来15年近区电力自足的前提下，明确近期可持续外送规模；对于可再生能源开发，以充分利用、高效消纳为目标统筹优化近期开发外送规模与远期留存需求，超前谋划好电力接续	激发市场活力，引导市场预期。以国家和地方相关规划为指导，发挥市场对资源优化配置的决定性作用，通过完善电价和市场交易机制，调动市场主体积极性，引导电源侧、电网侧、负荷侧要素主动作为、合理布局、优化运行，实现科学健康发展

从电力输配送的路径出发，构建包含电源、电网、用户和储能等多种角色的综合市场主体，储能电站可以作为电源、电网和用户等多端的辅助设施，整个源网荷储系统可基于电力负荷的需求，通过调整电源出力配比、电网输配电调度和储能系统等多种手段实现按需高效安全供电的目的。进一步，从电源侧考虑，通过风光水火储一体化能源基地建设，将某一区域的风电、光伏、水电、火电及储能等多种电源品种捆绑打包，考虑不同电源特性进行优势互补，改善原单一电源品种供电时给电网造成的扰动，在电源侧就进行波动的消除和平抑，提高电能供应的品质。

参考文献

[1] 刘国静,李冰洁,胡晓燕,等.澳大利亚储能相关政策与电力市场机制及对我国的启示[J].储能科学与技术,2022,11(7):2332-2343.

[2] 郑华航(东方证券).2021美国储能行业研究报告[R].(2021-11-16)[2022-12-10].https://new.qq.com/rain/a/20211116a0ct0j00.

[3] 黎江涛等(华鑫证券).双碳驱动能源革命,储能迎历史性发展契机[R].(2022-08-30)[2022-12-10].https://mp.weixin.qq.com/s/yuizGHxmi_ncGHHk3YcCVw.

[4] 中关村储能产业技术联盟.储能产业研究白皮书[R].(2022-04-26)[2022-11-12].https://mp.weixin.qq.com/s/DryRr0CD3eWhMZG06zBriw.

[5] 何颖源,陈永翀,刘勇,等.储能的度电成本和里程成本分析[J].电工电能新技术,2019,38(9):1-10.

［6］电力规划总院有限公司.电网侧新型储能发展需求分析［R］.（2022-08-27）［2022-10-15］.
https：//mp. weixin. qq. com/s/Ice9-oXUNGB6I5817rQJHA.

［7］国家发展改革委,国家能源局.关于开展"风光水火储一体化""源网荷储一体化"的指导意
见［R］.（2020-10-29）［2022-02-10］. https：//www. ndrc. gov. cn/hdjl/yjzq/202008/
W020200827370618764265. pdf.

［8］蒋文坤,韩颖慧,薛智文,等.多能互补能源系统中储能原理及其应用［J］.综合智慧能源,
2022,44(1)：63-71.

［9］刘坚.储能技术应用潜力与经济性研究［M］.北京：中国经济出版社,2016.

［10］严干贵,谢国强,李军徽,等.储能系统在电力系统中的应用综述［J］.东北电力大学学报,
2011,31(3)：7-12.

［11］周建平,李世东,高洁.促进新能源开发的"水储能"技术经济分析［J］.水力发电学报,2022,
41(6)：1-10.

［12］李建林,李雅欣,周喜超.电网侧储能技术研究综述［J］.电力建设,2020,41(6)：77-84.

［13］卓振宇,张宁,谢小荣,等.高比例可再生能源电力系统关键技术及发展挑战［J］.电力系统
自动化,2021,45(9)：171-191.

［14］李建林,张则栋,谭宇良,等.碳中和目标下储能发展前景综述［J］.电气时代,2022(1)：61-65.

［15］梅生伟,李建林,朱建全.储能技术［M］.北京：机械工业出版社,2022.

［16］李建林,徐少华,陈超群,等.储能技术及应用［M］.北京：机械工业出版社,2018.

［17］弗兰克 S. 巴恩斯,约拿 G. 莱文.大规模储能系统［M］.肖曦,聂赞相,译北京：机械工业出版
社,2018.

［18］中电联.储能技术发展政策研究分析［R］.（2017-05-03）［2022-08-17］. https：//mp. weix-
in. qq. com/s/dJQghOAkmdYu9OI20MlGSg.

［19］曾朵红(东吴证券).储能行业深度报告［R］.（2021-09-13）［2022-11-16］. https：//mp.
weixin. qq. com/s/fvVvLVMLH6YYHOkbeUpYiQ.

［20］刘国静,李冰洁.澳大利亚储能收益来源及对我国的启示［R］.（2022-07-27）［2022-09-
26］. http：//www. chujiewang. net/abroad_detail/4090.